suhrkamp taschenbuch 4018

Wie entsteht Mitgefühl? Was passiert in unserem Gehirn, wenn wir etwas lustig finden? Und wo genau ist eigentlich das Bewußtsein zu Hause – oder auch das Besoffensein? Eines steht fest: Hirnforschung ist viel zu spannend, um sie den Neurobiologen zu überlassen! Deshalb führen die handverlesenen Experten in diesem Buch nicht nur ein in die wunderbare Welt unter unserer Schädeldecke, sondern verwandeln Wissenswertes in anregende Unterhaltung. Nach Manfred Spitzers Erfolgsbüchern *Nervensachen* und *Nervenkitzel* der nächste Band mit Geschichten vom Hirn.

Braintertainment

Expeditionen in die Welt von Geist & Gehirn

Herausgegeben von
Manfred Spitzer
und Wulf Bertram

07.12.2012

Suhrkamp

medizinHuman
Herausgegeben von Dr. Bernd Hontschik
Band 6

3. Auflage 2012

Erste Auflage 2008
suhrkamp taschenbuch 4018

Satz: Memminger MedienCentrum AG
Druck: CPI – Ebner & Spiegel, Ulm
Printed in Germany
Umschlag: Göllner, Michels, Zegarzewski
ISBN 978-3-518-46018-4

Inhalt

Vorwort

Die Idee zu diesem Buch entstand nach einer vergnüglichen Musiksession bei guter Laune und Rotwein, nicht etwa beim Schnaps. Rotwein-Ideen haben in der Regel eine günstigere Prognose als solche, die beim Schnaps gelegentlich sprießen und daher nach ihm benannt werden. Und so ist es nun fertig geworden.

Unser Vorhaben stützte sich dabei auf zwei Prämissen, von denen die erste apodiktisch, aber plausibel, die andere durch zahlreiche Befunde aus dem Wissenschaftszweig belegt ist, mit dem sich dieses Buch auf seine Art befassen soll:

1. Hirnforschung ist viel zu spannend, um sie den Neurobiologen zu überlassen.
2. Ein vergnügtes Hirn lernt besser als ein angestrengtes.

Ad 1: Diese Auffassung wird schon dadurch gestützt, dass Sie, verehrte Leserin, geschätzter Leser, dieses Buch jetzt vor sich haben. Denn mit einer Wahrscheinlichkeit von mindestens 80 % sind Sie kein Neurobiologe. Davon gibt es dann letztlich doch nicht so viele, und die lesen in der Regel auch andere Bücher. Sie aber haben sich dafür entschieden, Ihr wichtigstes Organ besser kennen zu lernen oder Ihren diesbezüglichen Kenntnissen ein Update zu gönnen. Und damit befinden Sie sich in bester Gesellschaft. Hirn ist in oder – pardon! – Geist ist geil: keine gehobene Wochenzeitung ohne populärwissenschaftliche Features, die mit den hübschen bunten Walnussbildchen garniert sind, kaum ein Wissenschaftsmagazin im Fernsehen ohne einen Beitrag mit atemberaubenden Neuroanimationen. Es gibt eine komplette Monatszeitschrift über Gehirn und Geist, und die Vorträge populärer Neurowissenschaftler füllen derzeit nicht nur Hörsäle, sondern ganze Mehrzweckhallen.

Warum das auf einmal? Die Erkenntnisse, die unsere Hirne in den letzten Jahren über sich selbst gewonnen haben, sind in der Tat beeindruckend. Wir können mit bildgebenden Verfahren dem Zentralnervensystem zumindest ansatzweise bei der Arbeit zuschauen. Dogmen der Art, dass im Gehirn von der Pubertät an immer nur alles den Bach runter und fortwährend was kaputt geht, weil im Oberstübchen im Gegensatz zu anderen Organen angeblich keine neuen Zellen gebildet werden, ließen sich spektakulär widerlegen. Allein das macht uns das Gehirn irgendwie sympathischer und weniger beunruhigend: Wir müssen nicht mehr tatenlos seinem scheinbar unaufhaltsamen Schwund zusehen (und sorgenvoll daran denken, dass wir diesen Verfall selbst bei mäßigem Genuss des oben erwähnten Rotweins auch noch unnötig beschleunigen), sondern wir können uns darüber freuen, dass wir es sogar ein wenig in der Hand haben, neue Pflänzchen im zerebralen Garten zu ziehen. Wir müssen unseren Geist nur genügend oft durch dieselben Bahnen fließen lassen. Das Zauberwort dafür lautet »neuronale Plastizität«: Change your mind and you change your brain! Und das kann uns auf den Gedanken bringen, mehr aus unseren Hirnen und vor allem auch aus denen unserer Kinder zu machen. Zurzeit gehen viele Zeitgenossen mit ihrem Neurokapital um wie jemand, dem es beliebt, seinen Porsche maximal bis auf die in geschlossenen Ortschaften zulässige Höchstgeschwindigkeit zu beschleunigen.

Neurobiologie ist also nicht nur spannend, weil sie unsere Neugier weckt, sondern auch, weil sie uns Möglichkeiten zeigt, Geist und Psyche besser zu verstehen und beide mehr in unsere eigenen Hände zu nehmen. Wir alle stammen ja von Urahnen ab, für die neben sozialen Fähigkeiten auch ihr Hang zur Autonomie eine wichtige Triebfeder war: Das machte sie unabhängiger von den Schicksalsschlägen in Natur und Gesellschaft und somit fitter fürs Überleben und zur Produktion hereditär entsprechend ausgestatteten Nachwuchses, dem letztlich auch Sie, liebe Leserin, lieber Leser, entstammen. Sonst hätten Sie kaum in den (wie wir hoffen!) Genuss kommen können, dieses Buch zu lesen – oder auch irgendein anderes.

Ad 2: Kann man überhaupt eine Brücke schlagen zwischen der Gehirnforschung einerseits und der Art, wie man die Dinge optimal lernt, andererseits? – Allen Unkenrufen von zwei bis drei Pädagogen zum Trotz, die bis heute nichts begriffen haben und wohl auch nie etwas begreifen werden (weil sie weder vom Gehirn noch von Kindern etwas verstehen), heißt die Antwort: Na klar! Wenn es so ist, dass das Gehirn immer lernt (und nicht nur dann, wenn es instruiert wird), dann macht es einen großen Unterschied, ob man Spaß beim Umgang mit irgendetwas hat oder ob man sich langweilt. Langeweile ist für das Gehirn so etwas wie Diskussionen über technische Details für Sex, mit der gleichen Folge: Die Aktivität lässt nach. Auch die klarsten Instruktionen können kontraproduktiv sein: Der Hinweis »Liebling, dein IQ, deine Maße und dein sozioökonomischer Status liegen alle drei über meinen Mindestansprüchen – lass es uns miteinander versuchen« ist zu 100 % transparent und ebenso wahrscheinlich zu 100 % nicht erfolgreich. »Ich liebe dich« ist demgegenüber nichts weiter als die rein subjektive Äußerung eines Gefühlszustands, den sogar die Gehirnforschung bis heute nur begrenzt im Griff hat. Aber es hat schon oft funktioniert. Wie kommt das? Warum ist ein Rilke-Gedicht um Klassen besser als beispielsweise eine Diskussion der Effekte von Oxytozin und Dopamin (vgl. Tab. 1), um die Liebe in ihren Nuancen zu charakterisieren?

Manchem Leser mögen diese Ausführungen extrem erscheinen. Ist er jedoch psychiatrisch vorgebildet, so sei ihm oder ihr versichert, dass berühmte Psychopathologen in weitaus unbescheidenerer Weise mit der Konzeptualisierung der Realität verfahren sind: Man denke nur an Tellenbachs Endon (Tellenbach 1983[1]), einer dritten Seinswirklichkeit zwischen dem Körperlich-Leiblichen und dem Geistig-Seelischen. Tellenbach hätte also noch eine dritte Spalte in die Tabelle eingefügt – das ist wahrhaft radikal!

So weit wollen wir hier ja gar nicht gehen. Wir bleiben in diesem Buch ganz einfach beim Gehirn und dem, was es tut (lernen) und wonach es strebt (Spaß haben). Beides – und das ist tatsächlich eine der schönsten Einsichten aus den letzten fünf Jahren Gehirnforschung – gehört ganz eng zusammen. Das Dopaminsystem ist nur krankheitshalber für Sucht und nur ausnahmsweise für Lust zuständig. Seine eigentliche Funktion ist, zwischen dem, was für uns gut ist, und dem, was langweilig ist, zu unterscheiden, was es besonders gut kann, da es nichts anderes kodiert als den Belohnungsvorhersagefehler eines Ereignisses. Mit anderen Worten: Es springt an, wenn uns etwas widerfährt, das besser ist als erwartet. Dann werden die Neuronen des Mittelhirn-Areals A10 aktiv und aktivieren ihrerseits Neuronen des Nucleus accumbens,

1 Tellenbach H (1983). Melancholie. Berlin: Springer.

Tab. 1 Zur Neurobiologie von Rilke-Gedichten. Anhand dreier in Ausschnitten wiedergegebener Gedichte[1] werden zum einen deren neurobiologische Korrelate, zum anderen aber auch die Gefahren szientistischer Reduktionen deutlich.

Rilke	Neurobiologie
Oh wie fühl ich still zu dir hinüber oh wie gehen mir von deinem Bild steigende Gefühle flutend über. Ungeheuer ist mein Herz gewillt.	Das bei Bindungsprozessen ausgeschüttete Oxytozin bewirkt eher Passivität. Das bildhafte Vorstellen des Partners kann Dopamin frei- und damit emotionale und motivationale Prozesse in Gang setzen.
Die Nacht holt heimlich durch des Vorhangs Falten Aus deinem Haar vergeßnen Sonnenschein. Schau, ich will nichts, als deine Hände halten Und still und gut und voller Frieden sein.	Dopamin spielt bei der Generierung von Bedeutung eine Rolle, weswegen es bei Dopamin-Überschuss zu Bedeutungsüberschuss kommt. Oxytozin wird durch körperlichen Kontakt ausgeschüttet, was Passivität begünstigt (s. o.).
Doch alles, was uns anrührt, dich und mich, nimmt und zusammen wie ein Bogenstrich, der aus zwei Saiten eine Stimme zieht. (...) O süßes Lied.	Oxytozin-verursachte Bindungsprozesse erzeugen pro-soziale Kognitionen. Zum Bedeutungsüberschuss bei Dopamin-Überschuss, s. oben.

die endogene Opioide ins Frontalhirn ausschütten. Das macht Spaß! Zugleich senden diese Neuronen Dopamin direkt ins Frontalhirn, das dadurch besser funktioniert. Weil seine Funktion darin besteht, dasjenige, was gerade anliegt, online zu halten, wird genau das besser bewerkstelligt. Wenn aber mehr Impulse über mehr Synapsen laufen, werden diese stärker verändert; kurz:

1 Aus: Rilke RM, Hauschild V (2004). Über die Liebe. Frankfurt a. M.: Insel (Kursivdruck im Original).

Es wird besser gelernt. So sind der Spaß an einer Sache und das Lernen dieser Sache unmittelbar verknüpft.

Doch damit sind wir eigentlich schon mitten im Buch und nicht mehr bei einführenden Worten. Aber wie sagte schon Hegel (1830)[1]: Man kann in die Philosophie nicht einführen, denn sobald man anfängt, betreibt man sie ja schon. Was der Philosophie recht ist, kann dem Gehirn als dem ausführenden Organ des Philosophierens nur billig sein. Wir sind also nicht zufällig schon mittendrin!

Oder noch einmal anders: Ein Gehirnforscher, der ein einführendes, aber langweiliges Buch über das Gehirn schreibt, verhält sich etwa so wie der neue Italiener an der Ecke, wenn dieser versuchen würde, seine Gäste mit ballaststoffreichen Ökonudeln an salz- und cholesterinfreier Tofusauce für die Raffinessen der mediterranen Küche zu begeistern. Mit diesem Buch werden somit die Erkenntnisse der modernen Gehirnforschung erstmals wirklich ernst genommen!

Damit nun aber aus einer Idee ein fertiges Buch wird, das man sehen und anfassen kann, bedarf es der Hilfe und des Engagements vieler, bei denen wir uns an dieser Stelle bedanken möchten: Zunächst natürlich bei den Autorinnen und Autoren. Sie haben sich mit spürbarem Vergnügen an diesem Buch beteiligt, das ja ziemlich weit aus der wissenschaftlichen Reihe tanzt. Dabei ist manchmal etwas anderes herausgekommen, als wir erwartet hatten – und das war gut so: Alle haben damit wohl aus ihrem Auftritt etwas gemacht, das nahe am eigenen Geist und zentral im eigenen Hirn lag.

Volker Drüke hat wieder einmal viel mehr getan, als Lektoren üblicherweise leisten. Mit großem Engagement und Fingerspitzengefühl hat er in einem Balanceakt zwischen notwendigen Eingriffen zur Vereinheitlichung der sehr heterogenen Manuskripte einerseits und dem Respekt gegenüber der Individualität der Autorinnen und Autoren andererseits dafür gesorgt, dass es dennoch ein Buch aus einem Guss mit einem einigermaßen logischen inneren Aufbau wurde, hat manch eigene Idee beigesteuert, uns während des herausgeberischen Langstreckenlaufs von Münster aus immer mal wieder angefeuert wie ein Coach seine Sportler,

1 Hegel GWF (1830). Enzyklopädie der philosophischen Wissenschaften im Grundrisse. Erster Teil: Die Wissenschaft der Logik. Werke, Bd. 8. Frankfurt a. M.: Suhrkamp 1970; S. 53 f.

und er hat allen an diesem Buch Beteiligten behutsam, aber unbeirrt im Nacken gesessen. Dafür danken wir ihm ganz herzlich.

Die verlagsinterne Betreuung des gesamten Buchprojekts lag zunächst in den bewährten Händen von Hildegard Wieland, dann ist sie in den vorgezogenen Ruhestand eingetreten. Wir erklären an dieser Stelle ausdrücklich, dass das eine nichts mit dem anderen zu tun hat. Die Zeit dazu war einfach gekommen, wir danken ihr für ihre umsichtige, freundliche und kompetente organisatorische Begleitung und wünschen ihr für die Zeit nach ihrer mehr als 28-jährigen Verlagstätigkeit alles Gute – und die tägliche Freude darüber, dass sie nie mehr einen Autor mahnen muss.

In die Fußstapfen von Frau Wieland ist Claudia Campisi getreten, auch ihr sei für die sorgfältige Übernahme des Staffelholzes und für die gekonnte Übersetzung einiger englischer Zitate herzlich gedankt.

Birgit Heyny hat die technische Produktion kompetent und beharrlich geplant, gesteuert, überwacht und ebenso sorgfältig wie in rasantem Tempo zur Vollendung geführt: vielen Dank dafür.

Der Schattauer-Verleger Dieter Bergemann hat unser im Hinblick auf die Verlagstradition einigermaßen deviantes Projekt nicht nur von Anfang an mit Wohlwollen verfolgt, sondern sich auch höchstpersönlich an der Konzeption von Typografie, Layout und Ausstattung des Buchs beteiligt, was nicht nur eine Ehre, sondern auch ein spürbarer Gewinn ist. Für dieses Engagement möchten wir uns ganz besonders bedanken.

Überschattet wurde die Freude am Entstehen dieses Buchs durch den Tod von Robert Gernhardt. Knapp eine Woche vorher führten wir ein langes Telefonat, und es fiel schwer, es zu beenden, weil spürbar war, dass es wohl das letzte sein würde. Wir haben spontan überlegt, ihm dieses Buch zu widmen, doch das erschien uns angesichts der Bedeutung seines Werks dann eher als Anmaßung. Aber wir denken viel an ihn, in Dankbarkeit und beim Lesen seiner Gedanken und Gedichte mit Bewunderung und Vergnügen. Darüber tritt die Trauer über seinen Verlust manchmal fast in den Hintergrund, aber wir glauben, das hätte er auch gar nicht anders gewollt.

Ulm und Stuttgart, im Herbst 2006

Manfred Spitzer
Wulf Bertram

Wulf Bertram

1 Wo geht es hier zum Hippocampus?

Ein Rundgang durch die Hirnlandschaft

»Für das Gehirn musst Du mindestens 30 Stunden Büffeln einplanen«, bedeutete mir seinerzeit ein Kommilitone. Er hatte sein Physikum soeben bestanden und gab mir nun diesen väterlichen Rat für meine Prüfungsvorbereitung. Das war vor vielen Jahren. In der Zwischenzeit ist das Wissen über unser wichtigstes Organ so rasant angewachsen, dass man leicht mehrere Semester damit ausfüllen könnte, ohne behaupten zu können, man wisse jetzt genug. Unser Gehirn erforscht sich ja unablässig selbst, und dieser Prozess erinnert an ein Fraktal, das sich endlos fortsetzt: Jede Erkenntnis wirft eine neue Frage auf, bei deren Beantwortung schon wieder die nächste lauert. Wenn Sie dieses Buch mit dem Anspruch lesen, etwas zu verstehen und zu behalten, verändert sich Ihr Gehirn dabei – ob Sie wollen oder nicht. Das aber bedeutet, dass wir mit unserem Wissen über unser Gehirn immer einen Schritt hinter dem Zustand herlaufen werden, der sich in dem Moment schon wieder neu eingestellt hat, in dem wir es zu verstehen glauben.

Aber das soll uns nicht davon abhalten, die Landkarte des Gehirns aus einer Distanz zu betrachten, die einen Überblick ermöglicht und die Orientierung nicht mehr erschwert als erleichtert. Wenn wir Google Earth, die fotografische Kartierung unserer Erdkugel, anklicken ⟨www.earth.google.com⟩, fällt uns die Orientierung aus einer Höhe von 50 000 Fuß noch leicht. Je näher Sie sich heranzoomen, desto besser müssen Sie sich schon auskennen, um nicht den Überblick zu verlieren. In einem dreidimensionalen Raum (wie dem Gehirn) wird die Orientierung noch einmal komplizierter. Bleiben wir bei unserer Navigation durch das Zentralnervensystem also so weit auf Distanz, dass Zusammenhänge und Verbindungen erkennbar werden, die Details aber nicht allzu sehr verwirren. Diese kurze Expedition unter die Schädeldecke soll Ihnen einen ersten Einblick in die Geografie des Gehirns geben (bzw. zurückgeben, denn selbst wenn Ihr Gehirn auch

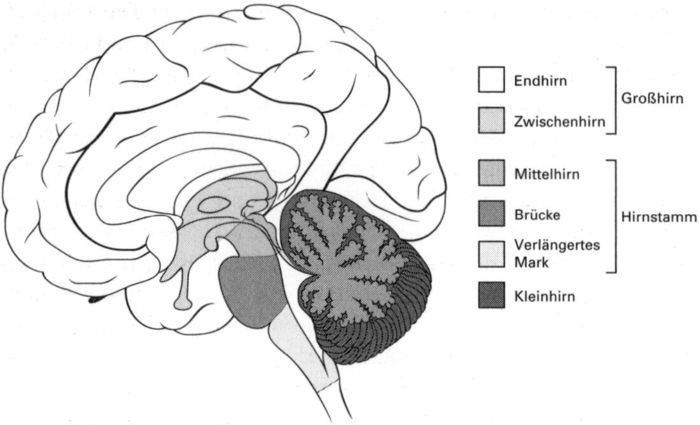

Abb. 1 Längsschnitt durch das Gehirn mit farbiger Abgrenzung der Hirnabschnitte.

mal um die 30 Stunden in das Einprägen seiner selbst investiert hat: Das Vergessen gehört ebenfalls zu den durchaus vernünftigen Leistungen dieses Organs, wie wir noch sehen werden). Auf die Funktion der einzelnen Strukturen gehe ich dabei nur am Rande ein, weil das Gegenstand der weiteren Kapitel ist, von denen Sie freilich mehr profitieren werden, wenn Sie die Namen der Strukturen und ihre Lage zumindest im Überblick kennen. Sollten Sie dann mehr wissen oder gar Neurobiologie, Psychologie oder Medizin studieren wollen, brauchen Sie natürlich wesentlich feinere Navigationsinstrumente (s. Literaturliste).

Unser Zentralnervensystem ist das Steuerungssystem für unseren gesamten Organismus und für dessen Austausch mit seiner Umwelt. Es besteht aus Großhirn, Kleinhirn, Hirnstamm und Rückenmark (s. Abb. 1). Das Rückenmark ist nicht etwa nur ein simples Kabelbündel, durch das Impulse »von höherer Ebene« oder zu ihr zurück laufen, sondern es ist selbst auch eine Schaltstelle: Wenn der Neurologe mit seinem Hämmerchen auf die Sehne unterhalb der Kniescheibe schlägt, läuft das Signal bis ins Rückenmark, wo sich dann die Laufrichtung umkehrt und der Befehl für die Kontraktion des Muskels gegeben wird, der unser Bein in die Höhe schnellen lässt (eben um zu überprüfen, ob dieser Reflexkreis funktioniert und keine Störungen auf der Strecke vom Rezeptor an der Kniescheibensehne bis zum Rückenmark und/oder zurück vorliegen, wurde geklopft). Gehirn und Rückenmark liegen, behutsam eingebettet, in einem Flüssigkeitsmantel, dem Liquor, und sind wie kein anderes Organ durch mehrere Häute und einen soliden Knochenmantel vor unliebsamen Einflüssen von außen geschützt. So hochauflösend und sensibel das Gehirn in der Lage ist, Reize der Sinnesorgane zu verarbeiten, so unempfindlich ist es selbst. Es leistet sich gewissermaßen nicht den Luxus, bei all der Arbeit für den Rest des Körpers sich auch noch sensibel mit der eigenen Befindlichkeit zu beschäftigen. Operationen am offenen Gehirn können daher bei vollem Bewusstsein durchgeführt werden, was klinisch von Bedeutung ist, da ein Patient bei Hirnoperationen, wenn nötig, angeben kann, was passiert, wenn bestimmte Stellen in seinem Hirn mechanisch oder elektrisch gereizt werden. Die Schutzfunktion, die der ursprüngliche biologische Sinn aller unserer Schmerzempfindung ist, wird durch die Hirnhäute ausgeübt, die wiederum äußerst sensibel sind.

Die Zentrale für Ruhe und Ordnung im Körper: der Hirnstamm

Die Leitungsbahnen von Körperoberfläche und Körperinnerem erreichen die höheren Schaltstellen durch das Foramen magnum, das »Große Loch« an der Unterseite des Schädels im Hinterkopf.

Die Verbindung zwischen Rückenmark, Groß- und Kleinhirn wird als Hirnstamm bezeichnet, der sich wiederum in drei »Abteilungen« gliedert: das verlängerte Mark (Medulla oblongata), die Brücke (Pons) und das Mittelhirn (Mesencephalon). Diese Strukturen sind die Transit- und Schaltstationen für die Leitungsbahnen des Groß- und Kleinhirns. Gleichzeitig werden elementare Lebensfunktionen gesteuert und koordiniert, zum Beispiel der Schlaf-wach-Rhythmus, die Nahrungsaufnahme, Atmung, Kreislauf und Augenbewegungen.

Im Hirnstamm entspringen zehn der zwölf Hirnnerven, die überwiegend für Sinneswahrnehmungen und Bewegungen im Kopf- und Halsbereich zuständig sind. Eine Sonderstellung nimmt dabei der zehnte Hirnnerv, der Nervus vagus, ein, der neben sensiblen und motorischen Funktionen eine wichtige Rolle bei der Koordination vegetativer Grundfunktionen spielt (Atmung, Herzfrequenz, Blutdruck, bis zu den Sexualfunktionen). Seinen Namen verdankt er der Tatsache, dass er im Gegensatz zu den meist nur wenige Zentimeter langen übrigen Hirnnerven durch den Körper »vagabundiert« und vom Hals über den Brustkorb bis in den Bauchraum wandert.

Der Hirnstamm wird von einem Netzwerk, der Formatio reticularis, durchzogen, das aus zahlreichen kleineren Hirnkernen und deren Verknüpfung durch Nervenfasern besteht (unter Kern verstehen die Anatomen eine Ansammlung von Nervenzellen mit einer gemeinsamen Struktur und Funktion). Diese Formation vereint die Zentren für die Regelung von Atmung und Kreislauf, außerdem das Brechzentrum, das dafür sorgt, dass das Verdauungssystem rasch und reflektorisch von Substanzen befreit werden kann, die da nicht hineingehören.

In der **Brücke** (Pons) liegen die Kerne mehrerer Hirnnerven, die etwa für die Bewegung der Gesichtsmuskulatur (Fazialisnerv), die Schmerzempfindung (Trigeminus-Nerv), für das Gleichgewichtsorgan und die Weiterleitung der akustischen Sinnesreize (Nervus statoacusticus) verantwortlich sind. Darüber hinaus vermittelt die Brücke Bewegungsinformationen aus der Großhirnrinde an das Kleinhirn.

Im **Mittelhirn** schließlich werden so wichtige Botenstoffe für die Erregungsübertragung im Nervensystem wie Noradrenalin, Dopamin und Serotonin produziert, von denen in diesem Buch noch oft die Rede sein wird.

Bewegungssupervisor und Feintuner: das Kleinhirn

Hinter der Brücke liegt das Kleinhirn (Cerebellum). Es ist ein stark verästeltes Organ mit einer Vielzahl kleiner Läppchen und Furchen, das in Form und Größe zwei aneinandergelegten Daumenballen ähnelt. Wenn man die Oberfläche auffächern würde, ergäbe sich eine Ausbreitung von weit über einem Meter. Mit drei »Armen« ist es an den Hirnstamm geheftet, durch sie läuft der Informationsaustausch. Im Netzwerk des Gehirns stellt das Kleinhirn eine eigenständige Einheit dar, die für die Feinabstimmung von Bewegungen zuständig ist. Hier laufen Informationen vom Großhirn mit Meldungen aus dem Rückenmark und dem Gleichgewichtsorgan zusammen, werden verrechnet und in Befehle für die Koordination von Kraft und Geschwindigkeit der Muskelkontraktionen bei den Bewegungsabläufen transformiert. Es versetzt uns in die Lage, mit einer Kaffeetasse anders umzugehen als mit einem Vorschlaghammer. Bei Erkrankungen des Kleinhirns, etwa durch einen Schlaganfall oder einen Tumor, kommt es infolgedessen zu schweren Störungen der Motorik: Die Patienten leiden vor allem unter Schwindel und Gangunsicherheit. Sie sprechen verwaschen oder »polternd«, weil die Koordination der Muskeln gestört ist, die an der Aussprache beteiligt sind. In der Regel haben sie Schwierigkeiten, gezielte Bewegungen auszuführen: Sie versagen im so genannten Finger-Nase-Versuch, indem sie bei geschlossenen Augen nicht in der Lage sind, die Nasenspitze mit dem Zeigefinger sicher zu treffen. Im Kindesalter können diese Funktionen noch relativ schnell und problemlos von anderen Teilen des motorischen Hirnsystems übernommen werden. Diese unschätzbare Fähigkeit des Gehirns, andere Zentren für lädierte Bereiche einspringen zu lassen, nennt man »Plastizität«, sie nimmt im Laufe des Lebens allerdings ab. Vor allem beeinträchtigte Großhirnfunktionen nach Verletzungen oder Schlaganfällen können bei Erwachsenen daher meist nicht mehr vollständig ausgeglichen werden, sind aber durch intensives Training immerhin teilweise kompensierbar. Kleinhirnläsionen dagegen können auch bei Erwachsenen durch dessen Plastizität meist sehr gut »repariert« werden, vor allem, wenn sie nicht die Kerne tangieren.

Während wir uns bei unserem bisherigen Rundgang durch das Zentralnervensystem im Bereich der Schalt- und Regelelemente aufgehalten haben, die mehr oder weniger automatische, reflektorische, »primitive« Grundfunktionen koordinieren und unterhalten, bewegen wir uns jetzt in jene Regionen, die in Verbindung mit dem »Geist«, mit unserem bewussten Handeln und Erleben stehen: in das **Vorderhirn**, das die Hirnanatomen wiederum in ein **Zwischenhirn** (Diencephalon) und ein **Endhirn** (Telencephalon) untergliedern.

Am Schalthebel zwischen Geist und Körper: das Zwischenhirn

Die größte Struktur des Zwischenhirns ist der **Thalamus**, eine wichtige Schalt- und Integrationszentrale für Sinneseindrücke aus dem gesamten Nervensystem. Hier werden die Informationen der Sinnesorgane an die Großhirnrinde weitergeleitet. Nur die Nase, das heißt unser Geruchssinn, macht eine Ausnahme: Sie sendet ihre Informationen außer über den Thalamus zur Großhirnrinde gleichzeitig auf direktem Wege zum limbischen System, also zu den Hirnstrukturen, die u.a. für unser Gefühlsleben zuständig sind (s. auch Kap. 11). So erklärt sich, dass wir nichts gegen unsere Aversion unternehmen können, wenn wir jemanden »nicht riechen können«, auch wenn sich die grauen Zellen unseres Großhirns nach Kräften dagegen sträuben sollten.

Am hinteren Ende des Thalamus befindet sich die **Zirbeldrüse**, die das Hormon Melatonin produziert. Es regelt unseren Tag-Nacht-Rhythmus, stimuliert dabei gleichzeitig unser Immunsystem. Unterhalb des Thalamus schließt sich der **Hypothalamus** an. Er ist die oberste Leitstelle sowohl für das vegetative Nervensystem als auch für das Hormonsystem des Körpers und aktiviert mit seinem »Releasing«-Hormon die **Hypophyse**, zu Deutsch Hirnanhangsdrüse, die über das adrenokortikotrope (d.h. die Nebennierenfunktion ändernde) Hormon die Nebennierenrinde anwirft, die schließlich das Hormon Kortisol freisetzt bzw. das Nebennierenmark aktiviert, das die »Stresshormone« Adrenalin und Noradrenalin sowie das Schilddrüsen- und das Wachstumshormon ausschüttet.

Die jüngste Errungenschaft der Evolution: das Großhirn

Wie ein Mantel liegt schließlich das Großhirn über diesen Zentren des Zwischenhirns. An seiner charakteristischen walnussähnlichen Form unterscheiden wir zwei Hälften, die **Großhirnhemisphären** (s. Abb. 2). Die »Kabelstränge«, die diese beiden Hälften miteinander verbinden, bilden eine derbe Faserplatte, den Balken

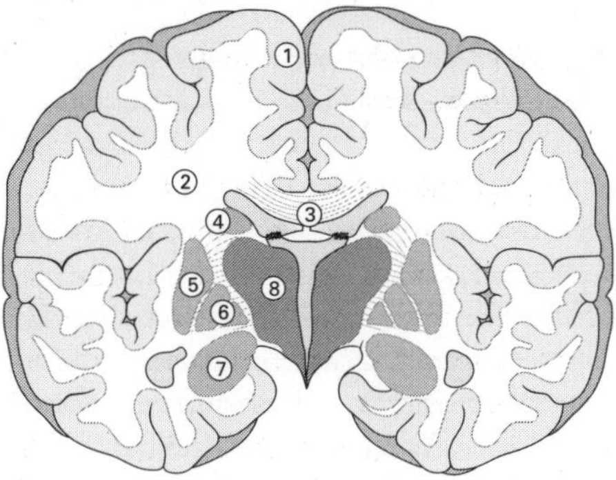

1 Großhirnrinde
2 Großhirnmark
3 Balken (Corpus callosum)
4 Schweifkern (Nucleus caudatus)
5 Schale (Putamen)
6 Pallidum
7 Mandelkern (Amygdala)
8 Zwischenhirn (Hypothalamus, Thalamus, Epiphyse)

Abb. 2 Querschnitt durch das Vorderhirn.

(Corpus callosum), die als annähernd waagerechte, nach unten gekrümmte Struktur eine charakteristische »Landmarke« in den Hirnschnitten darstellt. In der Feinstruktur der Großhirnhälften unterscheidet man die **Großhirnrinde** (Kortex) mit den berühmten »kleinen grauen Zellen«, der grauen Substanz (Substantia grisea), und das Hirnmark (weiße Substanz). Der schmale Saum der Hirnrinde weist im Hirnschnitt eine dunklere, mit etwas gutem Willen graue Färbung auf. (Viele Beschreibungen und Begriffe aus der Hirnanatomie gehen aus nachvollziehbaren Gründen auf die Verhältnisse im toten Körper zurück. Im Gegensatz zu anderen Körperregionen, die häufig auch am Lebenden, also zum Beispiel bei Operationen, beobachtet und beschrieben werden konnten, führten Untersuchungen am lebenden Gehirn schnell zu einem Ergebnis, das sich von dem bei der Leichensektion wenig unterscheidet.)

Die Großhirnrinde wird in vier deutlich voneinander abgrenzbare Gebiete unterteilt, die die Anatomen wenig respektvoll als »Lappen« bezeichnen (s. Abb. 3): der **Stirnlappen** (Lobus frontalis), der **Scheitellappen** (Lobus parietalis), der **Hinterhauptslappen** (Lobus occipitalis) und der **Schläfenlappen** (Lobus temporalis). (Dass sich im Sinne einer Spontanmutation als 5. Hirnlappen gewissermaßen epidemisch ein Lobus lamentationis – Jammerlappen – gebildet haben soll, ist angesichts der in jüngster Zeit bei vielen Zeitgenossen zu beobachtenden Klagsamkeit eine interessante Hypothese, die kürzlich von dem Neurologen und Kabaret-

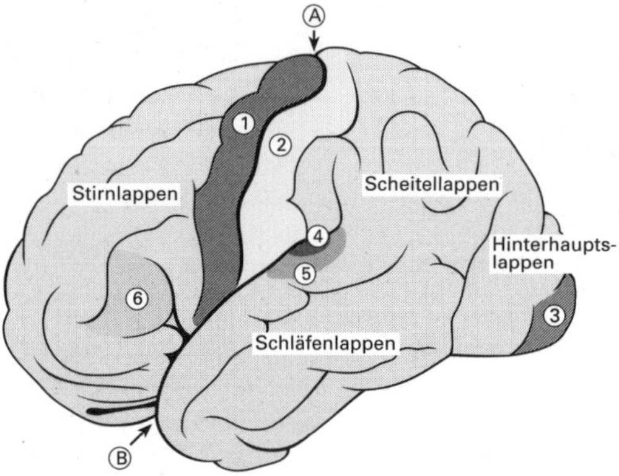

Abb. 3 Lappengliederung und Rindenfelder der linken Hemisphäre des Großhirns.

A Zentrale Furche (Sulcus centralis)
B Seitliche Furche (Sulcus lateralis)

1 Motorische Rinde (Gyrus praecentralis)
2 Somatosensible Rinde (Gyrus postcentralis)
3 Sehrinde
4 Hörrinde
5 Sensorische Sprachregion (Wernicke)
6 Motorische Sprachregion (Broca)

tisten Eckart von Hirschhausen aufgestellt wurde, aber sicherlich noch der empirischen Bestätigung bedarf.) Die tiefen Furchen zwischen diesen Lappen bezeichnet man als Sulci, während sich die einzelnen Lappen aus denjenigen Strukturen zusammensetzten, von denen es heißt, man solle sie anstrengen, wenn man vernünftig nachdenkt: die Hirnwindungen oder Gyri.

Den Hirnwindungen lassen sich unterschiedliche motorische und sensorische Funktionen zuordnen. Besonders berühmt geworden ist der so genannte Homunculus (= »Menschlein«): Jeweils vor und hinter der mittleren, schräg senkrecht verlaufenden Furche (Sulcus centralis) ist das gesamte Körperschema abgebildet, wenngleich gegenüber den Größenverhältnissen der Peripherie grotesk verzerrt: Organe, die eine sehr subtile, komplexe Koordination der Muskulatur verlangen oder eine feine Auflösung der Sinneszellen besitzen, wie zum Beispiel Finger und Lippen, beanspruchen verständlicherweise einen größeren Platz auf den Hirnwindungen als die Organe, bei denen feine Bewegungsmuster oder hochdifferenzierte Tastempfindungen keine so große Rolle spielen (s. Abb. 4, S. 21).

Mit den Fortschritten der Hirnanatomie und den immer feineren Methoden der mikroskopischen Zelldifferenzierung setzte

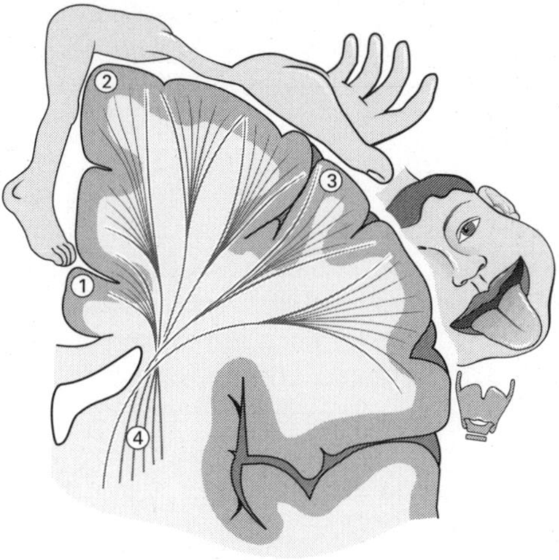

1 Innenfläche der Großhirnhemisphäre
2 Mantelkante (Kante zwischen Innen- und Seitenfläche des Großhirns)
3 Seitenfläche des Großhirns
4 Fasern der absteigenden Nervenstränge für die Willkürbewegung (Pyramidenbahn)

Abb. 4 Motorischer »Homunculus«: Repräsentation der einzelnen Körperzonen auf dem Gyrus praecentralis.

gegen Ende des 19. Jahrhunderts ein Kartierungsboom ein. Mit dem gleichen Enthusiasmus wie einst die Kartografen, die an Kongo, Amazonas und im Himalaya versuchten, die Vermessung der Welt zu perfektionieren und die letzten weißen Flecken zu tilgen, widmeten sich die Anatomen den Hirnarealen. 1909 verfertigte der Berliner Anatom Korbinian Brodmann einen Hirnatlas, in dem die Regionen verzeichnet waren, zu denen sich bestimmte Neuronengruppen zusammenfassen lassen und die in Verbindung mit bestimmten motorischen oder sensorischen Funktionen gebracht werden können. Typische Ausfallerscheinungen bei bestimmten Hirnläsionen wie Schlaganfällen oder Verletzungen und später die funktionelle Bildgebung bestätigten die grobe Zuordnung der kartografierten Domänen zu den entsprechenden Funktionen. Allerdings zeigt sich auch zunehmend, dass die Vernetzungen untereinander so vielschichtig und komplex sind, dass exakte Zuordnungen bestimmter Funktionen zu umschriebenen Regionen der Hirnwindungen kaum möglich sind. Gut belegt sind allerdings die Lokalisation des motorischen Sprachzentrums (nach ihrem Entdecker auch Broca-Zentrum genannt) und der Ort des Sprachverständnisses (Wernicke-Zentrum). Beide sind immer in nur einer der beiden Hirnhälften lokalisiert. Bei den meisten Menschen ist dies die linke Hemisphäre.

Der größte Teil des Großhirns wird vom **Großhirnmark**, der so genannten »weißen Substanz«, eingenommen. Verlassen wir also die Hirnrinde mit ihren ca. 10 Milliarden untereinander vernetzten grauen Zellen und begeben uns in diese Substanz. Sie gliedert sich in so genannte Assoziationsbahnen, die den Informationsaustausch innerhalb einer Hemisphäre vermitteln, und in Kommissurenbahnen, die die Verbindung zwischen den beiden Hirnhälften gewährleisten. Darüber hinaus gibt es noch Projektionsbahnen, die in Richtung anderer, tiefer gelegener Hirnabschnitte zielen.

Die größte Kommissur des Gehirns ist der Balken, der alle vier Hirnlappen miteinander verbindet und bei Hirnschnitten in Scheitelrichtung von der Seite als kräftige, bogenförmige Struktur erkennbar wird.

Im Zentrum der weißen Substanz des Großhirns liegen anatomisch gut voneinander abgrenzbare Kerngebiete, die Basalganglien. Wir unterscheiden einen Streifenkörper (Striatum), der wiederum in einen Schwanzkern (Nucleus caudatus), eine »Schale« (Putamen) und den Nucleus accumbens untergliedert wird. Das Striatum sorgt dafür, dass unsere Bewegungen nicht außer Kontrolle geraten, und sendet vor allem hemmende Impulse auf »untergebene« Motorikzentren. Störungen der Balance von Erregung und Hemmung innerhalb des Basalgangliensystems führen zu unwillkürlichen, ungehemmten Bewegungen wie bei der Parkinson-Krankheit oder der Chorea Huntington (»Veitstanz«).

Die Regie von Erinnern und Empfinden: das limbische System

Über seine Funktion zur Bewegungskoordination hinaus hat das Basalgangliensystem Anteil am limbischen System. Dieses wiederum wird von verschiedenen Strukturen unterschiedlicher Hirnregionen gebildet, reguliert nicht nur unser Motivations- und Triebverhalten und verbindet es mit vegetativen Körperfunktionen, sondern ist auch für das Gedächtnis von Bedeutung. Die unteren (ventralen) Abschnitte der Basalganglien gehören bereits dazu.

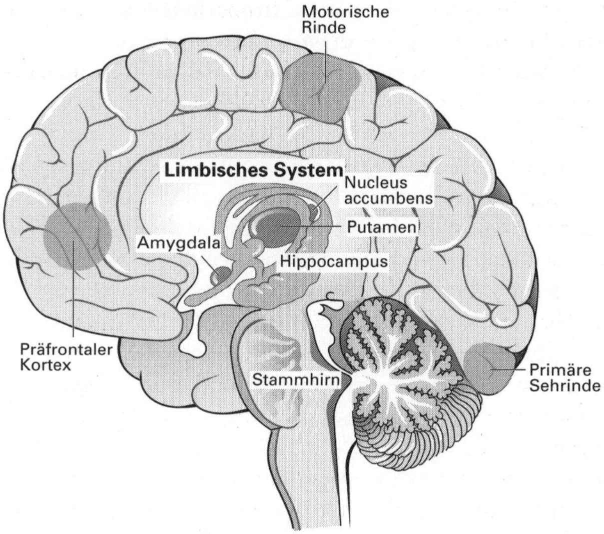

Abb. 5 Das limbische System.

Die zahlreichen miteinander vernetzten Hirnzentren, die unter dem Begriff »limbisches System« zusammengefasst werden, machen deutlich, dass die topografische Einteilung der Hirnareale in ein End-, Zwischen- und Mittelhirn, wie wir sie bisher kennen gelernt haben, eher willkürlich ist und offenbar eher den Präparationsgewohnheiten der alten Anatomen entsprach als den funktionellen Zusammenhängen, die erst später erkannt wurden. Denn die Elemente dieses Systems setzen sich aus Teilen aller drei großen Hirnabschnitte zusammen (s. Abb. 5).

Sie sind in parallelen Schaltkreisen miteinander »verlinkt« mit dem **Hippocampus** (zu Deutsch interessanterweise »Seepferdchen«, den Grund für diese maritime Benennung finden Sie im Beitrag von Axel Karenberg [Kap. 3]) und der **Amygdala** (»Mandelkern«). Hauptaufgabe des limbischen Systems ist es, die Bedeutung von Sinneswahrnehmungen bzw. Gedächtnisinhalten (positiv vs. negativ, gut vs. böse, angenehm vs. ungemütlich) zu prägen – also gewissermaßen das emotionale Salz in die Suppe der Wahrnehmung zu streuen. Wenn wir uns ein Gesicht merken, eine Melodie einprägen, uns an einen typischen Geruch erinnern oder aufgrund vorangegangener Bredouillen eine Situation als bedrohlich erkennen, ist das limbische System als maßgeblicher Prozessor für Lernen und Gedächtnis stets daran beteiligt. Damit aber noch nicht genug: Die Verarbeitung von Emotionen und die Koordination unserer Gefühlseindrücke mit den Reaktionen des gesamten Körpers wird von den Knotenpunkten des limbischen Systems gesteuert und koordiniert. Viele dieser Körperreaktionen waren im Verlauf der Evolution einmal überlebenswichtig, haben aber in dem Maße ihren Nutzen verloren, wie sich Gesellschaft und Umwelt entwickelt haben. Wenn es für unsere Urahnen im Neandertal oder in der afrikanischen Steppe noch absolut sinnvoll war, beim Anblick des Mammuts umgehend durch Beschleunigung des Herzschlags, Vertiefung der Atmung und Bereitstellung von Blutzucker für eine möglichst optimale Nutzung der Muskeln zu reagieren, um so schnell wie möglich die Beine in die Hand zu nehmen und das Weite zu suchen, sind solche Reaktionen beim Anblick des gefürchteten Chefs (des Vorsitzenden der Prüfungskommission, des Verwaltungsleiters, des Polizisten mit dem Alkoholteströhrchen – Nichtzutreffendes streichen) wenig hilfreich und verlangen eine sehr intensive, mäßigende Intervention des Frontalhirns, also des klaren, kritischen Bewusstseins, um einen »kühlen Kopf« (!) zu behalten und nicht kontraproduktiv zu werden (dieser segensreiche mäßigende Einfluss des entwicklungsgeschichtlich jüngsten Hirnzentrums auf das limbische System wird in Manfred Spitzers Neuro-Miniatur »Frontalhirn an Mandelkern« beschrieben, s. Spitzer 2005).

Eine erste Geige im Orchester des limbischen Systems spielt ebendieser **Mandelkern** (die Amygdala). Er wird von allen Hirnzentren bedient, die Sinneseindrücke aufnehmen, und erhält darüber hinaus Informationen vom Thalamus. Der Mandelkern besteht selbst wieder aus mehreren Kernen, und sein gesamtes System ordnet den Impulsen positive oder negative Bewertungen zu. So programmiert uns der Mandelkern beispielsweise darauf, die Quellen der wahrgenommenen Eindrücke zu suchen oder zu vermeiden. Auch das muss nicht unbedingt immer zum Nutzen des Mandelkern-Besitzers geschehen: Durch wiederholte Kopplungen von Sinneseindrücken mit gleichzeitig erlebten unbehaglichen Gefühlszuständen kann es unter Umständen zu paradoxen Reaktionen kommen, wie etwa, dass jemand genau die Situationen oder Menschen mit Angst besetzt, die ihm eigentlich gut tun würden, oder dass er sich bevorzugt mit solchen einlässt, denen er besser aus dem Weg gehen sollte. Damit deutet sich bereits an, welch wichtige Rolle das limbische System, und hier ganz besonders der Mandelkern, für die Psychotherapie-Forschung spielt. Gerhard Roth hat dies in seinem Beitrag »Das Gehirn auf der Couch« plausibel dargelegt (s. Kap. 9). Beidseitige Zerstörung der Amygdala führt zum Verlust von Furcht und Aggressivität, zu Fress-Sucht, Merkfähigkeitsstörungen und gesteigerter sexueller Aktivität (das so genannte Klüver-Bucy-Syndrom, nach zwei amerikanischen Hirnforschern, die dieses Syndrom in den 40er-Jahren durch umstrittene Tierversuche produzierten; später konnten die Befunde durch Beobachtungen nach »natürlichen« Verletzungen bei Menschen bestätigt werden).

Gewissermaßen die Frohnatur der Hirnkerne und damit der Gegenspieler des Mandelkerns ist der **Nucleus accumbens** (*accumbere* war ursprünglich die Bezeichnung für die Position, die die alten Römer bei der Einnahme ihrer Mahlzeiten bevorzugten, die Struktur wäre also mit »der zu Tische liegende Kern« zu übersetzen – s. Kap. 3 zu den Eigentümlichkeiten der Hirnterminologie, in der wir u.a. mit so merkwürdigen Begriffen wie »Ruhekissen«, »Ehegemächern«, »Seepferdchen« »Inseln« und »Busenkörpern« konfrontiert sind). Unabhängig von seinem merkwürdigen Namen dient der Nucleus accumbens als Sensor für positive Schlüsselreize: Witze (s. Kap. 5), persönliche Erfolgserlebnisse, der Anblick einer attraktiven Person oder eines ebensolchen Sportwagens (bei Männern empirisch gesichert), Schokolade oder guter Sex regen ihn dazu an, hirneigene Endorphine ins Frontalhirn freizusetzen, was dann den Zustand hervorruft, dem Manfred Spitzer wiederum einen eigenen Beitrag in diesem Buch gewidmet hat: Glück (s. Kap. 7). Leider geht das aber auch anders, denn Kokain, Ecstasy und was es so noch alles an Designerdrogen gibt, haben die gleiche Wirkung. Da man für Erfolgserlebnisse, Sportwagen und die Beziehung zu attraktiven Personen oft hart und lange arbeiten muss, die Wirkung der Drogen aber ohne großen Aufwand schnell und sicher einsetzt, liegt es auf der Hand, dass sie süchtig machen: Warum sich so blödsinnig anstrengen, wenn »Dope« mühelos und rasch Endorphine ins Frontalhirn pumpt und glücklich macht?

Eine weitere Schlüsselposition im limbischen System hat der **Hippocampus**, (wörtlich übersetzt »Seepferdchen«). Abrufbare (»explizite«) Gedächtnisinhalte können nur durch diesen »Prozessor« auf der »Festplatte« des Langzeitgedächtnisses gespeichert werden.

Sinneseindrücke aus den Großhirnrindenfeldern werden nach der Passage einiger Schaltstellen in das Verarbeitungssystem des Hippocampus eingespeist, der sie an den Thalamus weiterleitet. Von dort läuft die Erregung über den Gyrus cinguli der Großhirnrinde, um dann im abrufbaren Bewusstseinspeicher (dem so genannten »expliziten Gedächtnis«) hinterlegt zu werden.

Für Valentin Braitenberg (Kap. 2) weist die geschweifte Form des Hippocampus mit der Verbindung seiner beiden Enden auf eine ideale Konfiguration für die Speicherung von Informationen hin, weil die Signale auf diese Weise längere Zeit im Kreis laufen können. Schädigungen im Hippocampus sind immer mit Störungen der Merkfähigkeit verbunden, vor allem der des Kurzzeitgedächtnisses. Informationen, die unsere Hippocampus-Schleife bereits durchlaufen und im Großhirn einen sicheren Hafen gefunden haben, sind demgegenüber weniger beeinträchtigt. Patienten mit einer Alzheimer-Erkrankung, bei denen sich im Hippocampus Abfallprodukte des Stoffwechsels ablagern, können sich daher noch lange Zeit gut an Ereignisse aus Kindheit und Jugend erinnern. Auch das Lernen von neuen Bewegungsabläufen und das Konditionieren von Reflexen sind durch die Schädigung des Hippocampus nicht betroffen, weil sie über andere Bahnen laufen. Das Speichern soeben erlebter Ereignisse oder kurzfristig erworbener Erkenntnisse ist jedoch stark beeinträchtigt.

Dauerstress führt dazu, dass das Hippocampus-Volumen abnimmt, wie sich an Obduktionen des Gehirns bei betroffenen Menschen und durch Messungen mit bildgebenden Verfahren am lebenden Menschen feststellen lässt: Man lernt schlecht unter Stress. Nur ein entspanntes, möglichst gar vergnügtes Hirn lernt gut und gern. Was das für unser Bildungssystem vom Kindergarten bis hin zur innerbetrieblichen Fortbildung bedeutet, hat Manfred Spitzer in seinem Buch »Lernen« aufgezeigt (Spitzer 2002). Im Hinblick auf unser Schulsystem gipfeln seine Überlegungen in der Forderung, Bedingungen und Strukturen zu schaffen bzw. sie so zu verändern, dass sie das biopsychosoziale Ökosystem der Kinderhirne optimieren. Eine anregende Umgebung, Bewegung, die Begrenzung des Datenmülls durch Fernsehen und Playstations und vor allem viel Spaß sind vonnöten, »wenn unsere Sprösslinge nicht irgendwann T-Shirts für China nähen sollen«.

Wir sind also bei unserem Zielpunkt, dem Hippocampus, angelangt, dessen neuronale Macht und Kompetenz in eigenartigem Kontrast zu seiner niedlichen Titulierung als »Seepferdchen« steht. Da das Gehirn ein unendlich komplexes Netzwerk ist, hätte er auch der Ausgangspunkt für unsere orientierende Rundreise durch die Hirnlandschaft sein können. Wir sind dabei einer Reihe von markanten Punkten begegnet, haben ein paar Sehenswürdigkeiten herausgegriffen, einige eher links liegen gelassen, kurz gestreift oder aus einer Perspektive beobachtet, die ihre Beschaffenheit nur oberflächlich wiedergibt. Das gesamte Gebiet ist ja schier grenzenlos und in Teilen immer noch unerforscht. Ich hoffe aber, diese kurze Tour d'Horizon hat Ihre Neu(ro)gier für weitere Exkursionen in die spannende Welt des Nervensystems geweckt. Die Autoren der nachfolgenden Kapitel stehen Ihnen als Reiseführer zur Verfügung.

Kommentierte Empfehlungen zur weiterführenden Literatur (meine subjektive Auswahl)

Graumann W, Sasse D (2005). CompactLehrbuch Anatomie, Bd. 1 und 4. Stuttgart: Schattauer (Autorin der Beiträge zum Thema Nervensystem ist Prof. Dr. Cordula Nitsch, Basel).

Ein systematisches Taschenbuch mit vielen übersichtlichen Abbildungen (die in modifizierter Form in das vorliegende Kapitel übernommen wurden) für alle, die es ganz genau wissen wollen. Besonders geeignet für Studierende der Medizin und der Psychologie und zur Aktualisierung der anatomischen Kenntnisse von »Profis«.

Kandel ER, Schwartz JH, Jessell TM (1996). Neurowissenschaften. Heidelberg: Spektrum.

Das Buch, dessen Erstautor kein Geringerer ist als der Nobelpreisträger für Medizin des Jahres 2000, nennt sich im Untertitel bescheiden »Eine Einführung«, ist aber mit fast 800 Seiten weit mehr. Es bietet eine Fülle von Informationen und Materialien, die überwiegend sehr allgemein verständlich dargestellt sind.

Rohen JW (2001). Funktionelle Neuroanatomie. Stuttgart, New York: Schattauer.
Ein klassisches Lehrbuch über das gesamte Nervensystem mit fast 300 zum Teil vierfarbigen Abbildungen. Der Autor legt mit seinem funktionellen Ansatz besonderen Wert darauf, die Anatomie des Nervensystems in engem Zusammenhang mit der Funktion der einzelnen Subsysteme und des gesamten Netzwerks darzustellen. Ebenfalls besonders für Studierende geeignet.

Roth G (2003). Fühlen, Denken, Handeln. Frankfurt a. M.: Suhrkamp.
Der Autor gehört zu den Protagonisten der modernen Neurobiologie. Mit großem didaktischen Geschick stellt er die Grundlagen der modernen Neurobiologie dar, vor allem auch in ihrem Bezug zur Philosophie (Stichwort »Willensfreiheit«) und zur Psychoanalyse. Gerhard Roth leitet das Hanse-Wissenschafts-Kolleg in Delmenhorst, in dem die neurobiologischen Forschungsschwerpunkte mehrerer norddeutscher Universitäten gebündelt sind.

Rüegg JC (2006). Gehirn, Psyche und Körper. Neurobiologie von Psychosomatik und Psychotherapie. Stuttgart, New York: Schattauer.
Eine sehr verständliche, gut lesbare Einführung in die Arbeitsweise des Gehirns, vor allem in Hinblick auf psychiatrische/psychosomatische Störungen und die Funktion von Psychotherapie. Der Autor ist emeritierter Ordinarius für Physiologie der Universität Heidelberg, ursprünglich Herzspezialist, der am Ende seiner Universitätslaufbahn die Faszination des Nervensystems entdeckt hat und diese mit dem didaktischen Geschick des langjährigen Hochschullehrers vermittelt.

Spitzer M (2002). Lernen – Gehirnforschung und die Schule des Lebens. Heidelberg: Spektrum.
Wie alle Bücher von Spitzer eine flüssig zu lesende, mitreißende Übersicht zum State of the art in den Neurowissenschaften, hier mit besonderem Bezug zur Schul- und Erwachsenenbildung. Ein eindrucksvoller Beitrag zur »angewandten Neurobiologie«, der mit der gegenwärtigen Bildungspolitik hart ins Gericht geht.

Spitzer M (2005). Frontalhirn an Mandelkern. Letzte Meldungen aus der Nervenheilkunde. Stuttgart, New York: Schattauer.
Eine der Sammlungen von »Miniaturen« aus der Zeitschrift »Nervenheilkunde«: kurze, unterhaltsame, allgemein verständliche, manchmal skurril anmutende »Nacherzählungen« interessanter Beiträge aus hochkarätigen internationalen Fachzeitschriften, garniert mit den originellen Reflexionen des Autors zum jeweiligen Thema.

Walter H (2005). Funktionelle Bildgebung in Psychiatrie und Psychotherapie. Stuttgart, New York: Schattauer.
Insgesamt eher ein Buch für Profis und Spezialisten, es zeigt aber sehr eindrucksvoll, wie man heutzutage mit bildgebenden Verfahren dem Gehirn sozusagen bei der Arbeit zuschauen kann.

Valentin Braitenberg

2 Über den Inhalt des Kopfes

Sinn und Zweck des Gehirns

Ganzheitliche Aspekte des Gehirns

Ein Kilo Hirn kostet beim Metzger 7 €. Ein Kilo Leber ebenso viel, Muskelfleisch, das übliche Fleisch, je nach der Provenienz, mit oder ohne Knochen um einiges mehr, um die 10 €. Ich gebe zu, dass Kalbshirn, paniert und in Butter gebraten, gut schmeckt. Stierhoden auch. Aber ich will kein Hirn essen. Einmal musste ich, wohl oder übel, um die Hausfrau nicht zu beleidigen, eine Scheibe Hirn auf meinem Teller anschneiden, mit der Gabel aufspießen und meinem Munde nähern. Zu meinem Entsetzen, auf der Schnittfläche, nicht zu übersehen, die S-förmige Zeichnung des Hippocampus. Das ist ein spezialisiertes Stück der Großhirnrinde, das die Alten schon so benannt haben, weil es sie an die Seitenansicht eines Seepferdchens (»Hippocampus«) erinnerte (s. dazu auch Kap. 3). Da es mein Hobby ist, Geformtes zu deuten, hatte ich schon vorher über dieses Seepferdchen im Hirn gegrübelt und mir meine eigene Theorie gemacht, warum es so merkwürdig gestaltet ist. Die Theorie stimmt wahrscheinlich oder anders ausgedrückt: Ich glaube immer noch daran. Die beiden Enden des Seepferdchens sind durch Fasern miteinander verbunden, und entlang dem S verlaufen auch Fasern, größtenteils in einer Richtung, sodass das Ganze in sich geschlossen ist, wunderbar geeignet, um dort Signale längere Zeit im Kreis laufen zu lassen. Möglicherweise als Gedächtnisspeicher.

Das Seepferdchen im Hirn mit den Fasern, die so verlaufen, war für mich zu einem Stück geistiger Nahrung auf dem Wege zum Verständnis der Gehirnfunktion geworden. Kann man, soll man, darf man geistige Nahrung essen? Schulbücher, CD-ROM, Liebesbriefe?

Eins ist sicher: Wenn man geistige Nahrung isst und verdaut, ist das Geistige daran verloren. Ähnlich wie der geistige Inhalt der

Schulbücher in Rauch aufgeht und sich verflüchtigt, wenn man sie zum Heizen des Ofens im Schulzimmer verwendet.

Auch hat es mit dem geistigen Inhalt nichts zu tun, wenn man das Schulbuch ganzheitlich dem anderen Lausbub an den Kopf wirft. »Ganzheitlich« heißt in vielen Zusammenhängen das Gleiche wie »geistlos«. Bei einem Ding, das Geist enthält, kommt es nicht darauf an, wie viel es wiegt, wie es riecht, wie dick es ist. Eher schon, wie es gestaltet ist, wie die Bestandteile angeordnet sind, aus denen es besteht.

Gehirngewicht und -größe

Spatzenhirn, Elefantenhirn, Frauenhirn, Walfischhirn. Ich halte es für möglich, dass ein Spatz mehr kann als ein Wal. Ein Äffchen sehr wahrscheinlich. Ein Mensch sowieso. Aber das größte Hirn hat doch der Wal. Wird die Rolle des Gehirns überschätzt, jedenfalls was sein Gewicht und seine Größe anbelangt?

Ein bisschen, ganz grob, scheint es zu stimmen, dass ein größeres Gehirn mehr leistet als ein kleineres. Aber nur im Vergleich verschiedener, verschieden großer verwandter Tierarten. Zum Beispiel innerhalb der Familie der katzenartigen Raubtiere. Es gibt zoologische Intelligenztests, bei denen die Hauskatze schlechter abschneidet als der Puma, dieser schlechter als der Leopard und der Löwe am besten, immer schön der Größe nach.

Lokalisationslehre

Kann man das Bewusstsein im Hirn suchen? Das Besoffensein? Das Beleibtsein? Das Ausländersein? Das Eingeschlafensein? Das Dummsein? Jeder sollte sich das überlegen, das bringt uns weiter.

Wo ist das Pünktlichsein in der Uhr zu finden? Auf den Zeigern oder im Uhrwerk? Und wo die Verlässlichkeit im Mercedes?

Wo sitzt das Bewusstsein im Hirn? Einige meiner Kollegen sind nahe dran, dies zu entdecken, jedenfalls schreiben sie darüber in der Zeitung. Und die anderen, die Genetiker, sind schon einen Schritt weiter, sie halten bereits das Gen des Bewusstseins in

Händen, es geht nur noch um die Frage, ob die Affen auch dieses Gen besitzen, oder gar die Kaninchen.

Auch von der Geilheit ist die Rede, denn diese lässt sich besonders gut im Hirn lokalisieren. Wo sitzt die Geilheit im Gehirn? Irgendwo in der Mitte unten. Hätte man wohl auch erwartet.

Man schämt sich ein bisschen, wenn die Kollegen so reden. Haben die nicht gelernt, welches Unheil der Glaube an Geister seit Urzeiten über die Menschheit gebracht hat? Und jetzt fotografieren sie den Geist der Frömmigkeit, den Geist der Liebe und den des Pflichtbewusstseins im Gehirn mithilfe von Magnetresonanztomographen oder Positronenemissionstomographen (was das für Apparate sind, kann man auch im Schwäbischen Tagblatt lesen). Dann tragen sie die Orte dieser verschiedenen Geister in verschiedenen Farben auf Fotos des Gehirns ein, von der Seite, von oben, von vorne und von hinten aufgenommen.

Ich kann nichts dafür. Ein Einzelner kann den Unrat nicht wegräumen, der sich eine halbe Million Jahre lang, seit Menschen miteinander quatschen, im Volksglauben angesammelt hat (ein anderer Name dafür ist Dualismus, Animismus oder Seelenglaube).

Feinstruktur des Gehirns, tausendfach vergrößert

Ein Blick ins Mikroskop genügt, um sich zu fragen: Wozu wäre ein Gehirn so prachtvoll komplex aufgebaut und von Ort zu Ort so verschieden strukturiert, wenn es nur darum ginge, verschiedene Stücke der Psyche an verschiedenen Orten dort zu befestigen?

Weil nicht jeder über ein Mikroskop verfügt, will ich jetzt ein Menschenhirn tausendfach vergrößern (das ist die Vergrößerung, bei der sich ein Mikroskopiker am wohlsten fühlt) und dem Publikum zur Besichtigung freigeben.

Wir betreten freudetrunken das Heiligtum. Das ganze Gebilde füllt jetzt eine riesige Kuppel, ungefähr von der Größe einer Kathedrale, 150 Meter lang, 70 Meter hoch und 90 Meter breit. Wir fühlen uns beengt angesichts der gewaltigen Masse von undurchsichtigem, feucht-schwabbeligem Material und suchen nach Möglichkeiten, es in seinem Inneren zu erkunden. Dabei entdecken wir an einem Ende eine flache Höhle und treten in sie ein. Merkwürdige barocke Voluten bilden ihre Decke, ihr Boden ist relativ eben. Weiter geht es, an einem Ende der Höhle, dem Eingang gegenüber, in einen Kanal, nicht viel mehr als ein Meter im Durchmesser, die Neugier treibt uns weiter, etwa 30 Meter in gebückter Haltung, es lohnt sich, denn am Ende öffnet sich der Kanal in eine weitere Höhle, auch diese abgeflacht, aber im Unterschied zu der anderen, die breit und niedrig war, sehr schmal und unheimlich hoch zwischen vorgewölbten Wänden rechts und links. Wir entdecken zwei runde Öffnungen, eine rechts, eine links, und siehe da, durch sie gelangen wir in zwei noch viel größere Höhlen, die sich unübersehbar weit nach vorne und nach hinten erstrecken. Man fragt sich, wozu diese Leerräume gut sind, denn wo nichts ist, kann nichts passieren. Oder doch?

Von der Decke der hohen Höhle in der Mitte baumeln große, lappige Gebilde, wie Blumenkohl gekräuselt, von denen unentwegt eine farblose, geruchlose Flüssigkeit heruntertropft, die sie offenbar ausschwitzen. Ähnliche Gebilde, ebenfalls Wasser ausschwitzend, entdecken wir am Boden der beiden seitlichen, noch größeren Hohlräume. Es wird uns ungemütlich da drinnen, in den Höhlen, von denen wir (mit Recht) vermuten, dass sie eigentlich ganz von Flüssigkeit erfüllt sein sollten, und wir entfernen uns wieder.

Wir möchten wissen, wie das riesige schwabbelige Ding, von dem wir bisher nur die Hohlräume gesehen haben, in seinem Innersten zusammengesetzt ist. Es kann ja nicht sein, dass es seine einzige Bestimmung ist, Hohlräume mit Wasser zu füllen.

Vorsicht: Hochspannung!

Wir betrachten die große feucht-schwabblige Masse von ihrer Oberfläche her, dort, wo sie sich an das umgebende knöcherne Gewölbe anschmiegt, nicht ganz eng zwar, immerhin einen Zwischenraum frei lassend, durch den wir uns bewegen können.

Einer von uns möchte wissen, wie sich das Ding anfühlt. Er bohrt mit dem Finger ein Loch in die ledrige Hülle, die es ganz umgibt. Darunter kommt er in eine zweite, locker geflochtene Hülle und dann zu einer zarten Haut, die er mit Leichtigkeit zerreißt.

Dann kommt die Überraschung. Der Finger dringt ganz leicht ein in ein Geflecht von unzähligen zarten, häutigen Röhrchen, die in allen Richtungen durcheinander verlaufen, ungefähr einen Millimeter, manche auch ein paar Millimeter dick oder auch bloß einen halben. Das ganze Gebilde, der ganze Inhalt der Kathedrale, scheint nichts anderes zu sein als ein riesiger Filz von solchen Röhrchen. Allerdings ertastet man zwischen all den zarten Röhrchen auch eine Menge von Knöllchen, so groß wie Haselnüsse oder Walnüsse, an denen jeweils viele Röhrchen festgemacht sind. (Wer sich im Gehirn auskennt, hat trotz tausendfacher Vergrößerung alles schon erkannt: die Ventrikel, die Gehirnhäute oder Meningen, die Röhrchen als Axone und Dendriten, die Knöllchen als die Nervenzellkörper.)

Und dann kommt die zweite Überraschung. Der Freund, der seinen Finger da hineingesteckt hat, fährt plötzlich mit einem Schrei zurück: ein elektrischer Schlag, und kein geringer! Und dann gleich noch ein paar weitere Schläge in rascher Folge. Schätzungsweise 100 Volt oder gar mehr. (Diese elektrischen Schläge gibt es tatsächlich im Gehirn, aber keine Angst, in Wirklichkeit geht es dabei um kaum mehr als ein Zehntel Volt. In Volt misst man die elektrische Spannung, und diese entsteht, wo elektrische Ladungen, positive und negative, voneinander getrennt sind. Je weiter getrennt, desto höher die Spannung. Wenn man allerdings das Gehirn tausendfach vergrößert, wie wir das getan haben, die Ladungen also tausendmal weiter als im Original voneinander entfernt, dann steigt die Spannung auch aufs Tausendfache, und dann sind das eben tausend Mal ein Zehntel Volt = 100 Volt, und da kriegt man schon ganz ordentlich einen gewischt.)

Offenbar lebt das Gehirn. Seine Tätigkeit äußert sich irgendwie in diesen Spannungsstößen. Nehmen wir an, unsere Neugier ist größer als die Angst vor dem Elektrisiertwerden, und einer von uns geht gar mit zwei Fingern an das Ding heran. Interessant: Nur selten kriegen die beiden Finger gleichzeitig einen Schlag. Der erste Eindruck ist eher, dass die Schläge ganz regellos kommen, bald da, bald dort, manchmal in ganz langsamer Folge, manchmal schnell wie das Geknatter eines Maschinengewehrs.

Nur manchmal – selten, bei bestimmten Positionen der beiden Finger – scheint ein Schlag an einer Stelle immer nach ganz kurzer Zeit einen Schlag an der anderen zur Folge zu haben, auch wenn die Finger weit auseinanderliegende Gebiete betasten – und sogar, wenn zwei von uns an entgegengesetzten Stellen der Kathedrale die Finger ins Gehirn stecken. Es gibt offenbar eine große Anzahl kurzer und langer Verbindungen zwischen verschiedenen Stellen innerhalb des Gehirns.

Das Experiment

Aber was bedeuten diese elektrischen Spannungsstöße? Wir hegen den Verdacht, dass sie irgendwie mit Vorgängen außerhalb des Gehirns zusammenhängen. Um das zu untersuchen, verlassen wir die Kathedrale und begeben uns in die Nähe der Sinnesorgane – Augen, Ohren etc. –, die über meterdicke Stränge mit dem Gehirn in Verbindung stehen. (Nicht zu vergessen: Wir haben das Gehirn tausendfach vergrößert und, der Gerechtigkeit halber, das ganze Zubehör ebenfalls. Die Augen werden dabei zu monumentalen Kugeln, 25 Meter im Durchmesser, der Sehnerv, von dem wir wissen, dass er eine Million Nervenfasern enthält, zu einem 4 Meter dicken Strick.)

Unser Team teilt sich in den Aufgaben, die das Experiment mit sich bringt. Einer bleibt draußen und fuchtelt mit seinem Spazierstock vor der riesigen Pupille eines der beiden Augen. Die anderen klettern in der Kathedrale herum, verteilen sich über die Oberfläche des Gehirns und betasten sie mit ihren Fingern. Das Übliche, nichts Besonderes: Da und dort meldet einer Spannungsstöße, manchmal spärlich, manchmal in kurzen Salven. Nur einer, der ganz hinten im Gehirn am Rand einer tiefen Furche herumtastet, schreit plötzlich auf, und dann noch einmal und immer wieder. Wo er seinen Finger hineingesteckt hat, verspürt er ein ganzes Donnerwetter von Spannungsstößen, und weil er jedesmal schreit, wenn's schlimm wird, bemerkt der Mann, der vor dem Auge fuchtelt, dass das immer dann passiert, wenn er an einer ganz bestimmten Stelle steht und seinen Stock aufrecht hält und hin und her bewegt. Wenn er den Stock waagerecht hält und auf und ab bewegt, geschieht offenbar nichts Besonderes. Aber siehe da, wenn der Mann hinten am Hirn seine Hand um einen halben Meter bewegt und wieder hineinlangt, ist es jetzt ausgerechnet der waagerechte Stock, der das Donnerwetter auslöst, und an einer Stelle daneben gar der Stock, wenn er um 45 Grad geneigt ist.

Nicht genug: Wenn der Mann mit dem Stock vor dem Auge ein paar Schritte zur Seite tritt und wieder fuchtelt, ist es ein anderer von den Herren, die auf dem Gehirn herumkriechen, der an einem anderen Ort das Donnerwetter abkriegt.

Wir versammeln uns im Schatten des Gehirns, um die Ergebnisse zu besprechen. Eines scheint sicher: Die Welt ist irgendwie im Gehirn dargestellt – verschiedene Orte der Welt, sofern sie von den Augen gesehen werden, an verschiedenen Orten des Gehirns, und verschiedene Ereignisse, wie das Fuchteln so oder anders, ebenfalls räumlich getrennt. Wir fragen uns, ob das reicht, das hohe Ansehen zu rechtfertigen, das das Gehirn bei vielen Leuten genießt.

Was das Gehirn kann

Wir verlassen unser Riesenhirn und denken lieber an die anderthalb Kilo Gehirnsubstanz, die jeder von uns, in natürlicher Größe, in seinem Schädel mit sich herumträgt. Die Frage ist immer noch: Wozu diese vielen elektrischen Zuckungen, die wir da beobachtet haben? Viel interessanter noch als die elektrischen Entladungen, die man beobachtet, wenn sich vor dem Auge etwas bewegt, sind die, die ohne ersichtlichen äußeren Grund die ganze Zeit überall im Gehirn, anscheinend in wirrem Durcheinander, stattfinden. Nur wenn einer schläft, herrscht dort einigermaßen Ruhe, und wenn beim besten Willen im Gehirn überhaupt keine elektrische Aktivität mehr festzustellen ist, schreibt der Amtsarzt »Hirntod«, das heißt Ende des Lebens. Ist denn dieser elektrische Nieselregen im Inneren des Gehirns gleichzusetzen mit dem Leben? Oder doch mit dem Bewusstsein? Oder etwa mit dem Denken?

Möglich. Man kann sich das so vorstellen: Alles, was um uns herum passiert und von uns wahrgenommen wird, erzeugt über die Sinnesorgane und ihre Sinnesnerven eine elektrische Aktivität im Gehirn. Jedes Ereignis auf seine Weise, keine zwei verschiedenen Ereignisse erzeugen im Gehirn genau die gleiche Aktivität, jedes Menschengesicht, jede Bewegung, jeder gesprochene Satz anders. Warum nicht, es stehen dafür genug Nervenzellen (Neuronen) zur Verfügung, in jedem einzelnen Gehirn mehr, als es Menschen auf der ganzen Erde gibt.

Jetzt kommt das Entscheidende. Was sich da in einem Gehirn oft genug zugetragen hat, wird zur gehirninternen Gewohnheit, läuft immer leichter auf dieselbe Weise ab. Was man oft genug gehört hat, kann man auswendig. Eine oft wiederholte komplizierte Bewegung läuft sozusagen automatisch ab. Diese gelernten Gehirnzustände stellen sich so leicht ein, dass sie sich jetzt oft von selbst ergeben, ohne dass irgendwas gehört oder irgendeine Bewegung ausgeführt wird. Und siehe da, das nennt man Denken, und das ist es wahrscheinlich, was das ständige Knistern der elektrischen Spannungsstöße im Gehirn bedeutet, solange der Mensch (das Tier) nicht schläft (oder gestorben ist).

Es lohnt sich im Leben, auf dieses innere Kasperletheater zu achten, anstatt das eigene Verhalten immer auf direktem Wege von den Sinneseindrücken bestimmen zu lassen. Auf diese Weise erfährt man nämlich durch einen Blick nach innen, ehe es zu spät ist, was auf uns zukommt, was das Tier uns gegenüber im Sinn hat, wo der Stein ankommen wird, der eben vom Himmel fällt, oder was der Herr Kollege demnächst in der Diskussion sagen wird. Natürlich funktioniert das nur, wenn man oft genug beobachtet hat, nach welchen Gesetzen Steine fliegen, Tiere sich verhalten, Kollegen diskutieren. Und nur, wenn die Gesetzmäßigkeiten, die sich aus den Beobachtungen ergeben, als Denkgewohnheiten in die Gehirnfunktion eingeschliffen wurden, sodass sich die Welt in dem inneren Kasperletheater so darstellt, wie sie ist.

Die Darstellung der Regeln, nach denen die Welt funktioniert, ist im Gehirn das, was man gewöhnlich »Wissen« nennt. Allerdings: Die Welt ist viel größer als jedes Gehirn und voll von unberechenbaren Überraschungen. Das im Gehirn enthaltene Wissen ist notwendig unvollständig, und man darf sich deshalb nicht wundern, wenn das gehirninterne Mitdenken und Vorausdenken oft in die Irre geht. Das Herstellen von Zusammenhängen aufgrund von ungenügendem Wissen nennt man Phantasie in seiner harmlosen Form, Wahn und Halluzination in der pathologischen Variante.

Man kann das vielleicht so sagen: Wichtigste Aufgabe des Gehirns ist es, Halluzinationen zu erzeugen, aber nur solche, die dem wirklichen Zustand der Welt möglichst ähnlich sind.

Axel Karenberg

3 Ein Schädel voller Wörter

Kleine Neuroterminologie für Hirnforscher und andere Menschen

Einen bemerkenswerten Satz brachte Michele Attumonelli 1787 zu Papier. »Enorme Dunkelheit umgibt das menschliche Gehirn«, schrieb der Physiologie-Professor in Neapel, »wenn man die Funktion der vielen kleinen Apparate bestimmen möchte, aus denen es aufgebaut ist.« Das helle Licht der Aufklärung war offensichtlich kaum auf jenen Körperteil gefallen, dessen Maschinerie die Wissenschaft damals zu beschäftigen begann. Vielmehr hatte sich am Vorabend der modernen Hirnforschung tiefe Resignation verbreitet. Rund 100 Jahre später fiel, zumindest nach Einschätzung des berühmten Joseph Hyrtl, die Bilanz erfreulicher aus. »Man darf die Anatomie (des Gehirns) wohl für vollendet annehmen«, urteilte der Wiener Universitätslehrer, »da man an keinem anderen Organe des menschlichen Körpers jedes auch noch so unscheinbare äussere Merkmal mit solcher redseligen Umständlichkeit beschrieb ...« Dann schlug der Ordinarius im damaligen Mekka der Weltmedizin jedoch einen skeptischen Ton an: »Die Anatomie des inneren Baues ist dagegen, und bleibt wahrscheinlich für immerdar, ein mit sieben Siegeln verschlossenes, und überdies noch in Hieroglyphen geschriebenes Buch.«

Welche Worte würden die Gelehrten heute wählen? Zu Beginn des 21. Jahrhunderts ist Hyrtls »ignoramus et ignorabimus« purem Fortschrittsoptimismus gewichen. Attumonellis düsteres Schattenbild hat sich in sein Gegenteil verkehrt: Grelle Scheinwerfer leuchten jeden Winkel des Gehirns aus, und mehr als 20 Subdisziplinen der Hirnforschung stellen fast täglich ihre Ergebnisse in allen Medien vor. Zu diesem Zweck bedienen sich die Neurowissenschaften einer Fülle von Fachwörtern, die oft nur Eingeweihten verständlich sind. Insgesamt hat die Zahl der Spezialbegriffe die Marke von 10000 längst überschritten, ohne dass dieses wild wuchernde Vokabular je erfasst, geschweige denn geordnet worden wäre. Wie kann der Neuroterminologe sich da anmaßen, seine Leser zuverlässig durch ein derartiges Labyrinth zu führen? Noch dazu, wenn der Spaziergang auf anregende Weise und mit begrenztem Zeitbudget vonstatten gehen soll?

Am einfachsten (aber furchtbar langweilig) wäre es, nach Art von Kurzwörterbüchern eine alphabetisch sortierte und knapp kommentierte Liste der wichtigsten Ausdrücke zusammenstellen, von Ammonshorn bis Zirbeldrüse sozusagen. Ebenso plausibel erschiene die Gliederung neurologischer Begriffe nach wenigen Herkunftssprachen, zum Beispiel entlang der Achse Griechisch–Latein–Englisch. Schließlich könnte die Tour durch das Gehirn problemlos rein sprachwissenschaftlichen Kriterien folgen und damit Wortklassen und -strukturen systematisch in den Zusammenhang der einzelnen Hirnregionen oder Fachgebiete einordnen. Doch alle Vorschläge lassen keine rechte Vorfreude aufkommen: Würde angesichts solch starrer Leitlinien das lustvolle Spazieren durch die Spezialsprache nicht zum trockenen Repetieren oder strengen Examinieren herabgewürdigt? Nein, verlockend ist weder ein lexikalischer noch ein topografisch präparierter Pfad, und die Aussicht auf linguistisch ausgelegte Laufwege wirkt frustrierend statt inspirierend.

Aus dieser Zwickmühle hilft ein Blick in die Geschichte. Weitaus am attraktivsten fällt nämlich, für Fachleute wie für Laien, die Demonstration der Dynamik aus, mit der sich die Sprache vom Gehirn zu einem regelrechten begrifflichen Irrgarten entwickelt hat. Mit der Frage »Woher kommen die Wörter?« ist der rote Faden durch das Labyrinth der Fachausdrücke gefunden: Unvermutet verwandelt sich der Irrweg durch den Wortschatz der Gegenwart in einen historischen Boulevard des Staunens, der sprachliche Pedant schlüpft mit Vergnügen in die Rolle des entspannten Flaneurs. Auf diese Weise wird auch die akademische Abhandlung zum heiter-gepflegten Gespräch unter Freunden: Nichts anderes wollen die Plaudereien auf den folgenden Seiten sein.

Eine riesige Wortfamilie: Zur Etymologie des Enzephalons

Beginnen sollen die Betrachtungen mit der Frage, woher das deutsche Wort »Gehirn« eigentlich stammt und wie es in anderen

Sprachen heißt. Einen überaus anschaulichen Ausdruck gebrauchten die Griechen. Spätestens seit Homer nannten sie das walnuss-ähnliche Organ schlicht »enkephalos«, wörtlich: das, was im Kopf ist. Schlägt man allerdings heute in einem Fachlexikon nach, wartet eine kleine Überraschung – dort steht nämlich das Neutrum Enzephalon. Wozu der Genuswechsel? Die Antwort ist einfach: Eine anatomische Kommission meinte 1955, der männlich-griechische Begriff und das sächlich-lateinische Äquivalent »cerebrum« vertrügen sich schlecht. Dank ergebnisorientierter Gremienarbeit ist seither auch das hellenische Gehirn weder männlich noch weiblich – eine Geschlechtsumwandlung, die dem Medizinterminus übrigens recht gut bekommen ist.

Sprachhistorisch gesehen gehen Wörter, die in vielen nationalen Idiomen für »Gehirn« verwendet werden, zurück auf die indogermanische Wurzel *k̂er*(ə)- mit der Bedeutung »das Oberste am Körper, Kopf, Horn, Geweih«. Daraus entwickelten sich im Griechischen *kara* (Haupt, Kopf) und *kranion* (Schädel). Solche Formen führen zu lateinisch *cervus* (Hirsch), *cervix* (Hals oder Nacken im Sinne von Kopfhalter) und schließlich *cerebrum* (Gehirn). Letzteres bildet den Ursprung der meisten romanischen Begriffe für großes und kleines Gehirn:

- Französisch: cerveau/cervelet
- Spanisch: cerebro/cerebelo
- Portugiesisch: cérebro/cerebelo
- Italienisch: cervello/cervelletto

Derartige Aufzählungen mögen auf den ersten Blick ermüden. Aber gerade diesen Varianten verdankt die deutsche Sprache humorvolle Entlehnungen – aus dem französischen »cerveau brûlé« etwa entstand »hirnverbrannt«. Und weil vor Jahrhunderten in Mailand ein Brotbelag beliebt war, den die Metzger aus Schweinehirn zubereiteten, erhielt er den treffenden Namen »cervellata«. Zu guter Letzt wurde daraus die schmackhafte Cervelatwurst.

Der indoeuropäische Stamm *k̂er*(ə)- erwies sich indes noch in anderer Richtung als ausbaufähig. Leicht verändert taucht er im Germanischen als herzn-, um 800 im Althochdeutschen als hirni, später als hirn(e), herne und harne auf. Von dieser Stufe führt eine direkte Linie zu unserem heutigen Wort (wie auch zu allen nordischen Bezeichnungen), und schon zur Zeit des Nibelungenliedes findet sich die mittelhochdeutsche Bildung das gehirne. Hinzugefügt sei gleich noch eine schöne Sprachkapriole: Weil bei der Hornisse ihre geweihartigen Fühlhörner »das Oberste am Körper« darstellen, zählt auch die gefürchtete Wespenart zu den legitimen Mitgliedern der Wortfamilie. Allein das englische »brain« fügt sich nicht in die sonderbare Sippschaft und stellt einen selbstständigen Sprachspross dar. Der Sonderling wird zurückgeführt auf das altenglische brægen, dieses mit gewisser Wahrscheinlichkeit auf das indogermanische mregh-m(n)-. Spannender dürften mit dem Grundwort verbundene Schöpfungen aus neuerer Zeit sein: Wer hätte gewusst, dass »brainstorm« seit 1849 existiert und »brain trust« seit 1933? »Brainwashing« ist seit 1950 im Gebrauch, angeblich als direkte Übersetzung aus dem Chinesischen! Einen ähnlichen Siegeszug wird man auch dem viel anziehender klingenden und wesentlich friedfertigeren »braintertainment« wünschen.

Nerven ohne System: Die Historie eines sonderbaren Wortschatzes

Auf die glückliche Bewältigung des kleinen etymologischen Einmaleins folgt ein Rückblick auf den Drang der Menschheit, mehr über »das im Kopf Befindliche« zu wissen. Auch bei dieser Retrospektive wird der sprachliche Fokus für Überraschungen sorgen.

Aus heutiger Sicht erstaunt, wie lange hochzivilisierte Kulturen mit recht wenigen Bezeichnungen für die »nervöse Substanz« auskamen. In den medizinischen Schriftrollen aus dem alten Ägypten findet sich eine einzige Stelle, an der das menschliche Gehirn überhaupt erwähnt wird – in einem Papyrus aus der Zeit um 1550 v. Chr., der in schönen Hieroglyphen verfasst ist und chirurgische Lehrfälle abhandelt. Der Sprung des Organs in die Schriftlichkeit wirkt heute ein wenig unappetitlich und Mitleid erregend: »Zersplittert ist des Patienten Schädel, aufgebrochen ist das Gehirn« lautet die Übersetzung. Dann fährt der Text fort: »Ein großer Splitterbruch, der offen ist zum Innern des Schädels und der Haut, die das Gehirn umschließt. So ist es aufgebrochen und quillt aus dem Innern des Kopfes.«

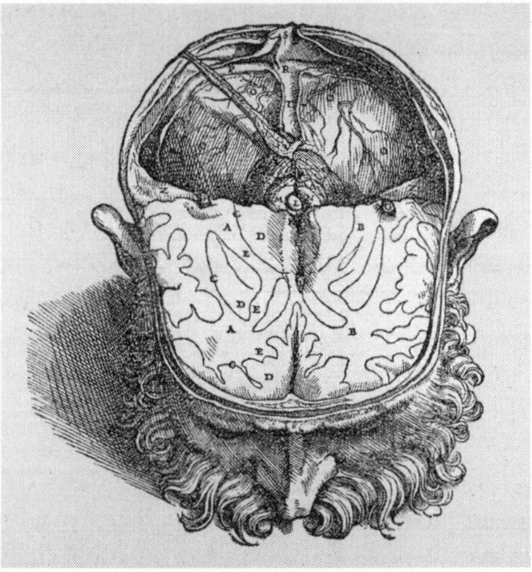

Abb. 1 Horizontalschnitt durch das menschliche Gehirn (aus Vesalius 1543, Buch VII, Tafel VII; A = rechte Hemisphäre; B = linke Hemisphäre; C = Trennungslinie zwischen D = grauer Substanz und E = weißer Substanz).

Im Gegensatz zum ägyptischen Einzelstück kannte die altgriechische Sprache neben »enkephalos« bereits »parenkephalis« für Kleinhirn und »myelos« für Rückenmark. Zu den weiteren deskriptiven Termini gehörte auch »neuron«, anfänglich eine Sammelbezeichnung für Bänder, Sehnen und periphere Nerven. Die lateinischen Äquivalente »cerebrum«, »cerebellum«, »medulla« und »nervus« reichten Ärzten wie Anatomen im Großen und Ganzen über Jahrhunderte als Arbeitsgrundlage. Das Bedürfnis nach einer präziseren Nomenklatur schuf erst der Aufschwung der »Zergliederungskunst« um 1500 mitsamt den wissenschaftlichen Entdeckungen und Theoriebildungen. Einen wichtigen Anfangspunkt setzte ein Italiener aus Ferrara mit dem bemerkenswerten Namen Archangelo Piccolomini: Dem späteren Leibarzt des Papstes in Rom verdanken wir die Übertragung des lateinischen Wortes *cortex* auf die Rinde des Gehirns. Kurz zuvor konnte die graue Substanz (Substantia grisea) von der weißen (Substantia alba) unterschieden werden (Abb. 1), wenig später sprachen die Anatomen erstmals von Hirnlappen (Lobi cerebri).

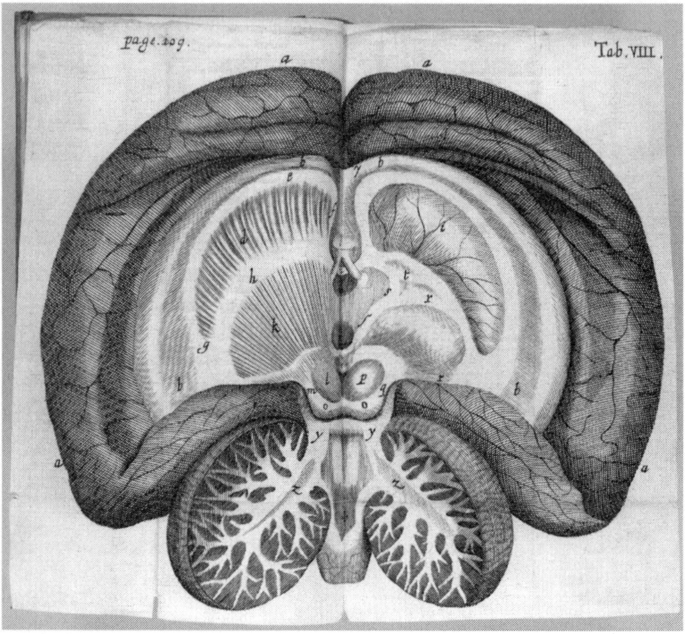

Abb. 2 Kranzförmiger Schnitt durch das menschliche Gehirn (aus Willis 1672, Tafel VIII; d = rechter Streifenkörper; i = linker Streifenkörper; k = Sehhügel).

Die Mehrzahl der Forscher zeigte jedoch ein stärkeres Interesse an den inneren Teilen des Gehirns und ignorierte die Oberfläche. Zurückzuführen ist diese Ausrichtung auf das Bestreben, ein »Organ der Seele« zu finden und damit jenen lebenswichtigen Ort, dessen Zerstörung auch das Ende des irdischen Daseins bedeutete. Die Doktrin war durchaus von handfesten Fakten unterfüttert: Bei Experimenten starben Versuchstiere fast nie an Verletzungen der Rinde, ebenso überstanden Patienten kortikale Läsionen besonders gut. Priorität genoss daher das Zentrum, nicht die Peripherie. So schwer es heute nachzuvollziehen ist: Die Hirnforschung kam sehr lange sehr gut ohne die Hirnrinde aus. Diese Topografie der Strebungen spiegelt sich auffällig in der Chronologie der Bezeichnungen. Solche für tief gelegene Hirnstrukturen stammen vorzugsweise aus der Zeit zwischen 1550

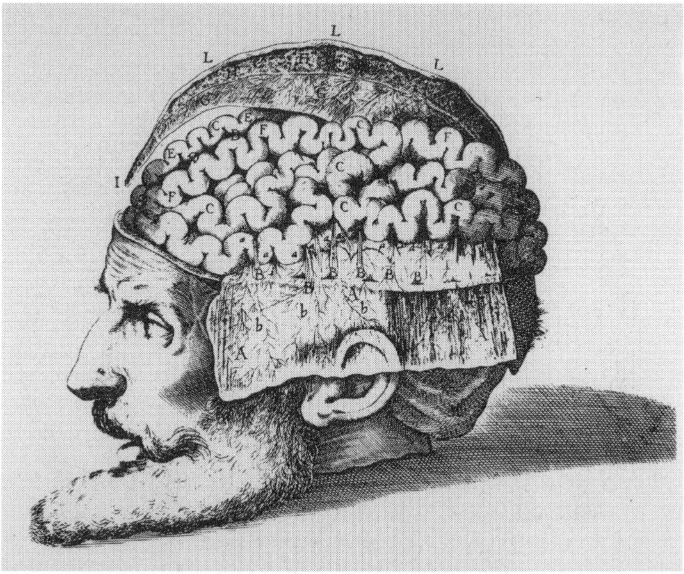

Abb. 3 Zeichnung von Giulio Casserio (publiziert in Van de Spiegel 1627). Die dargestellten Gehirnwindungen zeigen eine auffällige Ähnlichkeit mit Dünndarmschlingen.

und 1750: Damals erhielten der Balken (Corpus callosum), die Brücke (Pons) und das Hirngewölbe (Fornix) ihre Namen, weiter die Pyramide (Pyramis), der Sehhügel (Thalamus) und der Streifenkörper (Corpus striatum) (s. Abb. 2). Dagegen wurden die Windungen der Hirnrinde über lange Zeit abschätzig mit den Darmschlingen verglichen (s. Abb. 3 und 4); die gebogenen Gebilde waren weder der Rede noch einzelne Wörter wert. Nur den breiten seitlichen Einschnitt zwischen Scheitel- und Schläfenlappen kannte man seit 1663 als Fissura Sylvii, dieser Terminus blieb bis zum Auftauchen der Rolando-Furche 1829 die einzige Eigennamen-Benennung an der Rinde. Schlagartig änderte sich das Bild, als kurz darauf der Kortex zum Träger höherer Hirnfunktionen avancierte. Doch Hand aufs Herz: Hätte man ernstlich gedacht, dass die Gyri (Windungen) und Sulci (Furchen) der Hirnoberfläche erst 1869 – vor fünf bis sechs Generationen also – ihre bis heute gültigen Sprachetiketten erhielten?

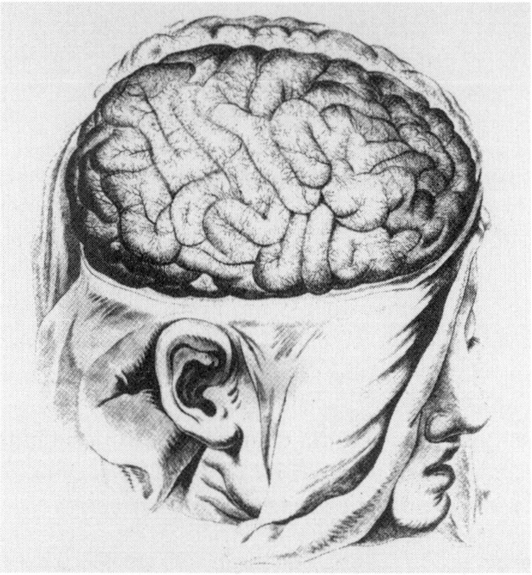

Abb. 4 Kolorierte Tafel (aus Vicq d'Azur 1786, Vol. 1, Planche III). Wiederum sind die Hirnwindungen wie Darmschlingen dargestellt.

Spät erscheint auch die Überlegung, alles unter dem Oberbegriff »Nervensystem« zu rubrizieren. Der Gedanke fällt mit dem Beginn der modernen Medizin zusammen: 1801 erwähnte Xavier Bichat, der französische Schöpfer einer umfassenden Gewebelehre, erstmals ein »système nerveux«. Zwar unterschied sich seine Deutung nervöser Strukturen und Funktionen ganz erheblich von späteren Auffassungen, der Ausdruck blieb jedoch erhalten. Das Fazit der Rückschau lautet also: Trotz ihrer hehren Abstammung aus dem Griechischen oder ihrer edlen Latinität sind weit mehr als 90 % der heute gebräuchlichen Ausdrücke nicht antiker, sondern neuzeitlicher Prägung. Diese Einsicht wird die weiteren Stationen des Rundgangs nochmals bereichern.

Konzepte und Kontexte: Schleimspeicher und Schlafzimmer im Zerebrum

Die Entfaltung der neurowissenschaftlichen Nomenklatur ist somit grundsätzlich als abhängige Variable der Hirnforschung und ihrer Entwicklung anzusehen. Doch ist eine Hirnstruktur oder -funktion entdeckt und benannt worden, weil sie einfach »da war«? Die Wirklichkeit stellt sich für den (sprach)historisch Interessierten verwickelter dar. Um den »Lebenslauf« eines Fachwortes zu erforschen, formuliert der ambitionierte Terminologe sechs entscheidende Fragen:

- Welcher Forschungskontext führte zur Wahrnehmung der zu benennenden Struktur oder Funktion?
- Welcher Wissenschaftler prägte den Begriff?
- Wann geschah dies?
- Warum wurde ausgerechnet dieser Ausdruck gewählt?
- Welche Vorgeschichte des Wortes könnte die Wahl beeinflusst haben?
- Was für ein weiteres Schicksal war dem neuen Terminus beschieden?

Mit gewissem Aufwand könnte dieses Raster auf die meisten Begriffe der heutigen Hirnforschung Anwendung finden. Das Ergebnis der Bemühungen wäre ein vielbändiges Lexikon – vermutlich bräuchte es niemand. Doch soll wenigstens an zwei Beispielen verdeutlicht werden, zu welch verblüffenden Erkenntnissen ein solcher Ansatz führt.

Glandula pituitaria oder Hypophyse heißt in Medizinerkreisen eine an der Basis des menschlichen Gehirns gelegene, knapp ein Gramm schwere Struktur. Die deutsche Umgangssprache kennt dafür die Bezeichnung »Hirnanhang« bzw. »Hirnanhangsdrüse« – sehr treffend, denn tatsächlich ist der kleine, kirschförmige Körper nur durch einen Stiel mit darüber liegenden Hirnteilen verbunden. Betrachten wir den lateinischen Zwei-Wort-Terminus etwas genauer: *glandula* bedeutet Drüse, *pituitaria* schleimhaltig oder schleimreich. Warum aber »Schleimdrüse«?

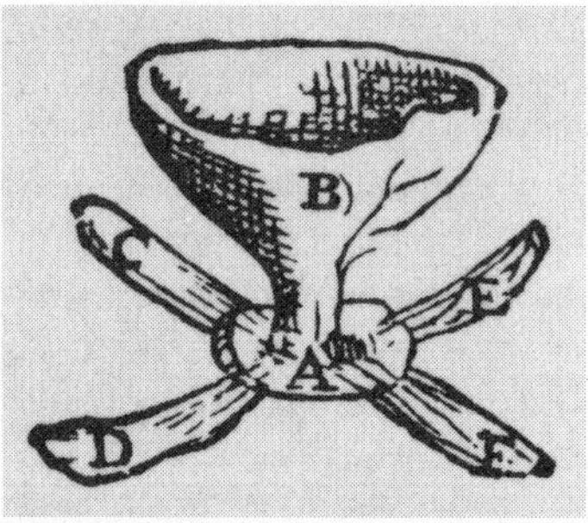

Abb. 5 Glandula pituitaria (aus Vesalius 1543, Buch VII, Tafel XVIII; A = Hirnanhangsdrüse; B = »Becken« oder Trichter, der den Schleim aus dem Gehirn in die Drüse leitet).

Nach Vorstellung der alten Ärzte produzierte das Gehirn in seinen inneren Hohlräumen den so genannten Seelengeist. Diese Substanz war halb flüssig, halb gasförmig, sie vermittelte die Bewegungsimpulse vom Gehirn durch die Nerven in die Peripherie und leitete umgekehrt die Empfindungen aus dem Körper zurück an die Zentralstelle. Bei der Herstellung des geheimnisvollen Betriebsstoffes entstanden (besonders nachts) Abfallprodukte, die als excrementa cerebri in Form des Nasenschleims (besonders morgens) abgeführt werden mussten. Diese Aufgabe übernahm die »Hirnanhangsdrüse«, und genau deshalb erhielt sie 1543 von Andreas Vesal, dem wirkungsmächtigsten Anatom und Sprachschöpfer aller Zeiten, ihren bis heute gültigen Namen »Schleimdrüse des Gehirns« (glandula pituitaria cerebri). Wörtlich vermerkte der Meister sogar: »Es ist selbige Drüse, welche den Rotz (aus dem Gehirn) ausscheidet.« (s. Abb. 5) Klappte das Absondern nicht richtig, liefen die Betroffenen Gefahr, ein schleimig-träges Temperament zu entwickeln: Sie wurden zu Phlegmatikern, nach dem griechischen Hauptwort *phlegma* für den kalt-weißen, zähflüssigen Saft im menschlichen Körper.

Nur wenige Jahre später kam es zu einem Ereignis, das für Historiker eine Wonne und für Wissenschaftler eine Katastrophe darstellt: Die vorherrschende Lehrmeinung brach zusammen. Die Beteiligung des Gehirns und seines Anhangs an der Entstehung nasaler Sekrete wurde mit aller Gründlichkeit und für ewige Zeiten widerlegt! Die »Schleimdrüse« jedoch behauptete völlig unbeeindruckt ihre Position – sogar dann, als der deutsche Neuroanatom Samuel Thomas Soemmerring den konkurrierenden und neutraleren Gräzismus *hypophysis* (»das nach unten zu Gewachsene«) einführte. Beim Überlebenskampf innerhalb der Wortpopulation erhielt der hartnäckige alte Schleimspeicher jedoch Unterstützung von der naturwissenschaftlichen Forschung. Zu Beginn des 20. Jahrhunderts würdigten Biochemiker die Struktur erneut als echte Drüse, die zwar kein Phlegma, dafür lebenswichtige Hormone produzierte. So stehen die kampferprobten Rivalen »Pituitary gland« und »Hypophysis« in der neuesten International Anatomical Terminology einträchtig nebeneinander, was uns zeigt: Zunächst unverständliche Ausdrücke aus der gegenwärtigen Nomenklatur können gleichsam als Echolote dienen, um historische Tiefenschichten der Hirnforschung zu orten und zu erforschen. Wird zudem der oben angegebene Sechserpack an Fragen beachtet, gelingt sogar die Aufstellung einer Grundregel: Oft lebt ein eingeführter Begriff weiter, obwohl jene theoretischen Leitvorstellungen, die seiner sprachlichen Formulierung zugrunde lagen, längst verlassen sind. An Dutzenden von Ausdrücken könnte die Gültigkeit dieses Lehrsatzes problemlos bewiesen werden.

Die »Power« der sprachhistorischen Analyse soll noch an einem weiteren Terminus veranschaulicht werden. Der Thalamus ist nicht nur ein bevorzugtes Objekt der gegenwärtigen Neurophysiologie, sondern gleichzeitig ein philologischer Leckerbissen. Dem Laien wird auch sein umgangssprachliches Synonym »Sehhügel« nicht entscheidend weiterhelfen, eher noch der Hinweis, dass es sich um ein recht großes, eiförmiges Gebiet im menschlichen Zwischenhirn handelt. Bei der Spurensuche werden wiederum längst verlassene Ideen zur Hirnfunktion zu berücksichtigen sein, im Mittelpunkt stehen jetzt jedoch die alten Sprachen selbst.

Das griechische Substantiv *thalamos* kennzeichnet einen Innenraum jedweder Art. Damit konnte ein Wohn- oder Schlafzimmer im Haus gemeint sein, auch eine Vorratskammer. Bei Homer taucht das Nomen in folgender Wendung auf: »(Helena) eilte fort aus der Kammer und weinte perlende Tränen.« Sophokles nutzte es, um das »Schlafgemach des Herakles« einzuführen. In einer anderen Tragödie deklamiert der Chor: »Zum allbettenden Brautgemach nun seh' ich Antigone wandeln.« Das gleichlautende lateinische Wort verwandte mit identischer Bedeutung der römische Dichter Ovid, als er die Nymphe Salmakis um den schönen Hermaphroditos werben ließ: »... laß uns dann ins Brautgemach eingehn!« Technisch ausgerichtete Autoren der Antike beschrieben mit thalamos jenen dunklen Platz innerhalb eines Schiffes, auf dem die untersten Ruderknechte saßen, naturkundliche dagegen die Waben der Bienen. Hier und da wurden auch ein sakraler Innenraum und ein kultischer Schrein mit dieser Bezeichnung angesprochen.

Die Verwendung des Wortes im Sprachkorpus der Medizin geht gleichfalls auf antike Zeiten zurück. In seiner Schrift »Über den Nutzen der menschlichen Körperteile« schilderte der griechisch schreibende Arzt Galen ausführlich Entstehung und Verlauf des Nervus opticus. Seiner Meinung nach trat der Sehnerv aus dem vordersten Winkel der seitlichen Hohlräume des Gehirns hervor. Ein solcher Ursprung erschien ihm plausibel, denn wie seine Vorgänger und Zeitgenossen sah er alle Nerven als hohl an. Schaut man genau auf den griechischen Text, dann gebrauchte Galen allerdings nicht das Wort *thalamos*. Er benutzte die Form *thalamē*, die Schlupfwinkel oder Lager bedeutet. Bei der Formulierung kam dem Forscher um 200 n. Chr. zugute, dass schon andere Autoren bestimmte Körperhöhlen wie die Herzkammern oder die Nasenlöcher durch dieses Wort gekennzeichnet hatten. Zudem etikettierte der antike Fachautor damit eben nicht »unseren« Thalamus, sondern die »Kammer« des Sehnervs im vorderen Seitenventrikel. Als sich die Anatomen viele Jahrhunderte später von diesen Vorgaben lösten und die Sehnerven in jenen soliden Substanzanteilen entstehen ließen, die im Deutschen heute Sehhügel heißen, nahm der Ursprungsort seinen alten Namen mit und wurde fortan Thalamus genannt. Wenn man nicht allzu kleinlich ist, liegen Schlafgemach und Lager ja so weit auseinander nicht. Noch einen weiteren Vorteil hätte diese Großzügigkeit: Im 19. Jahrhundert beschrieb ein deutscher Anatom ein Polster, das auf dem »Lager des Sehnervs« ruht – das Pulvinar thalami.

Bilder-Boom: Die Flut von Metaphern im Gehirn

Der nächste, längere Abschnitt hat ein in der Tat rätselhaftes Phänomen zum Thema. Eine Vielzahl der mit bloßem Auge erkennbaren Hirnstrukturen trägt Bezeichnungen, die ursprünglich rein gar nichts mit diesem Organ zu tun haben. Wie kann man ihren Auftritt auf der Sprachbühne der Medizin erklären? Präziser gefragt: Weshalb gibt es einen Wurm und eine Wasserleitung innerhalb des Schädels? Wieso Brücken und Dächer, Lebensbäume und Linsen? Warum Zirbelzapfen, Zitzen und Zwiebeln?

Ein kurzes Gedankenexperiment hilft dem Verständnis für die seltsamen Verhältnisse auf die Sprünge. Erstens: Bitte schließen Sie die Augen. Zweitens: Bitte stellen Sie sich vor, auf dem Tisch lägen mehrere aufgeschnittene Gehirne. Drittens: Bitte versetzen Sie sich zurück ins 17. Jahrhundert und vergessen alles, was je über das Gehirn zu hören oder zu lesen war. Für den dritten Teilschritt fehlt im Deutschen leider ein angemessenes Wort, die Engländer gebrauchen hier das Verb »to unthink«, das dem Angestrebten recht nahe kommt. Was ist Zweck der Übung? Wir fühlen uns in einen Forscher ein, der vor seinen Augen etwas sieht, was vor ihm niemand wahrgenommen hat – und dem im buchstäblichen Sinn die Wörter fehlen.

Vor einem solchen Vakuum standen Mediziner, als sie begannen, die inneren Verhältnisse des Gehirns (und anderer Organe) zu erkunden. Die Sprachgewandten unter ihnen halfen sich auf einfallsreiche Weise: Sie griffen zurück auf den Bildvergleich, die Metapher, und machten damit den allgemeinen Sprachschatz für ihre Spezialterminologie nutzbar. Im strengen Sinn galt das nur für Ärzte des Altertums wie den Griechen Galen, dessen *thalamē* als »Kammer« der Sehnerven gerade vorgestellt wurde. Spätestens seit 1300 sprachen und schrieben Ärzte in humanistischem Latein und damit in einer anderen als ihrer jeweiligen Muttersprache. Aber die hochgebildeten Gelehrten beherrschten die »tote« Sprache so perfekt, dass sie bei der Wahl des Vokabulars alle Bereiche des menschlichen Lebens einbezogen. Sie verfielen sogar in eine regelrechte Sucht nach figürlichen Bezeichnungen, wovon die neuroanatomische Namensgebung bis heute ein beredtes Zeugnis ablegt.

Baukunst: Konstruktionen auf der Erde und unter dem Schädeldach

Auffallend ist die Häufung von Fachbegriffen aus der Architektur. In der Nachfolge der Baumeister hatten die Zergliederungskünstler Gebilde zu benennen, die im dreidimensionalen Raum geformt bzw. gewachsen waren. Pate für eine Verbindung zwischen der dritten und vierten »Hirnkammer« (lat. *ventriculus*), durch die das Nervenwasser (Liquor cerebrospinalis) floss, stand daher fast zwangsläufig die Wasserleitung der Römer (aquaeductus). Im gleichen Sinn gab die römische cisterna, ein künstliches Reservoir für Regenwasser nahe dem Wohnhaus, das Vorbild für diverse Hirnzisternen ab, in denen sich die Hirnflüssigkeit sammeln kann. Strukturähnlichkeiten zwischen der aus Ziegeln gemauerten Gewölbedecke, dem fornix, und der bogenförmig gekrümmten Abdeckung der mittleren Hirnkammer führten zum Fornix cerebri.

Zu dieser »Ingenieur-Terminologie« zählen die Brücke (Pons) unterhalb des Kleinhirns genauso wie die Dächer und Decken des Mittelhirns und des vierten Ventrikels (Tectum mesencephali, Tegmen ventriculi quarti, Tegmentum mesencephali) – und natürlich jener »Balken«, der die zwei Gehirnhälften verbindet (Corpus callosum). *Cum grano salis* kann man hier auch die zeltartige Bedeckung des Kleinhirns einordnen (Tentorium cerebelli). Hin und wieder drifteten anatomisches Latein und ciceronische Ausdruckskunst bei der Wortakrobatik auseinander. Dies lehrt ein kurzer Blick auf die drei Fossae cranii oder Schädelgruben, in denen das Gehirn ruht. *Fossa* bedeutet eigentlich lange Grube oder Graben, der richtige Ausdruck für die normale Aushöhlung des Bodens wäre fovea gewesen. Hat hier jemand beim Lateinunterricht geschlafen? Immerhin wirkte die Architektur bis zum Beginn des 19. Jahrhunderts als Stichwortgeber: Noch 1822 wurde eine länglich-schmale Formation im Hirninnern »Claustrum« genannt. Die funktionelle Bedeutung dieser »Vormauer« blieb merkwürdigerweise bis zum heutigen Tag ungeklärt.

Exaktes und Gewöhnliches: Erdkunde, Messkunst, Alltag

Seltener sind Bezeichnungen aus Geografie und Geometrie. »Globus«, die Kugel, »polus«, der Endpunkt, und »hemisphairion«, die Halbkugel (der Erde oder des Gehirns), wirken ebenso unspektakulär wie der »rhombos«, nach dessen Form das Rautenhirn heißt. Ob der Erstbeschreiber der zerebralen Pyramide das

Bauwerk oder den geometrischen Körper vor sich sah, wird kaum mehr zu klären sein. Den romantischen Namen »Insel« (Insula) gab der deutsche Arzt Johann Christian Reil einigen Windungen in der Tiefe des Schläfenlappens, weil sie deutlich abgegrenzt von der Umgebung verliefen. Zählte dabei allein der räumliche Eindruck? Oder steckte vielleicht sogar eine Anspielung auf die viel gelesene Geschichte über Robinson Crusoe dahinter? Die Antwort wird das Geheimnis des Wortschöpfers bleiben.

Nur gestreift werden können die vielen Gegenstände des täglichen Lebens, die sich in der ein oder anderen Weise im Sammelsurium der Hirnterminologie wiederfinden: Gürtel (cingulum), Schale (putamen) und Trichter (infundibulum), Sichel (falx) und Keil (cuneus). Kurios als Formvergleich muten heute der »Schnabel« eines Schiffsbugs (rostrum), das Segel (velum) oder dessen »Zügel« (frenulum) an. Dass der lemniscus, den es im Gehirn in mittlerer und seitlicher Ausführung gibt, neben Schleife oder Schlinge den chirurgischen Verbandsstreifen meinen kann und dass splenium, der Wulst, wahlweise die gebauschte Kompresse bezeichnet, überrascht ebenfalls. Würde man die Suche nach Vergleichsobjekten auf historische Zeiten ausdehnen, kämen Ausdrücke wie Schreibfeder (Calamus scriptorius) oder Weinkelter (Torcular) hinzu. Diese Prachtexemplare wurden um 300 v. Chr. vom alexandrinischen Arzt Herophilos geprägt und blieben bis ins 20. Jahrhundert gebräuchlich. Wenn es den Hirnforschern damals an einem nicht mangelte, dann war es Phantasie!

Die Mannigfaltigkeit der Pflanzenwelt

Die Formenvielfalt der belebten Natur brachte diverse Pflanzen und Früchte als »Vor-Bilder« für Hirnformationen ins Spiel. So war die Ähnlichkeit der Zirbeldrüse mit einem Zapfen des gleichnamigen Baums bereits Galen und Vesal aufgefallen. Doch erst der dänische Anatom Thomas Bartholin schuf den Ausdruck Glandula pinealis (pinealis = zur Kiefer oder zu ihrer Verwandten, der Zirbe, gehörig). Um 1700 erlangte das unscheinbare, an der Decke des Zwischenhirns gelegene Kegelchen große Bekanntheit: René Descartes, der Philosoph mit Neigung zur Neurophysiologie, hatte in genau dieser Struktur den Treffpunkt von immaterieller res cogitans und materieller res extensa ausgemacht.

Seine Vermutung gab später Christian Morgenstern Anlass zu einem herrlichen Spottvers: »Die Zirbelkiefer sieht sich an / auf ihre Zirbeldrüse hin / sie las in einem Buche jüngst / die Seele säße dort darin.« Doch musste der unpaare Zapfen bald nicht nur seine Vorzugsstellung im Leib-Seele-Verkehr aufgeben. Auch der drüsige Charakter wurde zunehmend in Zweifel gezogen und bewirkte die semantische Degradierung zum »Corpus pineale«. Zu allem Überfluss trat noch der konkurrierende Name »Epiphyse«, »das darüber Gewachsene«, auf – ein sprachlicher Reflex auf die räumlich nahe gelegene Hypophyse. Erst seit wenigen Jahren ist die Zugehörigkeit der traditionsreichen Zirbel-Struktur zum innersekretorischen System eindeutig belegt. Aus diesem Grund sind auch die Nomenklatur-Experten reumütig zur »Glandula pinealis« zurückgekehrt: Womit heute alles wieder so ist wie vor 350 Jahren.

Ein eher eintöniges Dasein fristen die je doppelseitig angelegte Olive (Oliva) und die Zwiebel (Bulbus) im Bereich des Hirnstamms (Abb. 6). Gleiches gilt für die Linse (lens) im Linsenkern (Nucleus lentiformis) der rechten und linken Stammganglien. Auf Höcker an Pflanzenhalmen verweisen die halb-ovalen Corpora geniculata. Die Übersetzung müsste deshalb »knotenartige Körper« lauten und nicht »Kniehöcker«, wie leider fast alle Lehrbücher schreiben. Korrekt ist nämlich nur die Ableitung von *geniculum* (= Knötchen), falsch die Herleitung von *genu* (= Knie). Noch verwirrender wird es bei schmackhaften Steinbeeren, die mit zwei verschiedenen Namen innerhalb des Schädels auftauchen. Woher das lateinische Wort *tonsilla* für Mandel stammt, ist unklar. Möglicherweise geht es auf das Tätigkeitswort *tondere* für kratzen zurück. Immerhin würde diese Etymologie schlüssig erklären, warum seit alter Zeit geschwollene und »kratzende« Rachenmandeln so und nicht anders heißen. Deren eiartige Form konnte leicht in ähnlich konfigurierten Partien an der Unterfläche des Kleinhirns wiedergefunden werden, und kurzerhand wurden diese Strukturen mittels einer inneranatomischen Wort-Übertragung Kleinhirntonsillen (Tonsillae cerebelli) genannt. Im Zentrum der Hirnforschung steht derzeit ein anderer mandelähnlicher Körper, der sich an der Basis des Endhirns befindet, das Corpus amygdaloideum. Im Griechischen bezeichnet *amygdalea* den Mandelbaum, *amygdalē* die Mandel selbst. Gelegentlich finden

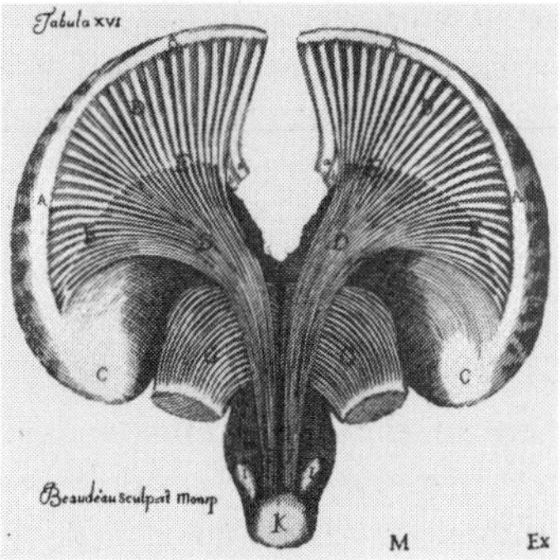

Abb. 6 Kranzförmiger Schnitt durch das menschliche Gehirn (aus Vieussens 1685, Tafel XVI; I = Olive; H = Pyramide).

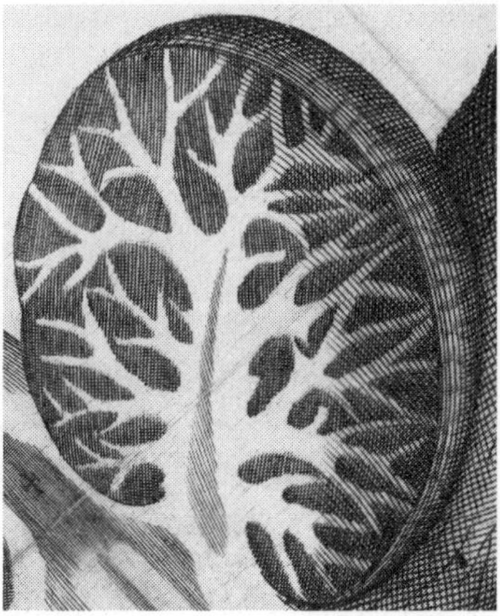

Abb. 7 Schnitt durch das menschliche Kleinhirn (aus Willis 1672, Tafel VIII, Ausschnitt). Deutlich zu sehen ist der so genannte »Lebensbaum«.

sich die lateinischen Entlehnungen *amygdalum* oder *amygdalus* für das Gewächs und *amygdala* für die Frucht. Obwohl die anatomische Nomenklatur eindeutig lateinische Benennungen favorisiert, fand der griechischstämmige »Mandelkern« 1896 Eingang in die entsprechende Wörterliste – wohl auch, um eine Verwechslung mit anderen Tonsillen innerhalb und außerhalb des Gehirns zu vermeiden.

Eine letzte »pflanzliche« Geschichte betrifft den arbor vitae cerebelli, den Lebensbaum des Kleinhirns. Diesem Ausdruck einen hochsymbolisch-theologischen Hintergrund zu unterstellen würde in die Irre führen. Die Herkunft der Namensgebung ist profan und von botanisch-pharmazeutischen und gerontologischen Einflüssen geprägt. Zu Beginn des 17. Jahrhunderts verschrieb ein berühmter Barockarzt dem betagteren Teil seiner Klientel zwecks Lebensverlängerung ein »Balsamus longae vitae«, das aus teurem Zedernholz zubereitet war. Gedankliche Grundlage der Verordnung war das magische Simile-Prinzip, nach welchem Ähnliches durch Ähnliches geheilt wurde. Da der exotische Baum uralt werden konnte, sollte sich die Wirkkraft seines Hol-

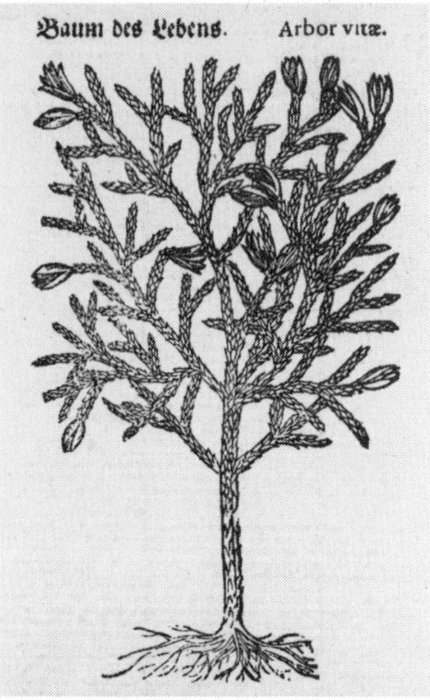

Abb. 8 »Lebensbaum« oder Arbor vitae (aus Jacobi 1731).

zes erfolgreich auf die bejahrten Patienten übertragen. Zwar florierte diese Praxis, doch weil Zedernholz zu teuer war, musste man auf die billigere, bis heute als »Lebensbaum« bekannte Tuja umsteigen. Viele Ärzte und Apotheker gingen täglich mit dieser Pflanze um. Als Erster aber kam Jacob Winslow, ein dänischer Anatom in französischen Diensten, auf die Idee, in der Schnittfläche des Kleinhirns die Äste, Zweige und Blätter der Tuja wiederzuerkennen (s. Abb. 7 und 8). Obwohl die Herkunft des wunderlichen Namens praktisch vergessen ist, hat zum Glück bislang niemand seine Abschaffung gefordert.

Zoologie: Reale Tiere und künstliche Menschen

Der Vogel- oder Hahnensporn (Calcar avis) als Bezeichnung für eine kleine Erhebung im Hinterhorn der Seitenventrikel verdankt sich der schlichten Formverwandtheit mit der Klaue des Federviehs. Komplizierter ist das Problem, wie die Würmer ins Schädelinnere gelangten. Anfangs waren es tatsächlich mehrere: Antike und mittelalterliche Ärzte belegten mit dieser Bezeichnung Teile der zottenförmigen Gefäßgeflechte, welche die Gehirnhöhlen auskleiden (heutige Plexus chorioidei). Als man zwischenzeitlich drei hintereinandergeschaltete Innenzellen annahm und ihnen Wahrnehmung (vorn), Intellekt (Mitte) und Gedächtnis (hinten) zuordnete, bedurfte es einer Erklärung: Auf welche Weise wurde manchen Eindrücken der Weg ins »Hinterstübchen« gebahnt, anderen versperrt? Die Lösung war ebenso elegant wie einfach: Die bogenförmigen Adernetze sollten sich wie Würmer bald verkürzen, bald verlängern, um den Zugang zur Gedächtnis-

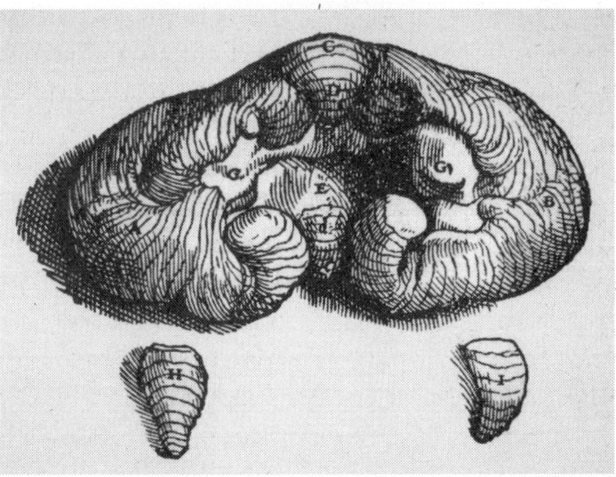

Abb. 9 Kleinhirn (aus Vesalius 1543, Buch VII, Tafel XI; d = Kleinhirnwurm).

kammer (cellula memorialis) freizugeben oder zu versperren. Wenig später erwies sich die morphologische Grundlage der frühen Behaltens- und Vergessenstheorie als fragwürdig. Doch einer hielt den Wirbellosen die Treue: Vesal übertrug den Namen auf das zwischen den Kleinhirnhemisphären gelegene Verbindungsstück. Mit seinen quer verlaufenden Wülstchen erinnerte es tatsächlich an den geringelten Leib einer Raupe (Abb. 9). Auf diese Weise blieb der Wurm (Vermis cerebelli) dem Gehirn bis heute erhalten. Sein »neuer« Platz passt sogar besser als der alte.

Weil Kleinhirn wie Großhirn an Stielen »hängen«, werden diese von den Hirnanatomen seit langem Pedunculus cerebelli und Pedunculus cerebri genannt. Im klassischen Latein heißt Stiel aber nicht *pedunculus*, sondern *pediculus*. Damit sind wir auch wieder im Tierreich: Der Name war innerhalb der Biologie nämlich für die Laus reserviert. Zwecks neuroterminologischer Verwendung musste man ihn wohl oder übel leicht modifizieren, eine »Hirnlaus« wollte man sich offensichtlich doch nicht leisten. Ob allerdings die Hirnschenkel (Crura cerebri) auf einen tierischen oder einen menschlichen Unterschenkel (crus) zurückgehen, ist offen. Darüber hinaus hat die freischöpferische Intuition der Anatomen zu bisweilen recht freizügigen Bildübertragungen geführt. Das verdeutlichen die »Brustkörper«, »zitzenartigen Körper« oder Corpora mamillaria. Die Bezeichnung stellt immerhin eine genuine Sprachleistung dar, denn nur das Neulatein der Mediziner kennt ein solches Adjektiv. Doch war der Zwei-Wort-Ausdruck mitsamt einigen Varianten zunächst nur für die verdickten Enden der Riechnerven gebräuchlich. Ein früher Versuch, die Metapher auf zwei kleine Halbkugeln an der Unterseite des Gehirns zu übertragen, datiert aus dem späten 16. Jahrhundert. Richtig durchsetzen konnte sich der Terminus rund 300 Jahre später, den offiziellen Segen erhielt er sogar erst 1895 durch die erste Nomenklatur-Kommission. Ob die Sachverständigen mit dieser gewagten Wahl unbedingt Sprachgefühl und geschmackliche Sicherheit demonstriert haben, sei dahingestellt.

Sehr viel überzeugender wirkt die Übertragung des uralten Homunculus in die Neurophysiologie (vgl. Abb. 4 in Kap. 1, S. 21). Seit 1300 hatten Alchemie und Literatur von der Herstellung eines künstlichen Menschleins geträumt – ganz so weit brachten es die Hirnforscher bislang nicht. Immerhin konnten sie zeigen, wie bestimmte Körperteile auf jenen Rindenarealen des Gehirns, die für bewusste Bewegungen und Empfindungen zuständig waren, verteilt waren. Zeichnete man die Zuordnung in Schnittbilder ein, ergab sich ein stark disproportioniertes »Rindenmännchen«. Der experimentelle Nachweis dieses Phänomens gelang um 1950 dem amerikanischen Neurochirurgen Wilder Penfield durch intraoperative Reizungsversuche. Was aber kaum bekannt ist: Rund 300 Jahre zuvor hatte Emmanuel Swedenborg, ein schwedischer Philosoph und Mystiker, die gleiche Idee gehabt. Ihm war sonnenklar, dass die Muskeln des Fußes durch die obersten Hirnwindungen, jene des Rumpfes durch die mittleren Partien und die für Kopf und Hals zuständigen durch die untersten Anteile gesteuert wurden. Der etwas versponnene Kopf studierte fleißig die anatomische Literatur und sezierte wohl auch selbst. Wie der frühe Theoretiker der Hirnlokalisation aber zu dieser erstaunlichen Annahme gelangte, bleibt bis heute rätselhaft. Die Zeitgenossen jedenfalls nahmen die vermeintlichen Hirngespinste des Außenseiters nicht ernst, einige seiner Abhandlungen blieben ungedruckt und wurden erst Jahrhunderte nach seinem Tod wiederentdeckt. Wäre es daher als Anerkennung nicht angemessen, von einem Swedenborg-Phänomen zu sprechen?

Das Hirn als »Hall of Fame«: Eigennamen in Neuroanatomie und -pathologie

Das scherzhaft vorgeschlagene Eponym »Swedenborg-Phänomen« eröffnet die Diskussion über eine theoretisch wie praktisch wichtige Spezialform des Benennens: Die »Terminusbildung mit Eigennamen-Konstituente«. Während die Menschheit Ausdrücke dieser Art seit dem 2. Jahrtausend v. Chr. kennt, bürgerten sie sich innerhalb der Kunstsprache vom Gehirn als Würdigung für den Entdecker einer Struktur oder Krankheit erst nach 1600 ein. Doch ist keinesfalls immer eindeutig, wer als Erster etwas beschrieb. Personennamen und Prioritätstreit gehören daher auf diesem Feld zusammen wie Pech und Schwefel. Hat der englische Arzt und Anatom Thomas Willis tatsächlich zuerst den kleinen, sechseckigen »Kreis« aus Arterienabschnitten an der Schädelbasis »richtig« gesehen? Erkannte er die Funktion des Gefäßhexagons, das die Schlagadern kurzschließt und im Fall einer Strömungsbehinderung die ungestörte Blutzufuhr ins Gehirn sicherstellen soll? Viele Argumente stützen diese Annahme. Allerdings hatten sich zuvor auch andere Wissenschaftler in gleicher Richtung geäußert, wenn auch weniger deutlich. Einen Etappensieg errang der Brite, als 1774 »Circulus arteriosus Wilisii« eingeführt wurde. Doch wird bis heute Tinte vergossen, um diesen und ähnliche Fälle neu aufzurollen und die Auseinandersetzung in die eine oder andere Richtung zu entscheiden.

Neben echten Doppelentdeckungen kann das Auftreten multipler historischer Persönlichkeiten eine Zuordnung erschweren. So kennt die Medizingeschichte mehrere Gelehrte, die den gepflegten Beinamen Sylvius führten und damit Verwirrung stifteten. Trotz manch gegenteiliger Bekundung geht die breite seitliche Hirnfurche (Fissura sylvii, Sulcus lateralis) eindeutig auf den Niederländer Franciscus dele Boë, einen Anatomie-Professor in Leiden und Amsterdam, zurück. Zudem profitiert der angesehene Hochschullehrer bis heute von einem anderen Phänomen, das diese Form der Namensgebung kennzeichnet: die geschichtliche Ungenauigkeit. Der Hirn-Aquaedukt (Aquaeductus sylvii) nämlich ist ebenfalls, jedoch zu Unrecht, nach ihm benannt. Dann und wann ranken sich auch selbst geschaffene Legenden um eine Entdeckung: Alexander Monro »secundus«, der zweite Vertreter einer Anatomen-Dynastie aus Edinburgh, will die mit seinem Namen geschmückte Verbindung zwischen seitlicher und mittlerer Hirnkammer im zarten Alter von 20 (!) Jahren beim Sezieren gefunden haben (Foramen Monroi). Dichtung oder Wahrheit? Es gibt auch das Gegenteil. Nur der Ehrlichkeit des Pariser Neurologen Jean-Martin Charcot verdankt James Parkinson seine Berühmtheit. Der englische Landarzt hatte 1817 die wichtigsten Symptome einer neuartigen Krankheit beobachtet, sein »Essay on the Shaking Palsy« blieb jedoch unbekannt. Erst als der Lehrstuhlinhaber des Fachs in Frankreich 50 Jahre später die Fallschilderungen aufgriff und »Parkinson-Krankheit« als Benennung vorschlug, verbreitete sich der Ausdruck in der medizinischen Welt.

Nicht selten steht ein gern genutztes Eponym am Ende einer weit zurückreichenden Begriffskette. Dies veranschaulicht ein Blick auf die Terminologie von Bewegungsstörungen, die als einschießende Zuckungen bei herabgesetzter Muskelspannung auffallen. Schon Platon erwähnte eine »chorea insaniens«, den Reigentanz der Rasenden. Das Mittelalter hielt sich anlässlich epidemischer »Tanzwut« an Heilige und etikettierte die motorischen Exzesse als sanct vitsdanz und Hanns-Sucht. Von diesen massenhaft auftretenden Veitstanz-Fällen trennte der »englische Hippokrates« Thomas Sydenham sporadische Manifestationen, die ihm zu Ehren später Chorea Sydenham genannt wurden. Durch Familienuntersuchungen schließlich kam ein Arzt im Staat New York der Erblichkeit einer bestimmten Krankheitsform auf die Spur. Daher wird die gegenwärtig häufigste Variante als Chorea Huntington bezeichnet.

Besonders gelungen scheint das sprachliche Anknüpfen an einzelne Wissenschaftler, wenn mit den Namen methodische Innovationen verbunden sind. Auch dafür kann ein prominentes Beispiel angeführt werden. Die Lokalisationslehre hatte sich in der ersten Hälfte des 19. Jahrhunderts trotz einzelner hoffnungsvoller Befunde nicht durchsetzen können. Zum Durchbruch verhalfen ihr u.a. der Chirurg und Anthropologe Paul Broca in Paris und der Neuropsychiater Carl Wernicke in Breslau. Beide Forscher stützten sich auf ein damals in der Neurologie noch kaum praktiziertes Verfahren: Sie protokollierten die am Krankenbett fassbaren Störungen ihrer Patienten, um später am Sektionstisch den hirnpathologischen Befund damit zu vergleichen. Diese anatomisch-klinische Methode fand 1861 beim bedauernswerten Monsieur Leborgne in Paris Anwendung, der mit weitgehendem Verlust des Sprachvermögens und einer rechtsseitigen Lähmung im Spital lag. Nach seinem Ableben untersuchte Broca das Gehirn und stellte eine »Erweichung« an einer bestimmten Stelle des Stirnlappens fest – die Geburtsstunde des Broca-Zentrums (für die Sprachproduktion) und der Broca-Aphasie (für den Verlust derselben). Wenige Jahre später entdeckte Wernicke ein Rindenareal, welches für das Sprachverständnis entscheidend war (Wernicke-Zentrum) und dessen Zerstörung zur Wernicke-Aphasie führte. Auch wenn spätere Generationen ein übertriebenes Zentrums-Denken als »Hirnmythologie« abqualifizierten und seither in der Forschung lokalistische und antilokalistische Tendenzen nebeneinanderstehen – ein Meilenstein der Entwicklung ist mit diesen Begriffen nach wie vor verbunden.

Ohne Zweifel haben Eigennamen-Bezeichnungen in der klinischen Medizin einen Marketing-Effekt – umso mehr, wenn sie zu Lebzeiten des Eponymus Verbreitung finden. Fachpolitische Macht und Konkurrenzdenken können den wissenschaftlichen Sprachmarkt nachhaltig beeinflussen, wie die Entstehung eines der weltweit gebräuchlichsten Medizinwörter hervorragend zeigt: Alois Alzheimer hielt 1906 einen zunächst wenig beachteten Vortrag »Über eine eigenartige Erkrankung der Hirnrinde«. Der Nervenarzt und Hirnpathologe dachte nicht im Traum daran, die Störung als Krankheitseinheit aufzufassen oder den eigenen Namen zu »verewigen«. Genau dieses Ziel aber verfolgte sein Chef und Mentor Emil Kraepelin. Der führende Psychiater der Zeit wollte seine Lehre von der Spezifität seelischer Erkrankungen ausbauen und gleichzeitig die Karriere des Schülers fördern. Zudem drohten die Forschungen des Kollegen Arnold Pick die Brillanz von Alzheimers Befunden in den Schatten zu stellen. Aus strategischen Gründen setzte Kraepelin schon drei Jahre nach der »Erstbeschreibung« die Bezeichnung »Alzheimers Krankheit« in die Welt und stellte damit einen historischen Rekord auf dem Feld der Eponymik auf. Die Geschichte übte Gerechtigkeit: Kurz darauf erhielt auch der Konkurrent postum »seine« fachsprachliche Würdigung (Pick-Krankheit).

Die entscheidende Frage aber ist eine andere. Was lässt sich besser merken: Pars magnocellularis nuclei vestibulars inferioris oder Schwalbe-Kern? Verglichen mit den lateinischen Tatzelwürmern ist die augenfällige Prägnanz vieler Eponyme nicht zu leugnen. Historische Genauigkeit hin oder her – solange die menschliche Gedächtniskapazität sich nicht steigern lässt, werden die kurzen Familiennamen der Berühmten und Vergessenen die überkomplexen Termini aus Anatomie und Pathologie übertrumpfen. Und so bleibt, frei nach dem römischen Dichter Terenz, nur die lakonische Feststellung: Auch Eigennamen-Begriffe haben ihr Schicksal – *Habent sua fata eponyma.*

Götterwelten im Schläfenlappen: Von mythischen Seepferden und gehörnten Unsterblichen

Den unzähligen sprachlichen Leihgebern aus Fleisch und Blut stehen wenige Gestalten aus Himmel und Hölle gegenüber, die als Namenspatrone zum Zug kamen. Wortschöpfer wandten sich fiktiven Figuren zu, wenn die gewünschte Strukturähnlichkeit in der Realität nicht zu finden war oder der Vergleich unpassend erschien. In ein solches Dilemma geriet 1587 der Anatom Giuseppe Cesare Aranzi. Er stieß anlässlich einer Hirnsektion in Bologna auf merkwürdige Formationen am Boden der Seitenventrikel: Links wie rechts fand sich dort ein mächtiger, weißlicher und etwas eingerollter Wulst, der nach vorn an Breite zunahm und durch parallel nebeneinander verlaufende Furchen in zehenartige Erhebungen gegliedert war. Dazu vermerkte der Forscher: »Dies erinnert an das Bild eines Hippocampus, also an das Seepferdchen. Deutlicher aber kommt die Form der Seidenraupe in den Sinn …« Er selbst und die Nachwelt entschieden sich für den kürzeren und reizvolleren »Hippocampus« – sonst hieße jene Formation, die für viele Hirnforscher seit Jahrzehnten höchste Attraktivität ausstrahlt, heute »Bombocynus vermis«. Doch hatte Aranzi wirklich nur das aufrecht schwimmende Fischlein mit dem gekrümmten Hinterleib vor Augen, als er vom »Bild eines Hippocampus« sprach?

Der kulturhistorische Kontext lässt eine zweite Deutung mög-

Abb. 10 Mythischer Hippocampus. Mosaik, 2.-3. Jahrhundert (Original im Museum von Navarra in Pamplona).

Abb. 11 Kopf des altägyptischen Gottes Ammon mit Widderhörnern (Skulptur aus schwarzem Diorit, undatiert, offensichtlich ägyptischer Provenienz; Original im Archäologischen Museum Istanbul).

lich erscheinen. Das Altertum bezeichnete mit dem gleichen Wort ein Phantasie-Pferd, welches von der Brust abwärts einem Seeungeheuer bzw. einem Walfisch glich. Das Mischwesen zog den Muschelwagen, auf dem Meergötter die Wogen durchpflügten (s. Abb. 10). Antike Überlieferungen aufnehmend stellten Renaissance-Künstler das chimärenhafte Ross gerne auf Brunnen und Gemmen dar, besonders im Italien des 16. Jahrhunderts. Könnte also der Anatom nicht nachhaltig von dieser mythologischen Tradition inspiriert worden sein?

Ganz sicher zur Götterwelt gehört der altägyptische Ammon. Sein Name taucht erstmals 1742 in der Hirnterminologie auf – und zwar als Bezeichnung für den »Fuß« des gerade beschriebenen zerebralen Seepferdchens. Standbilder des Höchsten der Unsterblichen im Land am Nil wiesen ein beeindruckendes Charakteristikum auf: Der männliche Körper trug einen Widderkopf mit mächtig geschwungenen Hörnern (s. Abb. 11). Dieses Formelement machte den Götterkönig zum unschlagbaren Namenspatron für Gewundenes und Spiralförmiges, zum Beispiel für die Ammoniten der Paläontologen oder eben für das Ammonshorn im Gehirn.

Mit etwas gutem Willen lässt sich auch eine Verbindung zwischen der »Spinnwebenhaut« (Arachnoidea), die Hirn wie Rückenmark umhüllt, und der griechischen Weberin Arachne ziehen. Der Sage nach forderte die selbstbewusste Handwerkerin eines Tages die göttliche Schutzmacht der Webkunst, Pallas Athene, zum Zweikampf heraus, schlug die himmlische Expertin um Längen und wurde zur Strafe in eine Spinne verwandelt. Doch liegt hier die gemeinsame Wurzel im Grundwort *arachne-* für das Tier und sein Netz. Daraus entstand zum einen der sprechende Eigenname, zum anderen der metaphorische Fachterminus. Auf eine weitere versteckte Parallele zwischen der Realität der Fachsprache und dem Reich der Phantasie hat Jean-Didier Vincent (1986) hingewiesen: »Der limbus der christlichen Mythologie trennt als schmaler Saum Paradies und Verdammnis«, schrieb der französische Neurophysiologe und fuhr (frei übersetzt) fort: »In ähnlicher Weise bildet auch das limbische System des Menschenhirns einen Grenzbereich zwischen dem Himmel der höchstentwickelten Rindenanteile und der Hölle des Reptiliengehirns.«

The Brain goes America: Die Anglisierung der Hirnforschung

Machen wir einen großen Sprung aus der Gegenwart ... in die Gegenwart. Alle bis zu diesem Punkt vorgestellten Begriffe sind Teil des aktuellen Wortschatzes, mit dem Neurowissenschaftler das Objekt ihrer Begierde beschreiben. Doch hat sich über die gräko-lateinischen Termini eine weitere Sprachschicht gelegt, die nur teilweise auf das alte Vokabular zurückgreift. Seit etwa 50 Jahren spricht das Hirn der Hirnforscher bevorzugt Englisch, genauer: American English. Die Gründe für die Entwicklung zur sprachlichen Monokultur sind vielfältig: u.a. die Globalisierung der Kommunikationsmöglichkeiten, die Dominanz des Zeitschriftenaufsatzes über das Buch, die allgemeine Amerikanisierung der Kultur und nicht zuletzt die beherrschende Stellung der Vereinigten Staaten in vielen Naturwissenschaften. Darüber hinaus hat die Spezialisierung der Forschung zu einer Differenzierung der Forschungssprache geführt, deren Grad und Ausmaß interessierte Laien und das Gros der Ärzte von einer Teilnahme an der Fachkommunikation ausschließen. Ein kurzer Textausschnitt, der neue Erkenntnisse zur Signalübermittlung an der Kontaktstelle zwischen zwei Nervenzellen (Synapse) zusammenfasst, soll schlaglichtartig die Situation des Jahres 2006 verdeutlichen:

»The related small GTPases Ras and Rap1 are important for signaling synaptic AMPA receptor (-R) trafficking during LTP and LTD, respectively. Rap2 (...) is present at excitatory synapses, but its functional role is unknown. Here, we report that Rap2 activity, stimulated by NR2A-containing NMDA-R activation, depresses AMPA-R-mediated synaptic transmission via activation of JNK rather than Erk1/2 or p38 MAPK. Moreover, Rap2 controls synaptic removal of AMPA-Rs with long cytoplasmatic termini during depotentiation. Thus, Rap2-JNK pathway, which opposes the action of the NR2A-containing NMDA-R-stimulated Ras-ERK1/2 signaling and complements the NR2B-containing NMDA-R-stimulated Rap1-p38 MAPK signaling, channels the specific signaling for depotentiating central synapses.« (Zhu et al. 2005, S. 905)

Das ist Fachchinesisch in Reinkultur! Doch verdient die durchaus repräsentative Textprobe ein genaueres Hinsehen, sie verdeutlicht nämlich viele Kennzeichen heutiger Wissenschaftssprache. Ganz offenbar besteht die kurze Passage aus zwei Schichten. Erstens aus einer allgemein verständlichen Matrix, die den Regeln der englischen Wort-, Bedeutungs- und Satzlehre folgt – böswillige Kritiker haben dafür die Begriffe BSE (Basic Simple English), »approximate English« und »Gauner-Englisch« geprägt, weil gewisse qualitative Unterschiede zur Sprache William Shakespeares und Oscar Wildes auffallen. Zweitens aus einer aufgelagerten Gruppe sprachlicher Symbole, die auch einen der englischen Hochsprache kundigen Leser wie den sprichwörtlichen Ochsen vor dem Berge stehen lässt. Die Anhäufung von Fachwörtern (depotentiation), Abkürzungen (MAPK), Akronymen (Rap) und alpha-numerischen Elementen (Erk 1/2) führt zu einem Kauderwelsch, in dem sich tatsächlich nur noch Insider zurechtfinden.

Doch ist das tatsächlich ein neues Phänomen? Wissenschaften wie die Hirnforschung kennen seit Jahrhunderten ein Auseinanderfallen von Alltagssprache und Fachkommunikation. Diesen Zustand des funktional getrennten Nebeneinanders kennzeichnen Linguisten sogar mit einer besonderen Bezeichnung: Sie sprechen von einer Diglossie. Ebenso lange prägen über die Sprachgrenzen hinaus gültige Fremdwörter die Sondersprachen, ja, solche Internationalismen sind für einen Technolekt geradezu konstitutiv. Geändert hat sich nur eines: Aus der »lingua franca« Latein ist »global English« geworden, die lateinischen Kunstausdrücke und Metaphern sind zu amerikanischen Kurzwörtern und zeitgemäßem Jargon mutiert. Vom historischen Standpunkt aus lautet die Diagnose daher kurz und bündig: neuer Wein in alten Schläuchen – die grundsätzliche Struktur der Wissenschaftssprache bleibt gleich, nur die Inhalte wechseln. Aus diesem Befund ergibt sich allerdings die Frage nach der Zukunft: Wie lange wird es noch dauern, bis das erste Fachwort aus dem Chinesischen in der globalisierten Nomenklatur des Gehirns erscheint?

Gehirn, Geschichte und Sprache: Ein Paradies der Phantasie

Die abschließende Zusammenschau verlockt dazu, die gesamte Neuroterminologie in ein stimmiges und widerspruchsfreies Bild zu bringen. Doch widersetzt sich die Sprache vom Gehirn einer einfachen Lösung. Besser als viele Worte verdeutlichen daher drei Modelle den Stand der Dinge:

Das Patchwork-Modell

Aus der Perspektive der Gegenwart erinnert das Vokabular der Neurowissenschaften stark an einen Flickenteppich. Seite an Seite stehen Termini aus diversen Herkunftssprachen, und Wörter aus ganz verschiedenen grammatischen Schubladen rangieren direkt nebeneinander: Auf den Stamm aus dem Altgriechischen folgt ein lateinisches Kunstwort, auf die Eigennamen-Benennung ein Akronym, auf die mythologisch inspirierte Benennung ein Anglizismus. Ähnlich einem Pathologen, der bei bestimmten Geschwülsten aus heterogenen Zellarten ein »buntes Bild« diagnostiziert, sieht auch der Sprachwissenschaftler ein Gewebe aus den unterschiedlichsten Sprachtupfen vor sich. Zwar beschreibt sein Patchwork-Muster treffsicher den Ist-Zustand, bietet aber keine Erklärung für dessen Entstehung.

Das Schichten-Modell

Durch Einbeziehung der zeitlichen Dimension liegt das zweite Abbild bereits näher an der Wirklichkeit. Bei diesem Modell wird die Entfaltung der Fachsprache als kontinuierlicher Prozess aufgefasst, der im Lauf der Jahrhunderte immer wieder neue Wort- und Bedeutungsformen übereinander gelegt hat. Die heutige Terminologie wird als etwas Gewordenes gesehen, vergleichbar den Schichtungen in der Geologie. Diese Betrachtungsweise deutet in zufriedenstellender Form die Vielgestaltigkeit des aktuellen Wortschatzes, denn sie leitet die Polymorphie aus den Epochen der Sprachentwicklung ab. Was fehlt, ist die Analyse einzelner Einflussfaktoren.

Das Modell des Mischgefäßes

Noch komplexer, doch der Realität am nächsten scheint die Vorstellung von einem Traditionsgefäß, in das stetig neue Bestandteile eingefüllt werden – nicht nur wissenschaftliche Strömungen und sprachliche Innovationen, sondern auch Einflüsse politischer und sozialer Art. So betrachtet entpuppt sich das Sprechen und Schreiben über das Gehirn als riesiger kulturhistorischer Speicher, in dem immer wieder andere Ideen zu seiner Bedeutung gesammelt und miteinander vermischt sind. Werden sie entschlüsselt, entsteht aus der Summe kunterbunter Wortgeschichten eine Kultur- und Wissenschaftsgeschichte, die weit über die Medizin hinausgeht.

Für die einzelnen Stationen der hier zusammengestellten »stories behind the words« sind verschiedene Sichtweisen auf die Nomenklatur der Neurowissenschaften in möglichst gewinnbringender Weise genutzt und verflochten worden. Der essayistische Charakter der Ausführungen hat den Verzicht auf eine durchgängige Systematik ermöglicht – mehr als einige Durch- und Ausblicke lässt der bruchstückhafte Stand der Forschung auch gar nicht zu. Am Schluss steht der Neuroterminologe mit leeren Händen da: Modelle vom Gehirn gibt es viele, empirisch überprüfte Modelle zur Sprache vom Gehirn gibt es keine. Wird sich dies in absehbarer Zeit ändern?

Ungeachtet der vielen farbigen Bilder um uns herum werden wesentliche Erkenntnisse über das Zentralorgan des menschlichen Körpers weiterhin sprachlich kodiert. Die Analyse dieses Kodes erfordert eine Kombination naturwissenschaftlicher, geisteswissenschaftlicher und sozialwissenschaftlicher Perspektiven – sie ist also im wahrsten Sinne des Wortes interdisziplinär. Trotzdem gehört die Terminologie erstaunlicherweise nicht zu jenen Bereichen, die als faszinierend gelten. Was für ein Fehlurteil: Tief unter verstaubten Vokabellisten und stupiden Wortanalysen liegt das »Sesam, öffne dich!« zu einer wahren Kulturgeschichte der Menschheit verborgen – wenn nur jemand den Mut und die Phantasie besäße, danach zu suchen.

Das Ende des Weges durch das Labyrinth der Hirnterminologie ist erreicht. Das Schlusswort soll einem längst vergessenen Forscher gehören, der sich nachhaltig um ein Verstehen des Gehirns bemühte und dessen Rätselhaftigkeit zu guter Letzt in eine klassische Sentenz kleidete. Um 1700 zog Giovanni Fantoni, Professor an der Universität Turin, dabei einen ähnlichen Vergleich wie sein eingangs zitierter Landsmann Attumonelli: »Dunkel sind des Gehirnes Bausteine«, raunte er, »noch dunkler die Krankheiten, am dunkelsten die Vorgänge darin« (*obscura textura, obscuriores morbi, obscurissimae functiones*). Wie die Beiträge in diesem Band zeigen, stimmt diese Aussage heute glücklicherweise nicht mehr – trotz vieler offener Fragen. Nur in einem hätte der barocke Gelehrte noch immer Recht: Dunkel und unverstanden ist die Herkunft so manchen Wortes, das im Schädel voller Wörter anzutreffen ist!

Literatur

Barcia Goyanes JJ (1978-1986). Onomatologia anatomica nova. Historia del lenguaje anatómico. 8 Bde. Universidad de Valencia: Secretariado de Publicaciones.

Barcia Goyanes JJ (1995). Notes on the historical vocabulary of neuroanatomy. Hist Psychiatry; 6: 471-82.

Federative Committee on Anatomical Terminology (ed) (1998). Terminologia Anatomica – International anatomical terminology. Stuttgart, New York: Thieme.

Fluck H-R (1996). Fachsprachen. 5. Aufl. Tübingen, Basel: Francke.

Haines D, Olry R (1997ff). NEUROwords.

} Regelmäßige Kolumne im Journal of the History of the Neurosciences.

Hirsch MC (1999). Dictionary of Human Neuroanatomy. Berlin, Heidelberg: Springer.

Hyrtl J (1880). Onomatologia anatomica. Geschichte und Kritik der anatomischen Sprache der Gegenwart. Wien: Braumüller (Nachdruck: Hildesheim, New York: Olms 1970).

Jacobus TD (1731). Neu vollkommen Kräuter-Buch. Basel: König (Reprint: München: Kölbl 1970).

Karenberg A (2003). Dominanz, Konkurrenz oder Komplementarität? Englisch und Deutsch als Verkehrssprachen in der Medizin. In: Groß D, Reininger M (Hrsg). Medizin in Geschichte, Philologie und Ethnologie. Festschrift für Gundolf Keil. Würzburg: Königshausen & Neumann; 257-71.

Karenberg A (2005). Amor, Äskulap & Co. Klassische Mythologie in der Sprache der modernen Medizin. Stuttgart, New York: Schattauer.

Koehler PJ, Bruyn GW, Pearce JMS (2000) (eds). Neurological Eponyms. Oxford: University Press.

Marcovecchio E (1993). Dizionario etymologico storico dei termini medici. Firenze: Festina lente.

Schiller F (1965). The rise of the »enteroid processes« in the 19th century. Some landmarks in cerebral nomenclature. Bull Hist Med; 39: 326-34.

Schiller F (1967). The vicissitudes of the basal ganglia (further landmarks in cerebral nomenclature). Bull Hist Med; 41: 515-38.

Van de Spiegel A (1627). De humani corporis fabrica. Venedig: Deuchinus.

Vesalius A (1543). De humani corporis fabrica. Basel: Oporinus (Reprint: Brüssel: Culture et Civilisation 1964).

Vieussens R (1685). Neurographia universalis. Editio nova. Lyon: Certe.

Vincent JD (1986). Biologie des passions. Paris: Jacob.

Vicq d'Azur F (1786). Traité d'anatomie et de physiologie. Tome premier, Planche III. Paris: Didot.

Willis T (1672). De anima brutorum. London: Wells & Scot.

Zhu Y et al. (2005). Neuron; 46: 905-16, Abstract.

Kai Sammet

4 Ein Organ interpretiert sich selbst

Eine wirklich sehr kurze Geschichte der Hirnforschung

Bettler, Beppo, Bohrlöcher

Gehirne lassen sich unterschiedlich verwenden. Dass es Geld bringt, das wusste ein kopfarbeitender Bettler um 1700, dessen Schädel durch Knochenfraß so derangiert war, dass das Hirn sichtbar wurde: Und das ließ er sich gegen Bezahlung eindrücken. Zuerst sah er Funken vor den Augen, bei stärkerem Druck sah er nichts mehr, er fiel in Schlaf, aus dem er erwachte, wenn die zahlenden Gäste seines Hirns ihre Finger wieder hoben. Hier benutzte einer sein Hirn mit Unternehmer-Geist (hoffentlich kam ihm schlafend kein Geld abhanden). Ob diese Geschichte wahr ist oder in die Wissenschaftsfolklore gehört – Wissen über Zusammenhänge von Sinnesfunktion, Bewusstlosigkeit und Gehirn existiert schon lang. Hirn und Schädel hatten vielleicht schon bei Vor- und Frühmenschen eine herausgehobene Bedeutung. Spiegeln heutige Deutungen nur unsere Zerebralverliebtheit? Auch. Aber unsere weitläufige phylogenetische Verwandtschaft frönte auch Schädelkulten. Neandertaler veranstalteten Kopfjagden, um Hirn zu speisen. Ob es sich hier um Nouvelle (Humaine) Cuisine oder um magische Einverleibung der Kraft des Feindes handelte – wer weiß? (Nebenbei: Mehr Hirn via Verdauungstrakt bedeutet nicht mehr Geist. Das zeigt die Krankheit Kuru auf Papua-Neuguinea, die zu neurologischen Ausfällen und zum Tod führt. Verursacht durch Kannibalismus, zählt sie neben BSE und der Creutzfeldt-Jakob-Krankheit zu den Prion-Krankheiten.) Schon Australopithecinen, eine unserer Vorformen, die sich vor etwa vier Millionen Jahren in Afrika tummelten, benutzten wohl Schädelbecher, ein zu den Schädelkulten gehöriges Phänomen, das sich lang hielt, wie Herodot (484-425 v. Chr.) über die Skythen berichtet, die den Schädel unter den Brauen absägten, mit Rindshaut überzogen oder innen vergoldeten, um daraus zu trinken.

Unsicher bleibt auch der Sinn der seit der Steinzeit verbreiteten

Abb. 1 Trepanierte Schädel, Neolithikum.

Trepanation. Als am Ende des 17. Jahrhunderts ein Schädel mit einem Loch an der falschen Stelle gefunden wurde, wusste man damit nichts anzufangen. Erst die Aufschließung anderer Wissensräume wie das Interesse an Evolution, Archäologie und die Schädelmanie im 19. Jahrhundert lenkte die Aufmerksamkeit auf diese Schädel, was sich in Funden in Europa und bei südamerikanischen Hochkulturen bis zu den Inkas niederschlug: Schädel mit absichtlich, nicht durch Gewalttat verursachten Löchern unterschiedlicher Größe, beigebracht mit Schabern, Bohrern, Meißeln. Viele der traktierten Personen überlebten, das zeigt die Knochenneubildung an den Rändern. Doch wozu wurde das Hirn angebohrt? Zwei Deutungen bieten sich an: Das Loch sollte bei Kopfschmerzen, Epilepsie oder Geisteskrankheiten zur Flucht für Dämonen aus dem Kopf (in den sie nicht gehörten) oder der Entlastung von Hirndruck bei eingedellten Schädelfrakturen dienen.

Die Trepanation verweist auf zweierlei. Die Beschäftigung des Geistes mit dem Kopf ist nicht selbstverständlich, sondern an Geschichte gebunden (sonst hätte man sich schon um 1700 um dies löcherige Nichts gekümmert). Und: Der Kopf nimmt in vielen Kulturen eine prominente Stellung ein – wenn auch sicher nur deshalb, weil hieraus geredet, dort hineingehört, von da aus gesehen wird. Doch sollte man die Beispiele aus Vor- und Frühgeschichte nicht überschätzen. Es gab kluge Völker, denen das Hirn so fad war, dass sie es nach dem Tod dem Müll überantworteten. Im alten Ägypten wurde die schleimige Masse beim Mumifizieren mit Haken aus der Nase gezogen, während das Herz als psychisches Zentralorgan im Körper blieb.

Welche Bedeutung das Hirn hat, hängt davon ab, wie der, der eines hat, seines interpretiert und jenes, das ein anderer hat, auffassen möchte. Dass dies Organ sich selbst interpretiert, heißt, dass es sich auch anders verstehen könnte. Nehmen wir Kater Beppo – was sieht er, wenn wir seinem Interpreten Jorge Luis Borges folgen? Beppo »beschaut sich / in der hellen Spiegeltür, und er kann / nicht wissen, dass dies Weiß und die Goldaugen, / die er niemals in diesem Haus gesehen hat, / sein eigenes Bild sind« – er sieht offensichtlich einen anderen Kater, unendlich von ihm getrennt, weil ihm Reflexivverben ein Rätsel sind. Fehlt es Beppos Gehirn an Geist? Und wer ist derjenige, der ihm, ihn beobachtend, den Geist des Selbst-Bewusstseins abspricht?

Hirnforschung bedeutet Verstehen, oft fragmentarisch. Carl Weigert (1845-1904) beschrieb 1904 die Vorgeschichte der von ihm in den 1880er-Jahren entwickelten Weigert'schen Markscheidenfärbung, die Myelinscheiden, aus Fetten aufgebaute Umhüllungen der Nerven, gut sichtbar machten. Was hatte man vorher (alles nicht) gesehen? Das seit 1860 benutzte Carmin färbte alles rot – bis auf die Markscheiden. Die später verwendete Osmiumsäure zeigte zwar feinste Nervenfasern schwarz auf weiß, doch waren die Präparate wenig haltbar, die Säure drang nicht tief ein, sie zerstörte andere Gewebebestandteile. Erst Weigerts aus Kenntnissen der Farbchemie, der Morphologie, Laboratoriumshandwerk, Geduld und Spucke zurechtgebastelte Färbung wurde zur Standardmethode. Das Gehirn gab seine Strukturgeheimnisse schlecht preis (und oft noch sträubt sich das Dunkel, sich zu offenbaren), es bedurfte tastender, fragmentierter Deutung.

Ist das alles Hirnforschung? Es ist Wissen, Mutmaßung, Naturwissenschaft, Hermeneutik. Annäherungen und Probleme im Verständnis des Gehirns. Nachfolgend sollen einige Wegmarken der Hirndeutung abgeschritten werden (bis wir uns mit Beppo entspannen).

Kühlschrank oder Kugel ohne Beine?

Aristoteles (384-322 v.Chr.) wusste, wann man gehen sollte. Er hatte gute Beziehungen zu Makedonien, sein Vater Nikomachos war Arzt am dortigen Hof gewesen. Als 347 in Athen eine antimakedonische Regierung an die Macht kam, war es Zeit, nach 20 Jahren die Stadt zu verlassen. Er ließ sich in Assos nieder, später auf Lesbos. Ob das Exil schmerzte? Jedenfalls entstanden dort die meisten seiner zoologischen Forschungen. Er beschrieb Körperbau und Lebensweise von über 500 Tieren. Die fortgeschrittenste medizinische Theorie, die der hippokratischen Schriften, war ihm bekannt. Wahrscheinlich sezierte er selbst Tiere. Seine Kenntnisse über das Gehirn könnte er an Fischen gewonnen haben. Aristoteles wusste also gut Bescheid. Doch in der Geschichte der Neurowissenschaften wird er als Kardiozentriker (das Herz sei das psychische Zentralorgan) gescholten, während sein Lehrer Platon (427-347 v.Chr.) für seine kephalozentrische Position (das Gehirn als Zentrum) gelobt wird. Dieses Notenverteilen verdeckt, dass der Empiriker Aristoteles, gemessen an damaligen Standards, clevere Argumente bot, überdies war seine Theorie der Psyche klug (und folgenreich).

Warum sollte das Herz Lebensquell, Ursprung von Bewegung und Empfindung sein? Es gab zwei Grundprinzipien organischen Lebens – Wärme und Pneuma (eine Art dynamisches Lebensprinzip), das Herz lieferte psychisches Pneuma. Auch naturphilosophische Überlegungen sprachen für die Prominenz des Herzens und für die Funktion des Gehirns als Kühlschrank. Denn das bestand aus den kalten Elementen Erde und Wasser. Beweis: Beim Kochen wurde es trocken, hart. Überdies: Alles bedarf eines Gegengewichts, daher hatte die Natur das Hirn zur Mäßigung des Siedens im Herzen geschaffen. Und schließlich (das foppte noch Physiologen im 19. Jahrhundert) konnte ein Organ, das unempfindlich war, kaum Sitz von Bewegung und Empfindung sein.

Aristoteles wusste, dass er sich gegen den griechischen Mainstream wandte. Schon der Vorsokratiker Alkmaion von Kroton (6. Jh. v. Chr.), der Tiere sezierte, meinte, das Gehirn ermögliche Sinneswahrnehmungen, aus denen sich Gedächtnis und Vorstellung bildeten, die wiederum, »wenn sie sich gesetzt haben«, Wissen erzeugen. Diese Ansicht kannte auch Platon. Doch dessen Hirn-Präferenz hatte mehr mit seiner Seelen- und seiner politischen Theorie (die wiederum die aktuelle athenische Politik reflektierte) als mit Sektionen zu tun. In der Trias des erkennenden Seelenteils (*logistikon*, im Gehirn), dem mutigen (*thymoides*, in der Herzgegend) und dem begehrenden (*epithymetikon*, im Unterbauch), die beide der Herrschaft des *logistikon* unterworfen sein sollten, zeigt sich seine Theorie des Staats, in dessen Vollendung die Vernunft, verkörpert in den Philosophenkönigen, über die tapferen Soldaten als Wächter und das Stimmungen folgende Volk herrschen sollte. Außerdem bot Platon ein alltagsanatomisches Argument. Das *logistikon* war der edelste Seelenteil. Es musste dort wohnen, von wo es alles sehen und wie von einer hohen Burg aus befehlen konnte. Die vollendete Kugel des Kopfes benötigte (eigentlich) keinen Körper, die unsterbliche Seele war sich selbst genug, doch sahen die Götter ein, dass eine Kugel hilflos wäre:

> *»Damit der Kopf nun nicht auf der Erde herumrolle, die ja Höhen und Tiefen aller Art besitzt, und demzufolge die einen nicht zu übersteigen und aus den anderen nicht herauszukommen verstehe, gaben sie ihm diesen Körper als eine Art Fahrzeug und Hilfsmittel.«*

Das war so spekulativ wie Aristoteles' Kardiozentrismus – auch der hatte eine kluge Seelentheorie erdacht.

Alle Wahrnehmungen stammen aus den Sinnen. Doch muss ein *sensus communis* hinzutreten, da das Gehör nur hören, das Auge nur sehen kann. Wir integrieren aber Sinnesqualitäten zu einem Ganzen. Ausgehend vom Gemeinsinn, postulierte Aristoteles ein zweites Vermögen: *phantasia* (Einbildungskraft), die – als reproduktive – ein »Sehen mit geschlossenen Augen« ist. Das so gebildete *phantasma* (Vorstellungsbild) wanderte in das Gedächtnis – wir erkennen ja, ob wir etwas schon einmal gesehen haben.

Doch sind wir nicht nur reproduktiv, wir haben schöpferische Einbildung. Schließlich müssen Wahrnehmung und Erinnerung beurteilt, abgewogen werden. Unser Verstand zerfällt in einen passiven Teil und einen Intellectus agens, der als unsterblicher Seelenteil nicht nur auf die Zufuhr aus den Sinnen angewiesen ist.

Der römische Arzt Galen (ca. 130-201 n. Chr.) übernahm die aristotelische Pneumatheorie und baute sie in sein physiologisches Konzept ein. (Doch die Vorstellung vom Hirn als Kühlschrank fand er absurd. Dann hätte die Natur es doch nicht so fern vom Herzen platziert, sondern drum herum!) Galen war kephalozentrisch und hierarchisierte die pneumata oder den spiritus. Zuerst wurde aus den Nährstoffen in der Leber *spiritus naturalis* gefertigt, von den Venen ins Herz gebracht und in der linken Herzkammer zu *spiritus vitalis* verwandelt. Von dort ging es über die Arterien zum Gehirn, wo der feine *spiritus animalis*, psychisches *pneuma*, gebildet wurde.

Transport im Lager

Tema con variazioni: So funktionierte eine Theorie, die lange wahr war. Das waren andere Hirntiere (um ein bisschen Bennianisch zu sprechen), nicht mit einer dunklen Masse in einer Schale, durchzuckt, erhellt von elektrischen Blitzen, sondern mit Löchern des Geistes ausgestattet: Die Theorie der Hirnventrikel als Sitz der Seele war ein uniformer, jeweils leicht variierter Cocktail aus aristotelischer Psychologie, galenischer Physiologie und persönlichem Gusto des jeweiligen Autors und beherrschte die Vorstellungen zu Hirn und Psyche im Mittelalter. Eine frühe Version vertrat Oreibasios von Pergamon (ca. 325-400), der als Leibarzt Kaiser Julian Apostatas (331-363) einen Abriss der Heilkunde verfasste und sich kräftig bei Galen bediente. Die vorderen Ventrikel dienen der Aus- und Einatmung des Gehirns, hier wurde das *psychikon pneuma* produziert. Eine Urform der Ventrikeltheorie vertrat der Arzt Posidonios (4. Jh. n. Chr.). Die *phantasia* war im vorderen, das Gedächtnis im hinteren Teil des Gehirns, der Verstand in der mittleren Hirnhöhle beheimatet – eine Vorstellung, die Nemesios, Bischof von Emesa in Syrien (um 400 n. Chr.) zur Dreizellentheorie variierte. Jetzt waren drei Ventrikel je einer psy-

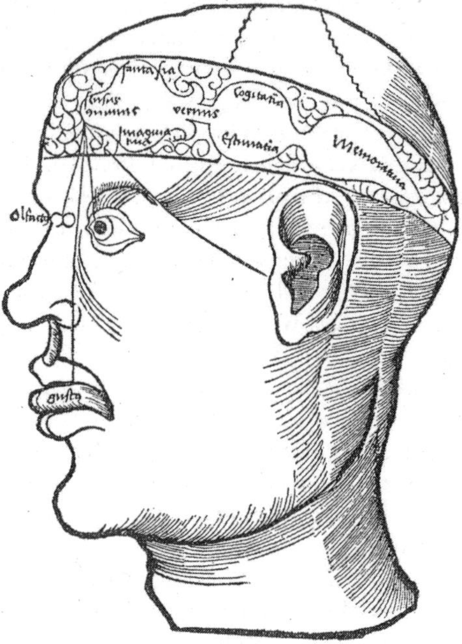

Abb. 2 Ventrikeltheorie: die Vorstellungskraft im vorderen, das Gedächtnis im hinteren Teil des Gehirns.

chischen Funktion zugeordnet. Augustinus (354-430) bot eine andere Version. Der vordere Ventrikel, nahe dem Gesicht, enthielt den *sensus communis*, der hintere, am Hals, bot der Bewegungsfähigkeit Obdach, zwischen beiden lag das Gedächtnis. Diese Grundmodelle gelangten in die arabische und in die philosophisch-christliche Tradition in Hoch- und Spätmittelalter – es wäre ermüdend, alle Autoren aufzulisten, die die Dreizellentheorie raubkopierten und variierten. Einige Beispiele mögen genügen. Costa ben Luca (864-923), ein reisefreudiger christlicher Arzt aus Baalbek in Syrien, brachte aus Griechenland Bücher als Präsente mit und untergliederte das Hirn in zwei Teile, einen vorderen und hinteren, die sich in einen gemeinsamen Raum in der Mitte des Hirns öffneten. Denken, Vorausplanung und Überlegung wurden durch den *spiritus* in der Mitte, Sinnestätigkeit und *phantasia* durch den *spiritus* im vorderen Teil des Gehirns, Gedächtnis und Bewegung durch jenen im hinteren Teil bewerkstelligt. Dass dieser Transport in den Lagern für das Funktionieren des Geistes unabdingbar war, machten die »lauteren Brüder«, ein syrischer Geheimbund, klar. Vom Vorderhirn breiteten sich mit den Sinnesorganen verbundene Nerven aus, die sich dahinter teilten wie ein Spinngewebe. Die Sinne sandten Abbilder der Dinge zur Vorstellungskraft, die diese sammelte und der Denkkraft in der Mitte übergab, wo sie beurteilt wurden, um dann ins Gedächtnis zu gelangen. Eine weitere Version, kombiniert mit der antiken Säftelehre, bot Wilhelm von Conchis (1080-1150). Die erste Zelle, Heimat des Wahrnehmungsvermögens, war warm und trocken, so konnte sie die Formen und Farben der Dinge anziehen. Der mittleren Zelle, die Vernunft und Urteil beherbergte, wurde, was die Einbildung anzog, geliefert, sie war warm und feucht. Die dritte, die Gedächtniszelle, war kalt und trocken. So wurde das im Verstand Verarbeitete zurückgehalten, denn Trockenes und Kaltes ziehen zusammen.

Die Dreizellentheorie herrschte bis ins 15. Jahrhundert hinein. Ihr Dualismus und die oft deutliche Anlehnung an aristotelische Psychologie kennzeichneten auch eine etwas andere Theorie, die in der frühen Neuzeit den Grundgedanken der Unsterblichkeit der Seele und des unteilbaren Ich hochhielt.

Der König in der Hauptstadt

In der Mitte des Hirns wohnt der König in der Hauptstadt. Er sieht und lenkt Untertanen. Mal wird ihm ein Sinneseindruck präsentiert, den er in seine Gedanken einbaut (aber nur, wenn er will), mal wird ihm eine unkeusche Begierde (ausgelöst durch den Anblick des verlockend geschwungenen Fußes einer Londoner Schönheit) aus den Eingeweiden gefunkt, die er prompt zurückweist, ein anderer Affekt ist angemessen, und der König verstärkt ihn zur Steuerung der Gliederpuppe, die sein Körper ist – das ist eine Theorie, die, wie Michael Hagner bemerkte, von 1650 bis 1800 die Neurowissenschaft bestimmte und auf Descartes' Dualismus aus res extensa (ausgedehnte Materie) und res cogitans (unausgedehnte, unsterbliche, immaterielle Seele) zurückging. So wurde die Figur des Seelenorgans konstruiert, eines Interaktionsortes, einer Verlötung des Materiellen mit dem Immateriellen, des Gehirns mit der Seele, der Ort, wo die Seele wohnt (oder ihre Wirkung ausübt). Während Descartes Mensch und Tier klar trennte (Tiere waren Automaten), fand Thomas Willis (1621-1675), auf den das Wort »Neurologie« zurückgeht, eine andere, an den Descartes-Kritiker Pierre Gassendi (1592-1655) angelehnte Lösung. Statt Tieren eine Seele abzusprechen, sollten diese – Sektionen an Hunden, Schafen, Schweinen, Austern, Hummern, Regenwürmern bezeugten dies – eine zentrale Gemeinsamkeit mit dem Menschen haben. Sie besaßen eine anima brutorum, eine Körper- oder Tierseele, bestehend aus einer »flammenartigen« anima vitalis, Lebensseele, entstanden aus der Verbrennung im Blut, und einer anima sensitiva, jene nervösen Funktionen umfassend, die Mensch und Tier gemein hatten. Doch auch Willis mochte vom Dualismus nicht lassen. Nur der Mensch hatte eine anima rationalis, einen obersten Lenker, der oben erwähnte kapitale König, Arbeitsplatzbeschreibung: Überlegung, Urteil. Doch Willis' absoluter König war so absolut nicht mehr, Willis lebte in bewegten Zeiten. Seine Theorie der Interaktion zwischen König, rationaler Seele und Körperseele darf als Reflex auf das englische 17. Jahrhundert gesehen werden. In der Nähe Oxfords geboren, studierte Willis dort seit 1637 Medizin. Als 1642 der Bürgerkrieg zwischen Royalisten und »parlamentarians« ausbrach, kam Karl I. nach Oxford. Willis schloss sich den Royalisten an, fand aber besonders Interesse an neuen medizinischen Theorien. Das wurde belohnt, als Karl 1646 fliehen musste und die »parlamentarians« in Oxford die Macht übernahmen, in ihrem Gepäck junge hungrige Wissenschaftler einer Gruppe, die sich »Virtuosi« nannten, unter ihnen Robert Boyle (1627-1691), der in Oxford ein privates Labor einrichtete, und Christopher Wren (1632-1723), einer der wichtigsten englischen Architekten und Baumeister, der die neuroanatomischen Bilder für Willis' Werke lieferte. Später siedelte Willis nach London über, wo er eine ausgedehnte Praxis betrieb (und hier mag ihm bei einem Patientenbesuch jener laszive Londoner Frauenfuß begegnet sein).

Doch Willis' zentrale Werke zur Neuroanatomie – 1664 erschien »Cerebri anatome«, 1672 »De Anima brutorum« – lassen sich nicht simpel aus der Zähmung des Absolutismus ableiten. Die Erfindung der neuzeitlichen Anatomie durch Andreas Vesal

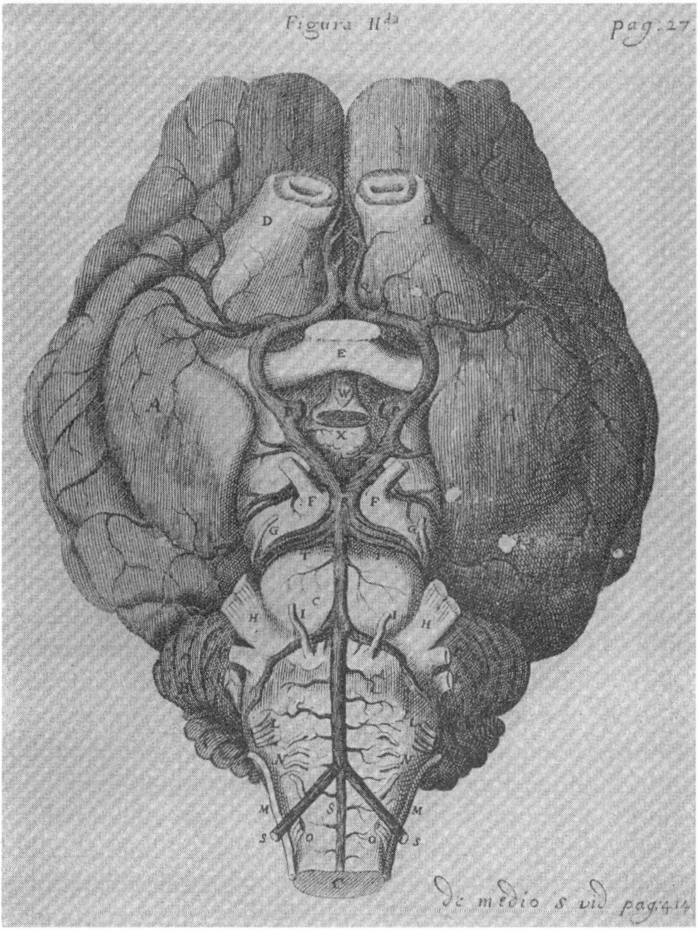

Abb. 3 Im »Balken« wird der spiritus gesammelt und an Rückenmark oder Eingeweide weitergegeben: Thomas Willis' menschliches Gehirn (1664).

(1514-1564) hatte Maßstäbe anatomischer Präzision gesetzt, die sich in Willis' Neuroanatomie zeigten. Dieses Wissen verband er mit der Iatrochemie, einer Theorie, die Gesundheit und Krankheit auf chemische Vorgänge zurückführte, bei denen einige

Grundstoffe bzw. -prinzipien zentral waren (z. B. terra und aqua). Dass in des Königs Reich gewerkelt, destilliert, gebastelt wurde, diese Theoreme stammten nicht aus der Politik, sondern aus avantgardistischem medizinischen Wissen. Wie gingen nun die Aktionen in der Körperseele vonstatten? Im warmen, ernährenden Blut wurde durch Verbrennung die anima vitalis, die Lebensflamme als dynamisches Prinzip, erzeugt. Die anima sensitiva bediente sich der spiritus, Transportmedien ihrer Funktionen, verfeinerte lichtartige Teile der Flamme, die in der Groß- oder Kleinhirnrinde durch Destillation in Blutgefäßen gebildet wurden. Von der Rinde wurden die spiritus verteilt, im Balken, einer Struktur in der Mitte des Gehirns, wie auf einem Marktplatz gesammelt und dann an Rückenmark oder Eingeweide weitergegeben. Zentral war das Kleinhirn, Organ unwillkürlicher Bewegung und vegetativer Steuerung wie Herzschlag und Atmung. Das schloss Willis aus der vergleichenden Anatomie. Das regelmäßige Windungsrelief, bei Mensch und Tier ähnlich, bewies die Regelmäßigkeit der Funktionen. Dagegen zeigte die einmalig komplexe Faltung der menschlichen Hirnrinde, dass hier viel Platz nötig war. Der Mensch, mit vielfältigen Sinneseindrücken bombardiert, benötigte für deren Ablagerung viele Fächer (»apothecis et cellulis«). Das Kleinhirn funktionierte wie ein rhythmischer Automat – Herzschlag für Herzschlag, Atemzug für Atemzug. Hier flossen die spiritus ohne Lenker gleichmäßig, ununterbrochen zu Darm, Herz und Lunge. Das aber hieß, dass das Großhirn vom Kleinhirn abhing. Dessen Versorgung mit spiritushaltigem Arterienblut setzte regelmäßige Herz-Kreislauf-Aktionen voraus – die Beherrschung des Königs aus den Eingeweiden. Damit war die Theorie des Seelenorgans als König noch nicht abgeschafft, sie wurde nur fragwürdiger. Um 1800 wurde die immaterielle Seele verabschiedet – und die Lokalisation pluraler Einzelvermögen in der Hirnrinde erfunden.

Ausbeulungen und Verhalten

Es gehört zum Geschäft, wissenschaftliche Gegner vorzuführen. Der französische Physiologe François Magendie (1783-1855) präsentierte dem österreichischen Arzt Johann Spurzheim (1776-

1832) das Gehirn eines Imbezilen und gab es für jenes des Mathematikers Laplace (1749-1827) aus, dessen Wohlgeformtheit Spurzheim natürlich bewunderte. Doch so leicht lässt sich eine Idee nicht vernichten. Denn der Ansatz, den der Begründer dieser Art Hirnschau verfolgte, war alles andere als lächerlich. Magendies diebische Freude kann auch als Ausdruck der Angst vor den Konsequenzen dieser Theorie gedeutet werden. Deren Grundgedanke lässt sich in Freuds Aussage fassen, man solle »nicht an die Buntheit der Menschenwelt vergessen«. Der im badischen Tiefenbronn geborene Franz Joseph Gall (1758-1828) interessierte sich nicht für das unsterbliche Ich, sondern für die Mannigfaltigkeit des Verhaltens, das in seiner Pluralität im Gehirn lokalisiert war. Gemeinsinn, *phantasia*, Verstand, Gedächtnis: Die paar Fächer sortierten zu grob. Gall war empirisch orientiert, weil er, als praktischer Arzt in Wien bis 1805 tätig, viel sah, zum Beispiel Geisteskranke im Wiener Narrenturm. Gall hatte als Kind einen anderen Jungen wegen dessen Fähigkeit zum Auswendiglernen bewundert. Während seines Studiums sah er, dass gute Auswendiglerner vorstehende Augen hatten – das konnte nur heißen, dass sich das Hirn dahinter buckelte. Gall las am Schädel ab, was im Hirn lag (daher hatte er um 1802 schon eine imposante Schädelsammlung von über 300 Exemplaren, und so mancher Wiener Hirnbucklige soll um sein edelstes Teil, den Kopf, gefürchtet haben), die Organologie erkannte »aus Erhabenheiten und Vertiefungen« am Schädel in der Hirnrinde liegende, abgrenzbare, funktionell verbundene Organe, bei Tieren 19, beim Menschen kamen 8 weitere hinzu. Sicher sind aus heutiger Sicht Galls Beobachtungen fragwürdig. Zum Beispiel fand sich für die Lokalisation des »Destruktions- oder Mordtriebs« über den Ohren ein bunter Begründungsstrauß. Diese Gegend war bei Carnivoren kräftiger entwickelt als bei Grasfressern. Sie fiel bei einem Geschäftsmann auf, der sein erfolgreiches Leben aufgab, um Schlachter zu werden, ebenso bei einem Studenten, der so gern Tiere quälte, dass er Chirurg wurde, oder einem Apotheker, der sich zum Scharfrichter umschulen ließ.

Doch Gall war kein Spinner. Seine neuroanatomischen Fähigkeiten wurden zum Beispiel von dem ebenfalls nicht unbedarften Hirnanatomen Johann Christian Reil (1759-1813) anerkannt, der bemerkte, er habe bei einer gallschen Hirnsektion mehr gesehen,

Abb. 4 Franz Josef Gall (1758-1828).

als er je geglaubt habe, dass ein Mann in seiner gesamten Lebenszeit entdecken könnte. Als Gall 1796 in Wien begann, öffentliche Vorlesungen zu halten, bekam er Probleme, nicht weil seine Theorie abstrus, sondern weil sie gefährlich war. Ende 1801 wurden seine Vorlesungen als subversiv, atheistisch und materialistisch verboten, Gall verließ Wien 1805, hielt Vorträge in ganz Europa und ging im November 1807 nach Paris, wo ihm wieder Ablehnung entgegenschlug – Magendies Streich gehört zu einer restaurativen (Hirn-)Politik, die antilokalisatorisch gestimmt war, um Freiheit, Einheit und Unsterblichkeit der Seele zu bewahren.

Dennoch trat Galls Theorie, wenn auch umgemodelt, ihren Siegeszug an. Seit 1804 arbeitete Gall mit Spurzheim zusammen, von dem er sich 1813 trennte, weil dieser Galls Positionen änderte. Spurzheim transformierte die nun Phrenologie genannte Lehre in ein optimistisches Hirnverbesserungsprogramm um. Nicht angeborene, damit durch die Umwelt kaum veränderbare Rindenorgane buckelten den Schädel vor. Geistes-Training konnte die Morphologie modifizieren, Perfektionierung durch Hirnjogging. Spurzheim, Vortragsreisender in Sachen Geist, gewann in vielen Ländern Anhänger. In den optimistischen USA wurde die Phrenologie Grundlage für philantropisch-reformerische Projekte, sinterte aber, geschäftsmäßig betrieben, in die Unterhaltungsindustrie ab.

Tantantan

Freiliegende Hirne lassen sich nicht nur für Geld, sondern auch für die Wissenschaft eindellen. Der französische Arzt Simon Alexandre Ernest Aubertin (1825-1865) beschrieb im April 1861 einen Patienten, der sich so in den Kopf geschossen hatte, dass ein Teil des Stirnlappens freilag. Befragte man ihn und drückte auf die Stelle, so stoppte die Sprachproduktion, er sprach weiter, wenn man die Kompression aufhob, das Wort wurde gradezu auseinandergeschnitten. Aubertin wollte die Lokalisation des Sprachvermögens in den Vorderlappen des Gehirns beweisen – nicht verwunderlich, war er doch der Schwiegersohn Jean-Baptiste Bouillauds (1796-1881), der um 1830 lokalisationische Ideen gegen den Mainstream vertrat, der seinerseits meinte, das Gehirn agiere als Gesamtheit, umgrenzte Bezirke für definierte Funktionen existierten nicht. Bouillaud war ein anerkannter Kliniker, ihn interessierten neurologische Ausfälle, und er hatte die statistische Methode tief inhaliert (bis zum Ende seines Lebens wertete er mehr als 700 Fälle aus). 1825 berichtete er über Patienten mit Hirnverletzungen, die nicht sprechen konnten, andere Funktionen waren intakt. Der Sektionstisch bewies dann, dass Sprache in den Stirnlappen wohnte.

Doch die Sache war vertrackter. Es gab Fälle, wo Sprache fehlte – doch ebenso eine Läsion im Stirnlappen. Dann wieder sollte das angebliche Sprachzentrum verletzt sein – doch wurde munter geplaudert. Ein Grund für diese verwirrenden Befunde lag darin, dass Bouillaud die Hemisphärendominanz noch nicht kannte. Dennoch bestand nun Interesse an einer Lokalisation von Sprache (und Intelligenz) im Vorderhirn, wiesen doch Indianerschädel größere Volumina als Europäerschädel auf. Das konnte nicht sein, das musste hinwegerklärt werden. Eine aussichtsreiche Idee bestand darin, Teile genau zu betrachten – Paul Broca (1824-1880), Sohn eines protestantischen Militärchirurgen und anerkannter Wissenschaftler (er hatte z. B. über Krebszellen und Muskeldystrophie geforscht), wurde fündig: Intelligenz war keine Funktion bloßer Größe, sondern der Frontalhirnentwicklung. Dies ließ Broca zum Lokalisationismus geneigt sein. Er fand Bouillaud überzeugend. Eigene mikroskopische Rindenuntersuchungen hatten morphologische Variationen gezeigt – das sprach für funktionelle Variation. Broca war also für einen der berühmtesten Fälle in der Geschichte der Neurowissenschaft gut gerüstet.

Am 12. April 1861 wurde der 51-jährige Monsieur Leborgne auf die Chirurgische Station Brocas im Pariser Krankenhaus Bicêtre aufgenommen, er hatte am rechten Bein Geschwüre. Leborgne litt seit seiner Jugend an Epilepsie, seit seinem 41. Lebensjahr war sein rechtes Bein gelähmt, er verlor seine Sprache. Wenn er seinen Namen sagen sollte, konnte er nur »Tantantan« äußern. Leborgne war dem Tod geweiht. Broca lud Aubertin ein, der eine Läsion im Vorderhirn postulierte – ein Befund, den die Sektion als »chronische und fortschreitende Erweichung« in dieser Region linkshemisphäriell bestätigte.

Warum überzeugte Brocas Fall so viele vom Lokalisationismus? Erstens lieferte Broca eine äußerst präzise Darstellung. Zweitens war die Scientific Community inzwischen nicht mehr völlig antilokalisatorisch gestimmt. Drittens genoss Broca um 1861 großes Renommee, er galt als kreativ und sorgfältig. Viertens machte er im Frontallappen nicht nur die Sprache fest. Leborgne zeigte am Ende seines Lebens auch intellektuelle Ausfälle – das Frontalhirn hatte etwas mit Intelligenz zu tun, das war für die Hierarchie der Rassen wichtig. Spätere Fälle bestätigten Broca, Überlegungen zur Dominanz der linken Hemisphäre lösten manches Problem. Doch blieben Rätsel. 1865 zeigte die

Autopsie einer Frau, die im Leben gesprochen hatte, das (angeborene) Fehlen der Broca-Region im Tod. Broca nahm an, ihre gesunde rechte Seite habe die linke ersetzt.

1874 versuchte der deutsche Psychiater Carl Wernicke (1848-1905) einen »aphasischen Symptomencomplex« abzugrenzen. Ein Patient sprach zwar, konnte aber gesprochene Worte nicht verstehen – im Gegensatz zu Patienten mit motorischer Aphasie. Die zu dieser sensorischen Aphasie zugehörige Läsion ließ sich im hinteren Teil der oberen Schläfenwindung lokalisieren. In Anwendung einer Theorie, die auf den Überlegungen Theodor Meynerts (1833-1892) basierte, nahm Wernicke an, dass zwei Sprachzentren existierten, die über Assoziationsfasern verbunden seien. Damit ließen sich viele Symptomschwankungen erklären. Rein motorische Sprachstörungen zeigten Läsionen in der Broca-Region, rein sensorische im Wernicke-Areal. Waren Bahnen betroffen, so zeigten sich je nach genauer Lokalisation Variationen von Sprachstörungssymptomen. Brocas und Wernickes Befunde und Theorien reichten noch nicht für den völligen Siegeszug des Lokalisationismus, aber eine kräftige Schneise war geschlagen.

Das Labor auf dem Frisiertisch

Ob das Geraschel der Röcke der Hausherrin die Hunde beruhigte? Walter Benjamin beschrieb das bürgerliche Interieur des 19. Jahrhunderts als Schreckenskammer, in der die Geometrie der Möbel den Lageplan tödlicher Fallen, die Flucht der Zimmer die Fluchtbahn geängstigter Opfer vorzeichnete. Diese dunklen Raumgedärme, »adäquat allein der Leiche zur Behausung«, verschlangen Büffets und Sofas ebenso wie Experimentalhunde. Die Geschichte der Hirnforschung ist ebenso eine Geschichte des Verbrauchs von Lebewesen wie der Anhäufung von Wissen und dessen Interpretation. Nicht der Schlaf der Vernunft, deren Wachbewusstsein gebar Monstren, experimentell verfertigte Hunde, denen der Schädel bis auf eine schmale Knochenbrücke in der Mitte abgemeißelt worden war. Dazwischen waltete züchtig die Hausfrau. Etta Ranke, Nichte des Historikers Leopold von Ranke (1795-1886), seit 1866 mit dem jungen Arzt Eduard Hitzig (1838-1907) verheiratet, half bei ersten Versuchen mit ihrem Frisiertisch als Werkbank aus, assistierte und pflegte die in einer Kammer neben dem Schlafzimmer verwahrten operierten Hunde.

Worum ging es? Hitzig arbeitete in den 1860er-Jahren als Elektrotherapeut (ein Verfahren, das z. B. bei Lähmungen half). Ihm fiel auf, dass das Anlegen von Elektroden am Hinterkopf Augenmuskelbewegungen auslöste, die »ihrer Natur nach nur durch directe Reizung cerebraler Centren« bedingt sein sollten. War das Großhirn doch erregbar, gab es umgrenzte Rindenabschnitte mit spezifischer Funktion? Bis dahin galt das Großhirn unter Physiologen als »absolut unerregbar«. Was brachte Hitzig zur gegenteiligen Ansicht? Die französische Aphaseologie à la Broca hatte Hinweise geliefert. Theodor Meynerts Anatomie hatte eine Hierarchie von Fasern nahegelegt. Außerdem mochte Hitzig die Vorstellung nicht, dass das Gehirn in seiner Gänze anarchisch ohne kaiserliche Führung tätig sein könnte. Er selbst hatte zu wenig technisches und anatomisches Know-how, um Genaueres festzustellen, und tat sich daher mit dem Anatomen Gustav Fritsch (1838-1927) zusammen (jetzt wurde die gute Stube mit dem Assistentenzimmer der Anatomie vertauscht).

In einem epochemachenden Aufsatz von 1870 berichteten Fritsch und Hitzig über vorsichtig und penibel durchgeführte Experimente. Sie entfernten nichtnarkotisierten Hunden die Knochen über den Hirnvorderlappen. Sie verwendeten sehr schwache Ströme (gerade so stark, dass es noch auf der Zunge der Experimentatoren kitzelte). Die Resultate waren eindeutig: »Ein Theil der Convexität des grossen Hirnes des Hundes ist motorisch«, ein anderer Teil nicht. Es gab umschriebene »Centra«, sehr klein, auf deren Reizung hin isolierte Erregung einer bestimmten Muskelgruppe erfolgte. Um zu überprüfen, ob die Centra konstant waren, markierten Fritsch und Hitzig die Stelle mit einer Stecknadel und verglichen das Ergebnis nach der Sektion mit älteren Spirituspräparaten. Aber warum hatten ihre Vorgänger nichts gefunden? Weil der motorische Kortex schlecht einsehbar war, Reizungen waren nur dort erfolgt, wo nichts zu reizen war, frühere Experimentatoren gaben sich damit zufrieden.

Fritsch und Hitzig war klar, dass sich Einwände gegen ihre Versuche erhoben. Was war mit Stromschleifen? Startete die Erregung irgendwo anders als in den angeblichen Centra? Dagegen sprach, dass die Stromstärke sehr gering war, das Gehirn hatte

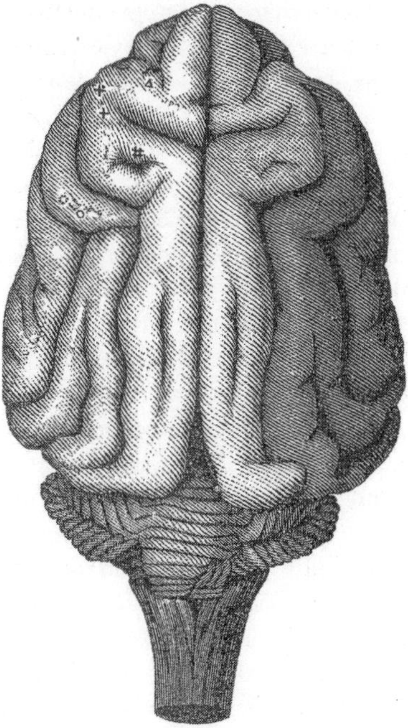

Abb. 5 Weiße und graue Substanz: Gustav Fritsch und Eduard Hitzig experimentierten mit Hunden.

einen großen Widerstand, die Stromdichte unweit der Elektroden war minimal.

Aber fanden sich nicht Hirnverletzungen, bei denen keinerlei Funktion gestört war? Das war kein Widerspruch zu ihrer Position. Man hätte nachweisen müssen, dass hierbei gerade jene Region, die sie gefunden hatten, betroffen war. Außerdem wusste man zu wenig über die anderen Teile des Gehirns – außer dem, was sich über die Broca-Region sagen ließ, und das sprach für Fritsch und Hitzig.

Vieles blieb aber offen. Bewiesen war, dass zentralnervöse Strukturen elektrisch erregbar und psychische »Facultäten« lokalisiert waren, die Seele war keine »Gesammtfunction der Gesammtheit des Grosshirns« mehr.

Unklar blieb, ob die Reaktion auf den Reiz durch »directe Einwirkung auf diejenigen Centren der grauen Rinde, in denen der motorische Willensimpuls entsteht«, zustande kam oder zum Beispiel durch Reizung der Markfasern. Wo war der Ursprung der Bewegung, wo saß der Wille? Der lag vielleicht ganz woanders. Die Centra waren vielleicht nur »Sammelplätze« zur Anordnung der Bewegungen. Ebenso unklar blieb, was erregt wurde. Weiße oder graue Substanz, Fasern oder Zellen? Fritsch und Hitzig hielten die zellulären Elemente für erregbar, doch das war nicht zu entscheiden. Schließlich blieb die Frage, ob organische und experimentelle Reizung gleich abliefen. Das konnten nur Ausschaltungsexperimente zeigen. Daher exstirpierten Fritsch und Hitzig umgrenzte Areale. Bei zwei Hunden wurde im Zentrum für die rechte Vorderpfote ein linsengroßes Rindenstück entnommen. Ergebnis: Beim Laufen wurde die Pfote tapsig aufgesetzt, sie rutschte nach außen weg, keine Bewegung fiel ganz aus. Die Motilität war »nur unvollkommen verloren«, die Hunde hatten »ein mangelhaftes Bewusstsein von den Zuständen dieses Gliedes«, sie konnten sich keine »vollkommene(n) Vorstellungen« über die Pfote bilden.

Die Forschungen von Fritsch und Hitzig lagen in der Luft. Wenig später untersuchte der Physiologe David Ferrier (1843-1928) mit noch feineren Strömen Affengehirne und bastelte detaillierte Landkarten – dass das Konsequenzen hatte, war kein Nebenprodukt, sondern beabsichtigt. Die neu installierte Neurochirurgie konnte nur übers Land des Gehirns fahren, wenn es »maps« gab. Ohne deren Führung wären Operateure hilflos in der Wüste aus Furchen und Windungen verdurstet. Die Feststellung der elektrischen Erregbarkeit der Hirnrinde war methodisch äußerst bedeutsam. Damit war klarer (und es konnte weiter besser geklärt werden), wie das Gehirn in sich funktionierte. Aber wie war dieser komische Elektroapparat zusammengebastelt?

Küche, Kerzenlicht, Konflikte

Dezember 1906, Stockholm, Mittagszeit. Das war nicht das, was eine Festgesellschaft hören wollte. Der eine Nobelpreisträger für Medizin oder Physiologie, Camillo Golgi (1844-1926), nutzte seine Rede zu einem Verriss der Ansichten des anderen Preisträgers Santiago Ramón y Cajal (1852-1934) (der später bekannte, vor Ungeduld gezittert zu haben, weil er nicht reagieren konnte, er war Tage später dran). Die Neuronendoktrin, die 1891 durch einen Aufsatz des renommierten Berliner Anatomen Wilhelm von Waldeyer-Hartz (1836-1921) prominent gemacht worden war, hielt Golgi für falsch. Das Neuron, die Einheit aus Zellkörper und Fortsätzen, war nicht das anatomisch und funktionell unabhängige Grundelement des Nervensystems, denn das bestand aus einem zusammenhängenden Netz, Golgis Studien widersprachen der Cajal-Theorie der »dynamischen Polarisation«, jener Ansicht also, wonach Dendriten als die eine Form der Fortsätze der Nervenzelle wie diese selbst als rezeptive Strukturen Impulse aufnahmen, während der Hauptfortsatz, das Axon, den efferenten Schenkel bildete. Golgi vertrat um 1900 eine Minderheitenposition, aber er blieb dabei: Man durfte Nervenzellen nicht individualisieren, sie agierten zusammen, es gab eine einheitliche Aktion des Nervensystems. Hatte sich hier ein altersstarrer Mann sein wissenschaftliches Grab geschaufelt, noch dazu durch seine eigene Erfindung, die Cajal gegen ihn wandte? Die Antwort ist komplizierter. Es ging nicht nur um Befunde, sondern um Ideen.

Golgi musste sich aus finanziellen Gründen eine pensions- und existenzsichernde Stelle suchen und nahm daher, trotz seines Wunsches nach einer Universitätskarriere, den Chefarztposten in den Pie Case degli Incurabili in Abbiategrasso, einer kleinen Stadt in der Lombardei, an. Um 1872 befand sich dort ein buntes Spektrum pflegebedürftiger Patienten: Epileptiker, Paralytiker, geistig Behinderte, an Altersdemenz Leidende, Psychotiker, Kranke, die an Uterus- oder Rectumprolaps litten und inkontinent waren. Zwei Ärzte teilten sich die Betreuung, der eine, Golgi, wohnte im Hospital, versorgte die Frauenabteilung und hatte Nachtbereitschaft, der andere war für die Männer und am Tag zuständig. Doch blieb viel Zeit, die einzige Verpflichtung war eine tägliche Visite, die eine Stunde dauerte. Golgis wissenschaftliche Ausstattung war bescheiden, doch das genügte um 1870: ein Mikroskop, Instrumente zur Präparation. Golgi entwickelte eine Färbetechnik weiter, die er 1873 vorstellte (es dauerte bis 1880, bis der Wert der noch heute gebräuchlichen »schwarzen Reaktion« erkannt wurde – und Cajal entwickelte sie so weiter, dass er Golgis Ansichten angreifen konnte). Nach Härtung in Kaliumbichromat imprägnierte Golgi Präparate mit Silbernitrat. Doch warum bastelte er in seiner Wohnung, in der Küche, nachts bei Kerzenlicht an einer neuen Färbung? (Deren Wert in einer Art ontologischem Taschenspielertrick besteht, nur 1 bis 5 % aller Zellen färben sich, mithin sind 95 bis 99 % des Gewebes nicht sichtbar. Das ist die Pointe der Reaktion: Sähe man alles, so sähe man vor lauter Verdrahtung nichts mehr.)

Der Aufbau des Nervengewebes war aus drei Gründen unklar. Erstens gab es erst seit etwa 1830 achromatische Mikroskope, die die zelluläre Struktur zu sehen erlaubten. Doch das nervöse Gewebe war fragil und weich. Solch buchstäblich flüchtige Substanz war kaum untersuchbar. Erst die Einführung von Chromsäure und Kaliumbichromat machten das Gewebe konstanter. Aber ohne selektive Färbungen war kaum etwas zu sehen. Bei der bereits erwähnten Carminfärbung blieb unklar, ob und wie eine Verbindung zwischen den einzelnen zellulären Elementen hergestellt wurde. Um 1880 wurde die Retikulartheorie präferiert. Das Nervensystem war ein kontinuierliches Netz, eine Art holistisches Maschenwerk. Das widersprach zwar der Grundannahme der 1839 entwickelten Zelltheorie, der zufolge die Zelle das Grundelement allen Gewebes sein sollte, hatte aber beim Stand der Forschung etwas für sich. Die schiere Komplexität dessen, was man sah (wenn man etwas sah), ließ ein Netz erkennen. Golgis Methode erlaubte eine bis dahin nicht erreichte Sichtbarkeit von Zelle und Fortsätzen. Vertreter der Neuronentheorie glaubten jetzt zu sehen, dass es keine unmittelbaren Verbindungen zwischen den Zellen gab, die Fasern endigten »frei«. Waldeyer zum Beispiel betonte, dass sich nie »Anastomosen« zeigten, Fasern traten nah an Zellen heran, verbanden sich aber nie, die Impulsübertragung fand »nicht per continuitatem«, sondern durch Berührung oder »Ausstrahlung« statt. Doch war das bewiesen?

Im Streit zwischen Golgi und Cajal ging es nicht nur um richtiges Sehen. Die Lücke zwischen den Neuronen sah damals niemand. Synapsen (ein Ausdruck, den 1897 Charles Scott Sherrington [1857-1952] prägte) konnten erst im Elektronenmikroskop in den 1950er Jahren gesehen werden. Hier ging es vor allem um zukunftsträchtige Theoreme. Cajals Theorie hatte um 1900 zwei

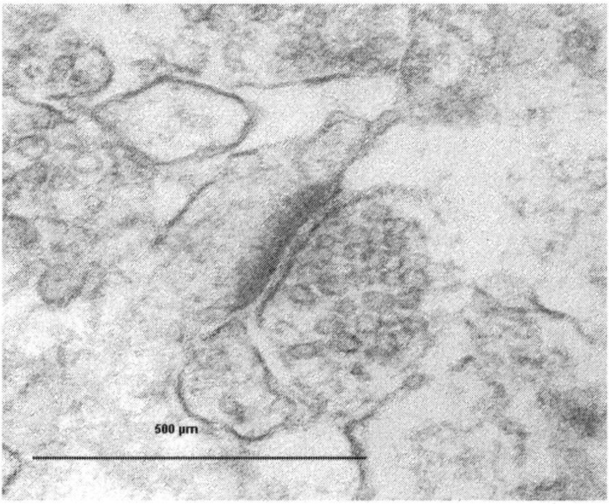

Abb. 6 Synapse im Hippocampus.

Vorteile. Das Gesetz der »dynamischen Polarisation« machte das Hirn lesbar. Wenn der Impulsstrom in einer Richtung floss, dann hatte man eine funktionelle Hierarchie: Aufnahme, Weiterleitung, Efferenz. Dies wie auch die Annahme, die Einzelzelle sei das nervöse Grundelement, reduzierten die unhandliche Komplexität auf die Einzelzelle hin. Deren Aktion konnte untersucht werden, Elemente waren isolierbar, also wissenschaftlich behandelbar. Die neuen Informationen konnten übertragen, verglichen, modifiziert werden. Golgis Filz war ohne Anfang und Ende, gleichförmig, anarchisch, unübersichtlich. Überdies fügte sich die Neuronentheorie in den Rahmen der Zelltheorie als Paradigma der Biologie. Das machte deren Erkenntnisse anschlussfähig. Doch spielten auch philosophische Präferenzen eine Rolle. Für Golgi ging es auch um Reduktionismus versus Holismus, um eine spezifische Perspektive auf das Gehirn: Individuum oder kollektives Agieren?

Träume und Versionen

Schlafstörungen können quälen. Oder Geistesblitze vermitteln. Oder Legenden stricken helfen (wenn man seinen Freud kennt). Es gibt zwei Versionen über die Entstehung eines Experiments, das ein kniffliges, durch die Neuronendoktrin aufgeworfenes Problem lösen half. Nachdem man sich geeinigt hatte, dass es kein Netz gab, sondern Neuronen, wie erfolgte dann die Kommunikation zwischen diesen Individuen? Durch eine elektrische Welle? Einen überspringenden Funken? Verbanden sich die Zellen ab und an lasziv? Oder berührten sich nur scheu? War die Übertragung elektrisch oder chemisch?

Eines Nachts in den 1920er-Jahren erwachte Otto Loewi (1873-1961), Sohn aus bürgerlich-jüdischem Elternhaus und seit 1909 Chef des Pharmakologischen Instituts in Graz, und kannte das richtige Experiment. Loewi notierte sich den Versuchsaufbau, schlief wieder ein. Am Morgen konnte er seinen winzigen Zettel nicht mehr lesen. Was sagte die Traumschrift an der Wand? In der nächsten Nacht hatte er um 3 Uhr die gleiche Idee und ging in sein Labor. Um 5 Uhr war alles erledigt. Eine andere Version (von Loewis Freund und Nobelpreiskollegen von 1936, Henry Dale [1875-1961]) ist nüchterner. Loewi legte sich in der ersten Nacht wieder hin, nachdem er eine lesbare Version notiert hatte, las später das Papier und ging an die Arbeit.

Was machte Loewi, was war damit bewiesen? Er entnahm einem Frosch das Herz, an dem noch der Vagus-Nerv hing, badete es in einer Lösung und reizte den Vagus – die Herzaktion wurde, wie es sich gehörte, vermindert. In diese Lösung legte er ein zweites Froschherz ohne Vagus-Nerv: wiederum Frequenzminderung. In gleicher Weise prüfte er, ob sympathische Herznerven die Schlagfolge erhöhten. Auch dies traf zu. Die »scharf gemachte« Lösung musste also eine Substanz enthalten, die – isoliert vom Nerv – dennoch dessen Wirkung auf Muskeln übertrug. Diese Experimente bewiesen erstmalig die Existenz von chemischen Agenzien, die im Nervensystem die Kommunikation zwischen Zellen herstellte, Neurotransmittern, auch wenn es hier um die Übertragung von Nerv zu Muskel im autonomen Nervensystem (das um 1900 Physiologen und Pharmakologen faszinierte und verwirrte) und nicht um Nerv-Nerv-Übertragungen ging. Loewi selbst hätte beinahe nicht die Früchte seines Erfolgs ernten können. Nach dem nationalsozialistischen Anschluss Österreichs 1938 konnte er mit knapper Not nach Großbritannien emigrieren, 1940 erhielt er ein Angebot der New Yorker Universität, wo er bis 1955 forschte. Es dauerte noch mehrere Jahrzehnte, bis auch die im Zentralnervensystem agierenden Transmitter wie Dopamin oder Serotonin nachgewiesen werden konnten, doch Loewis Traumgesichte (er kannte sich in der Psychoanalyse aus, hatte Freud mehrfach in Wien besucht) wirkten, zusammen mit Forschungen Dales, bahnbrechend auf das Verständnis der chemischen Übertragung im Nervensystem.

Epilog

Weder beginnt die Geschichte des Wissens vom Gehirn und der entsprechenden Deutungen mit dem Menü der Neandertaler noch endet sie mit Transmittern. Sie geht auch nicht auf in Transmittern. Die seit etwa einer Dekade stark diskutierte (neuronale) Plastizität scheint gar das für lange Zeit eher statisch gedachte Gehirn in ein »User«-abhängiges Organ zu verflüssigen, das, parallel zur Transformation der westlichen Volkswirtschaften, in permanentem, anfangs- und endlosem Wechsel begriffen ist. Doch auch hier gilt: Je mehr gewusst wird (darauf soll die Auflistung der für neurowissenschaftliche Themen vergebenen Nobelpreise für Medizin oder Physiologie seit 1900 in der Tabelle 1 hinweisen), desto mehr wird interpretiert. Ein Organ, das sich selbst interpretiert, (miss)versteht sich immer wieder neu. Mal freuen sich Lokalisationisten, mal reiben sich Holisten die Hände. Räuspern sich die Neurobiologen allzu laut, holen bald schon Philosophen ihr fein ziseliertes Begriffsskalpell aus ihrem Hirn. Nach über 2500 Jahren Geschichte der Hirn- und Seelenforschung und -deutung darf man sich entspannen – wie Kater Beppo. Nach den Anstrengungen meines Geistes, am Ende dieses Aufsatzes, blicke ich zu meinem Beppo. Vielleicht erkennt er sich nicht selbst (wer tut das schon?), weil ihm die Kenntnis reflexiver Verben fehlt. Beppo frönt gerade zwei seiner Lieblingsbeschäftigungen. Er hat sich auf einen Schrank zurückgezogen und liegt auf einem von seiner Körperwärme angenehm temperierten Tuch. Hin und wieder entscheidet sein Wille, das Augenlid zu heben, um in eine ihm vertraute Ecke nach unten zu schielen. So sieht er, der wahre Platoniker, über die Dinge mit dem ganzen Körper erhaben, den Füllungszustand seines Fressnapfes. Muss er wissen, dass der Kopf der edelste Teil des Körpers ist? Kaum. Er weiß aber, wie man ihn und die Anhängsel der Kugel klug benutzt.

Tab. 1 Nobelpreisträger im Bereich der Neurobiologie und Hirnforschung

Jahr	Preisträger	Gegenstand
1906	Camillo Golgi (IT) und Santiago Ramón y Cajal (ES)	Struktur des Nervensystems
1932	Charles Scott Sherrington (UK) und Edgar Douglas Adrian (UK)	Funktion der Neuronen
1936	Henry Hallett Dale (UK) und Otto Loewi (AT)	Chemische Übertragung der Nervenimpulse (Dalesches Prinzip)
1944	Joseph Erlanger (US) und Herbert Spencer Gasser (US)	Funktionen der einzelnen Nervenfasern
1949	Walter Rudolf Hess (CH) und Egas Moniz (PT)	Organisation des Zwischenhirns für die Koordination der Tätigkeit von inneren Organen
1961	Georg von Békésy (HUN/US)	Mechanismus der Erregungen in der Schnecke des Ohres
1963	John C. Eccles (AU), Alan L. Hodgkin (UK) und Andrew F. Huxley (UK)	Ionen-Mechanismus bei der Erregung und Hemmung in den peripheren und zentralen Bereichen der Nervenzellenmembran
1967	Ragnar Granit (SE), Haldan K. Hartline (US) und George Wald (US)	Primäre physiologische und chemische Sehvorgänge im Auge
1970	Bernard Katz (UK), Ulf von Euler (SE) und Julius Axelrod (US)	Signalsubstanzen in den Kontaktorganen der Nervenzellen. Mechanismen für ihre Lagerung, Freisetzung und Inaktivierung

Jahr	Preisträger	Gegenstand
1977	Roger Guillemin (US) und Andrew V. Schally (US)	Produktion von Peptidhormonen im Gehirn
1981	Roger Sperry (US)	Funktionelle Spezialisierung der Gehirnhemisphären
	David H. Hubel (US) und Torsten N. Wiesel (SE)	Informationsbearbeitung im Sehwahrnehmungssystem
1986	Stanley Cohen (US) und Rita Levi-Montalcini (IT)	Entdeckung des Nervenwachstumsfaktors
1991	Erwin Neher (DE) und Bert Sakmann (DE)	Nachweis von Ionenkanälen in Zellmembranen zur Erforschung der Signalübertragung innerhalb der Zelle und zwischen den Zellen
2000	Arvid Carlsson (SE), Paul Greengard (US) und Eric R. Kandel (US)	Signalübertragung im Nervensystem
2004	Richard Axel (US) und Linda B. Buck (US)	Erforschung der Riechrezeptoren und der Organisation des olfaktorischen Systems

Literatur

Finger S (1994). Origins of Neuroscience. A history of explorations into brain function. Oxford, New York: Oxford University Press.

Finger S (2000). Minds Behind the Brain. A history of the pioneers and their discoveries. Oxford, New York: Oxford University Press.

Hagner M (1997). Homo cerebralis. Der Wandel vom Seelenorgan zum Gehirn. Berlin: Berlin Verlag.

Hagner M (2004). Geniale Gehirne. Zur Geschichte der Elitegehirnforschung. Göttingen: Wallstein Verlag.

Harrington A (1987). Medicine, Mind and the Double Brain: A Study in Nineteenth-Century Thought. Princeton: Princeton University Press.

Isler H (1965). Thomas Willis: ein Wegbereiter der modernen Medizin 1621-1675. Große Naturforscher, Bd. 29. Stuttgart: Wissenschaftliche Verlagsgesellschaft.

Jacyna LS, Clarke E (1987). Nineteenth-Century Origins of Neuroscientific Concepts. Berkeley, Los Angeles, London: University of California Press.

Mazzarello P (1999). The Hidden Structure. A scientific biography of Camillo Golgi. Oxford, New York: Oxford University Press.

Neuburger M (1897). Die historische Entwicklung der experimentellen Gehirn- und Rückenmarksphysiologie vor Flourens. Stuttgart: Ferdinand Enke.

Oeser E (2002). Geschichte der Hirnforschung. Von der Antike bis zur Gegenwart. Darmstadt: Primusverlag.

Pascual-Leone A, Amedi A, Fregni F, Merabet LB (2005). The plastic human brain cortex. Ann Rev Neurosci; 28: 377-401.

Révész B (1917). Geschichte des Seelenbegriffs und der Seelenlokalisation. Stuttgart: Ferdinand Enke.

Robinson JD (2001). Mechanisms of Synaptic Transmission. Bridging the gaps (1890-1990). Oxford, New York: Oxford University Press.

Sudhoff W (1914). Die Lehre von den Hirnventrikeln in textlicher und graphischer Tradition des Altertums und Mittelalters. Archiv für Geschichte der Medizin; 7: 149-205.

Barbara Wild

5 Humor ernst genommen

Lächeln, Erheiterung und das Gehirn

Mark Twain hat die Analyse von Humor mit der Vivisektion eines Frosches verglichen: »Es interessiert nur wenige Menschen, und der Frosch stirbt dabei.« – Ist das witzig? Woher wissen Sie das? Genauer gefragt: Was passiert in Ihrem Gehirn, wenn Sie dies beurteilen, wenn Sie darüber lächeln oder die Stirn runzeln?

Mark Twains Ansicht zum Trotz haben sich Philosophen, Schriftsteller, Anthropologen und Psychologen schon seit langem mit Humor bzw. dem Komischen beschäftigt. Das Wort »Humor« hat ja einen weiten Weg hinter sich gebracht von der ursprünglichen lateinischen Bedeutung »Flüssigkeit« bis zu dem, was heutzutage zum Beispiel ein Fernsehzuschauer darunter versteht. Während früher, im Rahmen der Ästhetik, Humor nur eine Lebenseinstellung bezeichnete, nämlich auch widrigen Dingen mit einem Lächeln zu begegnen, sind heute damit auch das, was uns zum Lächeln bringt, und die Fähigkeit, Witziges zu produzieren, gemeint.[1] Die Produktion von Humor, seine Erkennung und seine äußerlich beobachtbaren, oft eindrucksvoll lauten Effekte sind speziell menschliche Fähigkeiten und für das soziale Zusammenleben sehr wichtig. Die dabei ablaufenden neurophysiologischen Vorgänge sind aber, auch wegen der eruptiven Natur des Phänomens, schwierig zu untersuchen. Trotzdem ist inzwischen doch einiges über die zerebralen neuronalen Abläufe beim Erkennen von Humor und der Reaktion darauf bekannt. Dabei wurde vor allem versucht, die Frage zu beantworten, welche Gebiete des Gehirns beteiligt und notwendig sind.

In den 70er- und 80er-Jahren beschäftigte sich eine Gruppe von Linguisten unter der Leitung von Howard Gardner mit den Funktionen des rechten Stirnhirns. Hierüber war bis dahin sehr viel weniger bekannt als über die der linken Hirnhälfte, deren

1 Eine gute Übersicht zur Geschichte des Begriffs findet sich bei Ruch (1998) in einem auch sonst lesenswerten Buch über Humor als Persönlichkeitseigenschaft.

Schädigungen, zum Beispiel durch Schlaganfälle, auffälligere Störungen, vor allem der Sprache, hervorrufen als solche der rechten Hirnhälfte. Die Gardner-Gruppe entwickelte eine Testbatterie, die auch einen Humortest enthielt. Die Patienten mussten aus Serien von Witzen und Cartoons (jeweils Original und veränderte Versionen) den witzigsten heraussuchen. In der Tat zeigten Patienten mit rechts frontalen Schäden hierbei Störungen (Gardner et al. 1975; Wagner et al. 1981). Dies passte gut zu der auch heute noch kursierenden Vorstellung, dass die rechte Hemisphäre für die emotionale Verarbeitung, die linke dagegen für das rationelle Denken zuständig sei. Allerdings waren die Lokalisationen der Schädigungen nicht sehr gut dokumentiert. Und spätere Untersuchungen mit dem gleichen Testmaterial zeigten, dass es sich möglicherweise nicht um ein speziell das Humorverständnis betreffendes Defizit, sondern um die Folge von Störungen anderer Fähigkeiten wie der visuellen Wahrnehmung, des Arbeitsgedächtnisses, der verbalen Abstraktionsfähigkeit und der mentalen Flexibilität handelte (Dagge u. Hartje 1985; Shammi u. Stuss 1999). Der Idee von der humorvollen rechten Hemisphäre widersprachen auch die Befunde von Zaidel und seinen Mitarbeitern (2002). Sie untersuchten mit den Gardner-Tests eine große Anzahl von Patienten mit sehr gut dokumentierten Läsionen und fanden in Bezug auf die Fähigkeit, Humor wahrzunehmen, keine Unterschiede zwischen Patienten mit rechtsseitigen und solchen mit linksseitigen frontalen Schädigungen. Letztlich war also nun zwar belegt, dass die Erkennung von Humor etwas mit kognitiven Funktionen wie dem Arbeitsgedächtnis zu tun hat. Die genaueren Abläufe und insbesondere die beteiligten Hirngebiete waren aber weiter unklar.

Neue Untersuchungsmöglichkeiten, auch an Gesunden, eröffneten die Methoden der funktionellen Bildgebung, also die Positronenemissionstomographie (PET) und die funktionelle Magnetresonanztomographie (fMRT). Hierbei werden durch statistische Berechnungen Hirnareale identifiziert, deren Durchblutung und damit auch deren neuronale Aktivität mit dem Auftreten eines bestimmten Stimulus korreliert, beispielsweise mit einer Pointe. Unterschiedlichste Gehirnfunktionen von der Wahrnehmung einfacher Schachbrettmuster bis zu komplexer Sprachverarbeitung waren damit schon untersucht worden, als 2001 die renommierte

Zeitschrift »Nature Neuroscience« eine erste Studie zur Humorwahrnehmung veröffentlichte. Die Autoren Goel und Dolan (2001) hatten ihren Probanden Witze und nichtwitzige Sentenzen im MR-Scanner über Kopfhörer vorgespielt. Es wurden unterschiedliche Witzarten verwendet (phonologische und semantische). Als Hauptergebnisse (s. Abb. 1, fette durchgezogene Linie) fanden sich bei beiden Arten von Witzen eine Aktivierung in einem Gebiet an der Grenze zwischen Schläfen- und Hinterhauptslappen links (temporookzipital) und bei phonologischen Witzen in einer Region im linken Stirnhirn in der Nähe des motorischen Sprachzentrums. Dies war wohlgemerkt eine Korrelation mit dem Auftreten der von den Experimentatoren für witzig gehaltenen Witze, die die Probanden jedoch nicht immer witzig fanden, wie die anschließende Befragung zeigte. Bei den individuell als witzig bezeichneten Stimuli fand man eine Aktivierung im medialen präfrontalen Kortex (also an der Innenseite des Stirnhirns). Letzteres deuteten Goel und Dolan als Ort der affektiven Reaktion, während sie den anderen Gebieten eine rein sprachliche Rolle zuschrieben.

Diese affektive Komponente der Erheiterung war im Visier einer zweiten Studie. Mobbs et al. (2003) gingen von der Hypothese aus, dass witzige Stimuli das so genannte »mesolimbische Belohnungssystem« aktivieren sollten. Hierunter wird ein Netz aus Nervenzellen im Bereich des Mittelhirns[1] verstanden. Erstmals wurde eine Aktivierung dieses Systems in einer PET-Studie gezeigt, bei der Kokainabhängigen im Entzug Plazebo oder Kokain gespritzt wurde. Nach Kokain gab es hier eine massive Aktivierung. Kann Humor das Gleiche wie Kokain? Mobbs et al. bejahten das! Sie zeigten ihren Probanden Cartoons, verbal und nonverbal funktionierende, und fanden eine Aktivierung (s. Abb. 1, gestrichelte Linie), die mit dem Auftreten subjektiv als witzig beurteilter Cartoons korrelierte, in ebendiesen Gebieten. Und sie fanden auch, wie Goel und Dolan, eine Aktivierung links an der Grenze zwischen Schläfen- und Hinterhauptslappen und im Stirnhirn. Dies war übrigens auch bei den nonverbalen Cartoons der Fall, was dagegen spricht, dass diese Gebiete bei der

1 Im ventralen Striatum, Nucleus accumbens, der ventralen tegmentalen Area und der Amygdala

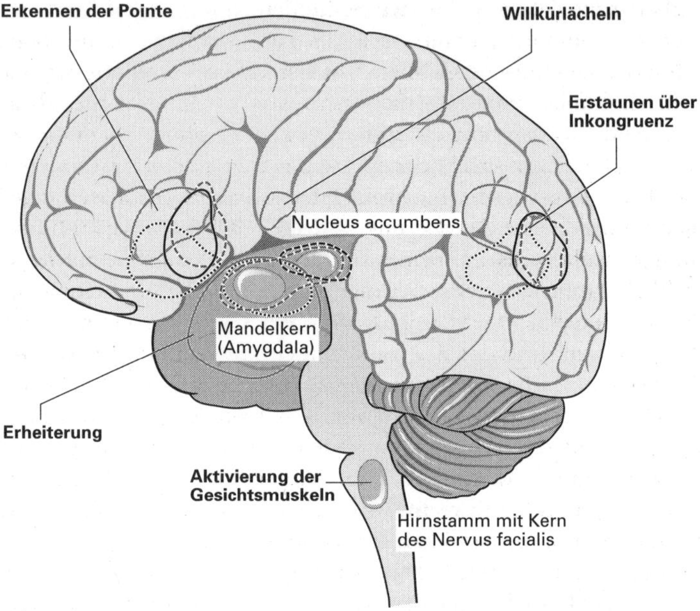

Abb. 1 Aktivierte Hirnareale. Die Abbildung zeigt ein Gehirn von links. Die Spitze des linken Schläfenlappens ist nicht dargestellt, und somit sind Hirnstamm und Innenseite des rechten Schläfenlappens sichtbar. Die verschiedenen Linien kennzeichnen die Aktivierungsgebiete der entsprechenden Studien (——— = Goel u. Dolan 2001; ---------- = Mobbs et al. 2003; .... = Moran et al. 2004; --------- = Goldin et al. 2005; ——— = Wild et al. 2006).

Verarbeitung von Witzen eine rein sprachliche Funktion ausüben.

Auch in der Studie von Moran et al. (2004) (Abb. 1, schwarz punktierte Linie) ging es wieder um die kognitiven und affektiven Komponenten der Humorwahrnehmung, aber mit einem ganz anderen Ansatz: Die Autoren benutzten einen Zeichentrickfilm (»Die Simpsons«), den sie zunächst einem größeren Publikum vorspielten. Dessen Lachen wurde aufgezeichnet. Dann wurde derselbe Film anderen Probanden im Kernspingerät gezeigt. Immer wenn die große Gruppe gelacht hatte, wurde die dazugehörige Filmsequenz als Zeit der »humorappreciation«, also als

Erheiterung definiert. Die zwei Sekunden unmittelbar davor wurden als »humordetection«, also als Humorwahrnehmung oder Humorerkennung bezeichnet. Mit Letzterem korrelierte wieder Aktivität links temporal – hier etwas weiter frontal (vorne) als in den beiden ersten Studien und im linken Stirnhirn, ebenfalls etwas nach frontal verschoben im Vergleich zu den beiden anderen Studien. Während der nachfolgenden Erheiterungsphase hingegen fand sich eine Aktivierung im Mandelkern (Amygdala) und in der Insula beidseits. Beides sind Gebiete im unteren mittleren Schläfenlappen, die zum so genannten limbischen (emotionalen) System gerechnet werden und deren Beteiligung an emotionaler Verarbeitung bekannt ist. Dass es nicht gleichgültig ist, welche Emotionen durch Filme geweckt werden, legen die Ergebnisse von Goldin et al. (2005) nahe (Abb. 1, schwarz gestrichelte Linie). Sie verwendeten neben erheiternden Videos auch traurige und neutrale und fanden bei den amüsanten speziell im Mittelhirn Aktivierung, genauer: rechts im Nucleus caudatus, dem Putamen, dem Hippocampus und links im Globus pallidus.

Keine dieser Arbeiten berücksichtigte aber, dass ja nicht nur eine innere Einschätzung der »Witzigkeit«, sondern auch eine äußere, mimische Reaktion, das Lächeln, existiert. Wir (Wild et al. 2006) filmten mit einer speziellen nichtmagnetischen Videokamera die mimischen Reaktionen von Versuchspersonen im MR-Scanner, während sie witzige und nichtwitzige Varianten von nonverbalen Gary-Larson-Cartoons sahen (s. Abb. 1, blasse durchgezogene Linie). So ließen sich Gebiete identifizieren, deren Aktivität mit dem Auftreten von spontanem Lächeln korreliert. Nach der MR-Messung, außerhalb des Gerätes, beurteilten die Probanden außerdem die Witzigkeit aller gesehenen Cartoons. Die hiermit korrelierende Aktivierung überlappte nur teilweise mit der während des Lächelns. Ein Vergleich beider Aktivierungskarten lieferte dann zum einen solche Gebiete, die mehr bei der Wahrnehmung der witzigen Cartoons aktiv waren, und zum anderen solche, die mehr beim Lächeln, also der emotionalen Reaktion, aktiviert worden waren. Hierbei trafen wir auf alte Bekannte: Auch bei dieser Studie findet sich links im Grenzgebiet zwischen und Schläfen- und Hinterhauptslappen, zusätzlich aber auch noch etwas weiter vorne und links im Stirnhirn Aktivität – mehr in Korrelation mit witzigen Cartoons, weniger beim Lächeln. Dieses wiederum korreliert mit Aktivität in den limbischen, »emotionalen« Gebieten des unteren mittleren Schläfenlappens[1].

Wie die in der Abbildung übereinanderprojizierten Aktivierungsareale zeigen, findet sich eine angesichts der Komplexität des untersuchten Phänomens »Humor« eine frappierende Übereinstimmung zwischen einer Reihe von Studien, die Reaktionen auf witziges Material noch dazu mit unterschiedlichen Methoden untersucht haben. Dabei scheint es nicht *das* »Humorgebiet«, wie ursprünglich erhofft, zu geben, sondern mehrere Beteiligte. Aber was machen diese Areale nun? Die Region links an der Grenze zwischen Hinterhaupts- und Schläfenlappen ist auch in funktionellen Bildgebungsstudien aktiv gewesen, bei denen Probanden die Absicht anderer einschätzten (Brunet et al. 2000) oder logische Zusammenhänge identifizierten (Blakemore et al. 2001). Das Sprachzentrum im linken Stirnhirn (Broca-Region) und die benachbarten Gebiete sind bei der semantischen Suche (nach passenden Wörtern) und der Auflösung von sprachlicher Inkongruenz aktiv (Martin u. Chao 2001). Dies passt hervorragend zu dem 1972 von dem Psychologen Suls publizierten 2-Stufen-Modell der Humorperzeption. Danach muss zunächst in einem Witz eine Inkongruenz wahrgenommen werden – die Pointe ist ja nicht die logische Fortführung des Witzbeginns, sondern eigentlich eine Überraschung. Dann jedoch muss wieder ein Zusammenhang, eine Kohärenz, gefunden werden – sonst hat man den Witz nicht verstanden. Nach so einem Blickrichtungswechsel passt die Pointe sehr gut zum Rest des Witzes. Es liegt nun nahe, dass der erste Schritt im Grenzgebiet zwischen Hinterhaupts- und Schläfenlappen, der zweite im linken Stirnhirn geleistet wird. Damit sind die durch einen Witz ausgelösten Reaktionen aber noch

1 In der Amygdala, im Gyrus parahippocampalis und zusätzlich im Thalamus. Die Amygdala-(Mandelkern-)Aktivierung mag erstaunen, da diese meist mit Angst und Ärger in Verbindung gebracht wird. Negative Emotionen sind allerdings viele Jahre in der Emotionsforschung bevorzugt untersucht worden, wahrscheinlich weil sie einerseits auch im Tierversuch gut evozierbar und konditionierbar sind und andererseits natürlich auch im menschlichen Kontakt häufiger Probleme machen. Dies hat aber zu der einseitigen Vorstellung der Amygdala als Schaltzentrale negativer Emotionen geführt. In den letzten Jahren sind eine Reihe unterschiedlicher Bildgebungsstudien erschienen, die eine Beteiligung der Amygdala auch an der Verarbeitung positiver Emotionen belegen (s. auch Kap. 9, S. 180 ff.).

nicht zu Ende. Der Züricher Psychologe Ruch hat dem Modell einen dritten Schritt hinzugefügt (s. Ruch u. Hehl 1998): die Erkennung, dass es sich nicht etwa um ein Rätsel, sondern eben um einen Witz, also um positiven Nonsense handelt, was Spaß macht, mit der Emotion Erheiterung einhergeht und Lächeln oder Lachen auslöst. Es liegt nahe, dass hierfür die beschriebene limbische Aktivierung (im medialen basalen Temporallappen und mesolimbischen Belohnungszentrum) benötigt wird. Dass die geschilderten Studien hier verschiedene Anteile des Systems aktiviert fanden, könnte mit den unterschiedlichen experimentellen Verfahren zusammenhängen. Es könnte aber auch ein methodisches Problem sein, da die verwendeten statistischen Verfahren nicht identisch waren und in diesem Bereich ohnehin durch die Nähe der großen Blutgefäße Verzerrungen auftreten.

Und der rechte Frontallappen, dessen Schädigung wie eingangs erwähnt, zumindest bei manchen Patienten auch zu einer Störung der Reaktion auf Humor führte? Und der in keiner der Studien an Gesunden eine nennenswerte Aktivierung zeigte? Zu unserer Verblüffung fanden wir (Wild et al. 2006) hier eine Deaktivierung, vor allem in Korrelation mit dem Auftreten von spontanem Lächeln, weniger beim Betrachten von später als witzig eingeschätzten Cartoons, gar nicht jedoch beim willkürlichen Lächeln, das unsere Probanden auf Kommando ausführen mussten.

Um dies zu erklären, soll zunächst ein Blick auf die neurophysiologischen Abläufe beim Lächeln und Lachen geworfen werden. Bereits 1837 beschrieb Magnus eine Patientin, bei der nur willkürliche mimische Bewegungen gestört waren, nicht jedoch die spontane emotionale Mimik. Inzwischen ist durch viele Fallberichte und größere Untersuchungen geklärt, dass tatsächlich zwei Systeme existieren – eines für die Willkürmimik, ein anderes für die spontane emotionale Mimik. Im Hirnstamm liegen die Nervenzellen des willkürlichen Systems und ihre Faserverbindungen ventral (der Nase zugewandt), die des emotionalen Systems dorsal (dem Rücken zugewandt)[1]. Oberhalb des Hirnstamms werden die anatomischen Verbindungen unklarer. Bekannt ist aber, das beidseitige Schäden des so genannten motorischen Kortex und der prämotorischen Gebiete, insbesondere der Opercu-

1 Eine Übersicht über die Befunde findet sich bei Wild et al. (2003).

lae, zu einer isolierten Lähmung der willkürlichen Mimik führen. In unserer Studie wie auch in einer PET-Studie (Iwase et al. 2002), bei der zur Messung der Gesichtsbewegungen Elektromyographie[1] verwendet wurde, wurden beim willkürlichen Lächeln auch genau diese Regionen aktiviert (s. Abb. 1, S. 98).

Störungen der emotionalen Mimik, inklusive des Lächelns (das typische »Maskengesicht«), findet man häufig bei Patienten mit der Parkinson-Erkrankung. Hierbei gehen im Mittelhirn, in der so genannten Substantia nigra, Nervenzellen zugrunde, die den Botenstoff Dopamin produzieren. Interessanterweise ist dies auch der Botenstoff des mesolimbischen Belohnungssystems. Weitere beteiligte Gebiete kennt man durch Hirnstimulation (z. B. bei der Epilepsiechirurgie). Sie liegen hauptsächlich im limbischen System und überschneiden sich mit den in der funktionellen Kernspintomographie bei Erheiterung gefundenen Regionen. Lächeln und Lachen, teilweise auch mit passenden positiven Gefühlen, können ausgelöst werden durch Stimulation der Schläfenlappen (basaler Temporallappen) (Arroyo et al. 1993), des Nucleus accumbens (Okun et al. 2004) und des Nucleus subthalamicus (Krack et al. 2001). Lachen kann auch Symptom eines epileptischen Anfalls sein (die so genannte »gelastische Epilepsie«, nach dem griechischen *gelos* [= Lachen]). Typischerweise finden sich hierbei Tumore des Hypothalamus (Arroyo et al. 1993), der am oberen Ende des Mittelhirns sitzt.

Interessanterweise gibt es auch Patienten, die nach unpassenden Reizen lächeln oder lachen, ohne dies zu wollen, was im Deutschen mit dem unschönen Begriff »emotionale Inkontinenz« belegt ist. Viele dieser Patienten haben Läsionen des ventralen Hirnstamms (also dort, wo die »Willkürfasern« verlaufen), aber einige auch im Stirnhirn. Gerade Patienten mit Schäden im rechten Stirnhirn fallen durch unpassende emotionale Äußerungen auf. Deshalb liegt die Idee nahe, dass der rechte Stirnlappen zwar nicht, wie ursprünglich angenommen, für die Erkennung von Humor notwendig ist, aber für die Reaktion darauf. Möglicherweise hemmt er normalerweise den mimischen emotionalen Ausdruck und muss deshalb vor dem Lächeln deaktiviert werden. Der englische Neurologe Gowers (1887, zit. nach Ironside 1956)

1 Messung der elektrischen Muskelaktivität

bemerkte vor vielen Jahren über das Lachen: »Der Wille wird nicht benötigt, um es hervorzurufen, sondern um es zu unterdrücken.« Hierzu passt auch, dass Lachgas (Stickoxid, ein so genannter NMDA-Antagonist) wahrscheinlich über eine Hemmung der Neurone im motorischen und prämotorischen Kortex wirkt (Franks u. Lieb 1998).

Echtes und willkürliches Lächeln unterscheiden sich auch im Ausmaß der beteiligten Gesichtsmuskulatur. Zum echten Lächeln, das zu Ehren des französischen Neurologen, der dieses Phänomen erstmals beschrieb (Duchenne de Boulogne 1862), auch Duchenne-Lächeln genannt wird, gehört nicht nur das Hochziehen der Mundwinkel, sondern auch eine Verengung der Lidspalte (Ekman u. Friesen 1982).

Untersuchungen an Patienten und die ersten Ergebnisse der funktionellen Bildgebung legen also nahe, dass es zwei unterschiedliche Systeme für echtes und willkürliches Lächeln gibt. Während das willkürliche Lächeln, wie andere Willkürbewegungen auch, von den »klassischen« Bewegungszentren (so genanntes Pyramidenbahnsystem, ausgehend vom primären motorischen Kortex) gesteuert wird, kann wahrscheinlich die Erregung verschiedener limbischer, also emotionaler Gebiete (basaler medialer Temporallappen, Hypothalamus, mesolimbisches Belohungssystem) echtes Lächeln oder Lachen aktivieren. Dessen Ablauf wird dann letztlich im hinteren (dorsalen) Hirnstamm komponiert, während gleichzeitig die Kontrolle des Stirnhirns nachlässt.

Und warum sind echtes Lachen und Lächeln ansteckend? Aus dem motorischen System sind bereits länger besondere Nervenzellen, so genannte Spiegelneurone, bekannt. Diese sind aktiv, wenn man eine Bewegung selbst ausführt und auch wenn man eine ähnliche Bewegung bei anderen beobachtet (Iacoboni et al. 1999). Ähnliches findet sich wahrscheinlich auch im emotionalen System. Das Betrachten von Fotos lächelnder Gesichter aktiviert die gleichen Gebiete wie die Empfindung von Freude (Wild et al. 2003). Das Hören von Lachen aktiviert die Amygdala (Sander u. Scheich 2001) und motorische Areale, die die Kehlkopfaktivierung kontrollieren (Meyer et al. 2005). Das Hören von Ausdrücken, die Lachen beschreiben oder nachahmen, aktiviert das mesolimbische Belohnungssystem (Osaka u. Osaka 2005). Wahrscheinlich erkennen wir Emotionen eines Gegenüber, indem wir sie selbst zumindest ein wenig spüren, was im Fall von Erheiterung zum ansteckenden Lächeln führt.

Das Phänomen des Kitzelns gehört – zumindest am Rande – auch zu unserem Thema, denn leichte Berührung, insbesondere an bestimmten empfindlichen Stellen, löst ja Lächeln und Lachen aus. In einer Reihe von wahrscheinlich von viel Lachen begleiteten Experimenten untersuchten Sarah-Jayne Blakemore und Mitarbeiter (2000), warum man sich nicht selbst kitzeln kann. Sie erklärten dies damit, dass während einer Bewegung die hierdurch erzeugte sensorische Rückmeldung vom Nervensystem kurzfristig unterdrückt wird, weil wir sonst ständig von unnützen Informationen überflutet würden. Blakemore et al. benutzten nun einen speziellen Stift, mit dem eine zeitliche Verzögerung zwischen einer Bewegung und der hierdurch hervorgerufenen leichten Hautberührung variabel erzeugt werden konnte. Je länger die Verzögerung wurde (> 100 ms) und je mehr sie von der Bewegungsrichtung abwich, umso mehr kitzelte sie. Und warum bringt uns Kitzeln zum Lachen? Eine neurophysiologische Erklärung habe ich hierfür nicht. Aber aus biologischer Sicht ähnelt das menschliche Lachen Spielgesten der Primaten. Hiermit signalisieren die Beteiligten, dass es sich bei einer Rauferei um Spaß, nicht um Aggression handelt. Und dies ähnelt doch sehr der typischen Situation beim Kitzeln – ein Scheinangriff, gefolgt von harmlosen Berührungen, die allen Beteiligten (mehr oder weniger) Spaß machen.

Inzwischen wissen wir also, gerade dank der funktionellen Bildgebung, recht genau, welche Hirngebiete bei der Verarbeitung eines Witzes und beim Lächeln aktiv sind. Trotzdem sind viele Fragen zu den neurophysiologischen Korrelaten von Humor, Lächeln und Lachen weiterhin offen. Ist Lachen einfach ein stärkeres Lächeln? Einige Befunde sprechen dagegen, zum Beispiel die unterschiedliche Entwicklung von beidem bei Neugeborenen (Kawakami et al. 2006). Babys und Kleinkinder lachen über Slapstickkomik, und der Geschmack für komplexeren Humor wächst erst in den ersten zehn Lebenjahren. Welche zerebralen Reifungsvorgänge führen dazu, dass sich der Sinn für Humor im Laufe der Zeit ändert? Noch überhaupt nicht untersucht sind die neurophysiologischen Korrelate der Produktion von Humor.

Werden dabei ähnliche Gebiete aktiv wie bei der Reaktion auf Humor? Und worin besteht der neurophysiologische Unterschied zwischen humorlosen Personen und beispielsweise Mark Twain?

Literatur

Arroyo S, Lesser RP, Gordon B, Uematsu S, Hart J, Schwerdt P, Andreasson K, Fisher RS (1993). Mirth, laughter and gelastic seizures. Brain; 116: 757-80.

Blakemore S-J, Wolpert D, Frith C (2000). Why can't you tickle yourself? NeuroReport; 11: R11-R16.

Blakemore S-J, Fonlupt P, Pachot Clouard M, Darmon C, Boyer P, Meltzoff AN, Segebarth C, Decety J (2001). How the brain perceives causality: an event-related fMRI study. Neuroreport; 12: 3741-6.

Brunet E, Sarfati Y, Hardy Bayle MC, Decety J (2000). A PET investigation of the attribution of intentions with a nonverbal task. Neuroimage; 11: 157-66.

Dagge M, Hartje W (1985). Influence of contextual complexity on the processing of cartoons by patients with unilateral lesions. Cortex; 21: 607-16.

Duchenne de Boulogne G-B (1862). The Mechanism of Human Facial Expression. New York: Cambridge University Press 1990.

Ekman P, Friesen WV (1982). Felt, false, and miserable smiles. J Nonverb Behav; 6: 238-58.

Franks NP, Lieb WR (1998). A serious target for laughing gas. Nat Med; 4: 383-4.

Gardner H, Ling PK, Flamm L, Silverman J (1975). Comprehension and appreciation of humorous material following brain damage. Brain; 98: 399-412.

Goel V, Dolan RJ (2001). The functional anatomy of humor: segregating cognitive and affective components. Nature Neurosci; 4: 237-8.

Goldin PR, Hutcherson CAC, Ochsner KN, Glover GH, Gabrieli JDE, Gross JJ (2005). The neural basement of amusement and sadness: A comparison of block contrast and subject-specific emotion intensity regression approaches. NeuroImage; 27: 25-36.

Iacoboni M, Woods RP, Brass M, Bekkering H, Mazziotta JC, Rizzolatti G (1999). Cortical mechanisms of human imitation. Science; 286: 2526-8.

Ironside R (1956). Disorders of laughter due to brain lesions. Brain; 79: 589-609.

Iwase M, Ouchi Y, Okada H, Yokoyama C, Nobezawa S, Yoshikawa E, Tsukada H, Takeda M, Yamashita K, Takeda M, Yamaguti K, Kuratsune H,

Shimizu A, Watanabe Y (2002). Neural substrates of human facial expression of pleasant emotion induced by comic films: A PET study. NeuroImage; 17: 758-68.

Kawakami K, Takai-Kawakami K, Tomonaga M, Suzuki J, Kusaka T, Okai T (2005). Origins of smile and laughter: A preliminary study. Early Hum Developm; 82: 61-6.

Krack P, Kumar R, Ardouin C, Limousin Dowsey P, McVicker JM, Benabid A-L, Pollak P (2001). Mirthful laughter induced by subthalamic nucleus stimulation. Movement Disord; 16: 867-75.

Magnus A (1837). Fall von Aufhebung des Willenseinflusses auf einige Hirnnerven. In: Müller J (Hrsg). Archiv für Anatomie, Physiologie und Wissenschaftliche Medicin. Berlin: Verlag von W. Thome; 258-66.

Martin A, Chao L (2001). Semantic memory and the brain: structure and processes. Curr Opin Neurobiol; 11: 194-211.

Meyer M, Zysset S, von Cramon Y, Alter K (2005). Distinct fMRI responses to laughter, speech, and sounds along the human peri-sylvan cortex. Cogn Brain Res; 24: 291-306.

Mobbs D, Greicius MD, Abdel-Azim E, Menon V, Reiss AL (2003). Humor modulates the mesolimbic reward centers. Neuron; 40: 1041-8.

Moran JM, Wig GS, Adams RB, Janata P, Kelley WM (2004). Neural correlates of humor detection and appreciation. NeuroImage; 21: 1055-60.

Okun MS, Bowers D, Springer U, Shapira NA, Malone D, Rezai AR, Nuttin B, Heilman KM, Morecraft RJ, Rasmussen SA, Greenberg BD, Foote KD, Goodman WK (2004). What's in a »smile?« Intra-operative observations of contralateral smiles induced by deep brain stimulation. Neurocase; 10: 271-9.

Osaka N, Osaka M (2005). Striatal reward areas activated by implicit laughter induced by mimic words in humans: a functional magnetic resonance imaging study. Neuroreport; 16: 1621-4.

Ruch W (ed) (1998). The Sense of Humor: Explorations of a Personality Characteristic. Berlin: Mouton de Gruyter.

Ruch W, Hehl F-J (1998). A two-mode model of humor appreciation: Its relation to aesthetic appreciation and simplicity-complexity of personality. In: Ruch W (ed). The Sense of Humor: Explorations of a Personality Characteristic. Berlin: Mouton de Gruyter; 109-42.

Sander K, Scheich H (2001). Auditory perception of laughing and crying activates human amygdala regardless of attentional state. Cogn Brain Res; 12: 181-98.

Shammi P, Stuss DT (1999). Humour appreciation: a role of the right frontal lobe. Brain; 122: 657-66.

Suls J (1972). A two-stage model for the appreciation of jokes and cartoons. In: Goldstein JH, McGhee P (eds). The Psychology of Humor: Theoretical Perspectives and Empirical Issues. New York: Academic Press; 81-100.

Wapner W, Hamby S, Gardner H (1981). The role of the right hemisphere in the apprehension of complex linguistic material. Brain and Language; 14: 15-33.

Wild B, Rodden FA, Grodd W, Ruch W (2003). Neural correlates of laughter and humour: a review. Brain; 126: 2121-38.

Wild B, Rodden FA, Rapp A, Erb M, Grodd W, Ruch W (2006). Humour and smiling: cortical regions selective for cognitive, affective and volitional components. Neurology; 66: 887-93.

Zaidel E, Kasher A, Soroker N, Batori E (2002). Effects of right and left hemisphere damage on performance of the »right hemisphere communication battery«. Brain and Language; 80: 510-35.

Katja Gaschler

6 Spieglein, Spieglein im Gehirn

Woher ich weiß, wie du dich fühlst

Aua! So hatte sich Alice ihren Dienst für die Wissenschaft eigentlich nicht vorgestellt. Sie liegt in der engen Röhre eines Kernspintomographen, mit der strikten Anweisung, sich nicht zu rühren. Neben dem Scanner, der Alices Hirnaktivität misst, sitzt ihr Mann. Er blinzelt nervös. Doch die junge Frau sieht nur seine rechte Hand, an der – genau wie an ihrer eigenen – eine Elektrode klebt. Kleine Metallplättchen, die abwechselnd ihr und ihrem Liebsten Stromschläge verpassen. Und das kann ganz schön wehtun, wie sie soeben am eigenen Leib erfahren hat.

»Die Entladungen sind manchmal recht unangenehm«, gibt die Psychologin Tania Singer zu, die das Experiment am Wellcome Department of Imaging Neuroscience in London leitet: »etwa so wie ein leichter Bienenstich«. Dafür gehen sie schnell vorbei und hinterlassen keinerlei Spuren. Harmlos, befand auch die zuständige Ethikkommission und genehmigte den Versuch. Schließlich sind die Forscher der Lösung eines großen Rätsels dicht auf den Fersen: Worauf beruht das menschliche Talent, sich in die Lage anderer hineinzuversetzen; was schlägt die Brücke zwischen dir und mir – mit anderen Worten: Wie entsteht Mitgefühl?

Freilich sind die Londoner Wissenschaftler um Tania Singer nicht die Ersten, die sich solche Fragen stellen. Um Mitgefühl zu spüren, muss ein Individuum das zutiefst subjektive Erleben eines anderen nachempfinden. Wie und ob das überhaupt funktionieren kann, beschäftigt Philosophen schon seit mehr als 100 Jahren. Während Psychotherapeuten von jeher per Empathie ihr täglich Brot verdienen, beschränkten sich Experimentalpsychologen in der Vergangenheit meist darauf, die Rahmenbedingungen empathischen Verhaltens zu bestimmen. Die neuronalen Grundlagen aber – also was beim Mitfühlen im Kopf passiert – waren bis vor kurzem völlig unbekannt. Erst in jüngster Zeit, vor knapp einem Jahrzehnt, wagten sich die ersten Neurowissenschaftler auf dieses

Terrain. Und was sie herausfanden, sorgt nicht nur für Aufsehen unter ihresgleichen, es eröffnet auch neue Perspektiven auf Störungen des Sozialverhaltens.

Tumult in Parma

Eine der wichtigsten Entdeckungen machte Anfang der 90er Jahre eine kleine Gruppe von Neurophysiologen im norditalienischen Parma. Wie so oft in der Wissenschaft eilte auch hier der Zufall zu Hilfe. Denn eigentlich interessierte Giacomo Rizzolatti, Vittorio Gallese und Leonardo Fogassi damals, wie das Säugetiergehirn Bewegungen plant. Daher untersuchten die Forscher die Aktivität einzelner Nervenzellen im Gehirn eines Makakenäffchens, während dieses nach verschiedenen Objekten wie Obststückchen, Nüssen oder Spielzeug griff. Dazu hatten sie einige Elektroden in einem Hirnareal namens F5 im unteren Teil des prämotorischen Kortex platziert – denn in diesem Bereich der Großhirnrinde, so wusste man bereits, werden Handlungen geplant und angestoßen. Kurz vor einer weiteren Messung langte einer der Forscher nach einer Weintraube, die für das Tier bestimmt war. Das verkabelte Äffchen rührte sich nicht, aber es beobachtete den Mann und löste im nächsten Moment einen kleinen Tumult aus. Denn der Lautsprecher knisterte viel zu früh – das Messgerät sprach an: Eines der prämotorischen Neurone feuerte, genau wie in den Versuchen zuvor, als der Makake selbst nach den Leckerbissen gegriffen hatte!

Zunächst trauten die Forscher ihren Augen kaum – vielleicht war es ein Messfehler, ein Problem in der Apparatur? Nein, alles funktionierte einwandfrei. Als sie das Resultat mehrmals zuverlässig wiederholen konnten, wurde ihnen klar, dass sie etwas völlig Neues entdeckt hatten: eine prämotorische Nervenzelle, die nicht nur aktiv war, wenn das Tier selbst nach einem Objekt seiner Begierde griff, sondern auch, wenn es mit ansah, wie dies ein anderer tat! Endlich hatte man die lange vermutete Verbindung zwischen Wahrnehmung und Bewegung gefunden. Denn offenbar aktivierte bloßes Zuschauen beim Affen die eigenen am Handeln beteiligten Schaltkreise – zumindest einen Bruchteil von ihnen, diese eine Zelle jedenfalls, und bestimmt gab es davon noch weitere! Das Neuron mit der Doppelfunktion schien das Beobachtete zu »spiegeln«. Aus diesem Grund tauften die Forscher ihre Entdeckung auf den Namen »Spiegelneurone«.

In weiteren Versuchen identifizierten die Wissenschaftler noch mehr der sonderbaren Nervenzellen. Dabei offenbarten diese recht eigentümliche Verhaltensweisen: Fasste der Experimentator nämlich nicht nach einem begehrten Gegenstand, sondern ziellos ins Leere, verweigerten sie ihre Mitarbeit. Andere dagegen feuerten nicht nur, wenn der Affe beobachtete, wie ein Artgenosse den Arm nach einer Erdnuss ausstreckte, sondern auch, wenn er nur das Knacken der Schale vernahm. Daher schien es den Forschern, als repräsentiere die Aktivität der Spiegelneurone weniger den Bewegungsablauf als die mit ihm verbundene Intention. »Spiegelzellen erlauben uns, die Absicht fremder Aktionen zu verstehen«, folgerte Gallese, »und zwar, indem wir mit ihrer Hilfe die Handlung intern simulieren und so ihren Ausgang vorwegnehmen!«

Spinnt man den Faden weiter, wirft diese Simulationstheorie einige spannende Fragen auf: Was passiert beispielsweise, wenn wir Gewalt beobachten – begeht unser Gehirn unweigerlich jeden Krimimord mit? Lernt es so Bewegungen zu steuern, durch Zuschauen? Und was passiert, wenn die Spiegelzellen ihren Dienst versagen – könnte hier die Ursache für die Probleme mancher Mitmenschen im sozialen Miteinander verborgen liegen?

Theorie mit Explosionskraft

Die Brisanz ist offenkundig, und wohl auch aus diesem Grund nahmen einige Fachkollegen die Neuigkeit von den Spiegelneuronen enthusiastisch auf. Der bekannte Neuroforscher Vilayanur Ramachandran verglich ihre Entdeckung gar mit der Entschlüsselung der Erbsubstanz: »Ich bin davon überzeugt, dass Spiegelneurone für die Psychologie die gleiche Rolle spielen werden wie die DNA für die Biologie. Sie werden eine Reihe bislang geheimnisumwobener mentaler Fähigkeiten erklären helfen, die sich bisher dem experimentellen Zugriff entzogen«, prophezeite er 2000 in einem Aufsatz, der heftige Diskussionen auslöste. Denn laut Ramachandran verdankt die Menschheit vielleicht auch die sprunghafte Entwicklung der menschlichen Kultur vor rund

40 000 Jahren den Spiegelzellen – sobald jemand etwas erfand, hätten letztere via Nachahmung geholfen, die Erfindung wie ein Lauffeuer zu verbreiten. Doch warum sitzen dann heute nicht lauter Makakenäffchen im Parlament – schließlich lassen sich Spiegelneurone bei ihnen zweifelsfrei nachweisen? Ramachandrans lakonische Antwort auf Fragen dieser Art: »Bekanntermaßen haben sich Flügel aus den Vorderextremitäten entwickelt – weshalb will niemand wissen, warum Menschen nicht fliegen können?«

Seltsam ist jedenfalls, dass Makaken im Gegensatz zu unsereins noch nicht einmal imitieren. Und auch mit der Empathie, die angeblich in den Spiegelneuronen wurzeln soll, ist es so eine Sache. Zumindest reicht das bei den Kleinaffen vorhandene Spiegelsystem dafür nicht aus – Mitleid im engen Sinne kennen sie nämlich allem Anschein nach nicht.

In jedem Fall müssten die spiegelnden Hirnareale dann im Lauf der Evolution einen bedeutenden Funktionswechsel erfahren haben. So wie die Region F5, die beim Menschen dem Broca-Areal entspricht (s. Abb. 3, S. 20), das für die Sprachproduktion essenziell ist. Selbst für die höchste Errungenschaft des Homo sapiens, die Sprache, könnten Spiegelneurone daher verantwortlich zeichnen, meint Rizzolatti. Der erste Dialog der Welt wäre demnach entstanden, als einer unserer Vorfahren die Mundbewegungen eines zweiten imitierte und so signalisierte, er habe deren Sinn verstanden. Später wurden die verschiedenen Stellungen des Mundes einfach mit Lauten unterlegt – et voilà: Von da an war der geschwätzige Primat nicht mehr zu bremsen.

Diese Theorie lässt sich freilich weder widerlegen noch beweisen. Selbst die Annahme, dass sich Rizzolattis Spiegelzellen tatsächlich an einer inneren Simulation beteiligen, ist umstritten. Die Folgerung enthalte einen logischen Fehler, kritisiert etwa der Kognitionspsychologe Gergely Csibra vom Birkbeck College in London: Warum, bitte schön, feuert die Spiegelzelle in F5 des Makakengehirns nicht, wenn der Experimentator die gleiche Bewegung ins Leere ausführt? Nach der Hypothese der italienischen Forscher müsste sie sich doch zunächst an der Simulation der Aktion beteiligen, bevor sie zu dem Schluss gelangt, dass keine Absicht dahintersteckt: Hier beißt sich der Affe in den eigenen Schwanz.

Der Name »Spiegelneurone« war sicherlich eine großartige Wahl, stichelt auch der Kognitionswissenschaftler Dan Sperber vom Institut Nicod des Centre Nationale de la Recherche Scientifique in Paris. Aber das entlässt die Forscher nicht aus der Verantwortung, die Funktion des »Spiegelns« zu beweisen.

Irreführenderweise ist in Publikationen häufig von einer neuen »Klasse« von Nervenzellen die Rede. Doch bisher deutet nichts darauf hin, dass sie sich morphologisch, rein äußerlich also, von gewöhnlichen Neuronen unterscheiden. Fest steht: Was die bislang identifizierten Spiegelneurone wirklich tun, weiß noch niemand so genau. Hängen ihre Aktivitäten nun mit der Absicht, der Bedeutung oder der Simulation der beobachteten Handlung zusammen? Sowohl als auch, meinen Rizzolatti und seine Mitarbeiter: Manche »repräsentierten« wohl eher eine bestimmte Bewegung, andere deren Intention. Möglicherweise stehe ihre Aktivität aber auch für die Idee einer Aktion. Mit anderen Worten: Hier tappen die Wissenschaftler nach wie vor im Dunkeln.

Mein Schmerz, dein Schmerz

Erschwerend kommt hinzu, dass Affen nicht mit uns sprechen. So können sie keine Auskunft darüber geben, was sie während der Experimente spüren oder denken. Beim Menschen wiederum sind einzelne Spiegelneurone nur in Ausnahmefällen experimentell zu greifen: Wer lässt sich schon freiwillig ein Loch in den Kopf bohren? Das kommt zwar vor, im Rahmen von medizinisch notwendigen Hirnoperationen. In diesem Fall müssen die Chirurgen zum Beispiel vorher auskundschaften, welche Ausfälle bei der Verletzung oder Entfernung des betroffenen Hirngewebes zu erwarten sind und ob der Eingriff dann noch gewagt werden kann. Daher implantieren sie dem Patienten – nicht unähnlich den Versuchen am Makakenäffchen – Elektroden ins Gehirn. Sobald der Patient sich vom Eingriff erholt hat, testet ein Mediziner, was bei elektrischer Reizung des Gewebes passiert, und bestimmt dadurch, welche Funktion die Nervenzellen an dieser Stelle erfüllen. 1999 entdeckte der Physiologe William Hutchison von der University of Toronto im Vorfeld einer Hirnoperation erstmals ein menschliches Spiegelneuron. Seine Patientin hatte sich zu dem Eingriff entschlossen, weil sie unter schweren Depressionen litt. Daher hatten die Chirurgen ihr feine Elektroden in den vorderen cingulären Kortex implantiert, eine Großhirnwindung, die den Balken von vorne her umgreift.

Bei einem der Tests stach Hutchison seiner Patientin in den Finger: »Schmerzt Sie das?« Noch bevor die Frau dies bestätigen konnte, fing das Neuron schon an zu feuern. Es schien, als sei es direkt mit der Schmerzwahrnehmung assoziiert. Dann rammte sich Hutchison vor den Augen der Patientin selbst eine Nadel in die Haut – und erneut meldete sich die Zelle. Die Frau erklärte zwar, nichts zu spüren. Doch kein Zweifel: Das fragliche Neuron fühlte sich nicht nur durch eigenen, sondern auch durch fremden Schmerz angesprochen!

Freilich beweist die Aktivität einer einzelnen Nervenzelle nicht die Beteiligung von Spiegelneuronen an komplexen inneren Simulationen, an denen tausende, wenn nicht gar hunderttausende Nervenzellen und mehr beteiligt sein könnten. Das wäre ungefähr so, als würde man von einem einzigen bunten Steinchen auf das Aussehen eines tausendteiligen Mosaikbildes schließen. Um Simulationsvorgänge zu identifizieren, müsste man schon etwas mehr Neurone an verschiedenen Stellen gleichzeitig anzapfen und deren Aktivität bei einer Bewegung und beim Beobachten derselben exakt vergleichen.

Mit gewissen Beschränkungen ermöglicht das eine andere Untersuchungsmethode, die funktionelle Magnetresonanztomographie (fMRT). Mit ihr kann man quasi Schnappschüsse vom arbeitenden Gehirn machen. Verglichen mit implantierten Elektroden sind die Messungen jedoch unpräzise, und über die Aktivität einzelner Neurone können sie nichts aussagen. Bruno Wicker vom Centre Nationale de la Recherche in Marseille führte 2003 zusammen mit Kollegen eine buchstäblich ekelerregende fMRT-Studie durch. Die Versuchsteilnehmer sahen im Kernspintomographen Videoclips, in denen eine Person an einem Glas schnupperte und dann angewidert das Gesicht verzog. Anschließend mussten die Probanden üblen Schweißgeruch oder stinkende Schwefelverbindungen schnüffeln. Dies erlaubte den Wissenschaftlern, die ausgelöste Hirnaktivierung mit jener während des Anschauens des Videos zu vergleichen. Die Aktivitäten überlappten besonders stark in einem Bereich, der tief im Großhirn verborgen liegt: der vorderen Insula (zu Deutsch: Insel).

Dieses Ergebnis passte perfekt zu einer älteren Beobachtung, die der berühmte kanadische Neurochirurg Wilder Penfield gemacht hatte. Seine Elektrostimulationen im Rahmen von Hirnoperationen hatten gezeigt, dass die Reizung der vorderen Insel Übelkeitsgefühle hervorrufen kann! Daraus ergibt sich, dass wir beim Beobachten angewiderter Mimik im Gesicht des Gegenübers dessen Ekel tatsächlich ein Stück weit mitempfinden. Der biologische Sinn liegt auf der Hand: Indem wir die Reaktion eines Artgenossen auf potenzielle Nahrung nachvollziehen, verstehen wir intuitiv, dass sie ungenießbar ist und wir lieber die Finger davon lassen sollten.

Inzwischen vermutet man beim Menschen ein umfangreiches Spiegelneuronensystem: Nervenzellen im Broca-Areal, im primären motorischen Kortex, im unteren Scheitellappen und im oberen Schläfenlappen gehören dazu, ebenso solche in der vorderen Insel und im vorderen cingulären Kortex – die Liste wird immer länger. Es drängt sich fast der Eindruck auf, als verfügten nicht nur einige privilegierte Hirnareale über Spiegelneurone, sondern als sei »Spiegeln« ein in der Großhirnrinde verbreitetes Funktionsprinzip.

Zum Lächeln verführt

Das Besondere an emotionalen Resonanzphänomenen ist, dass man sie nur begrenzt beeinflussen kann. Dass wir beispielsweise unwillkürlich die Mimik unseres Gegenübers imitieren, ist schon lange bekannt. Vermutlich kennen Sie das: Eigentlich finden Sie den schwatzhaften Nachbarn unerträglich. Doch wenn er Sie morgens mit einem breiten Lächeln grüßt, wandern auch Ihre Mundwinkel nach oben. Der Psychologe Ulf Dimberg von der Universität in Uppsala hat vor einigen Jahren gezeigt, dass dieser Spiegelmechanismus in subtiler Weise allgegenwärtig ist. Er präsentierte seinen Testpersonen eine Reihe von Porträtbildern, mit der Anweisung, beim Betrachten derselben ja keine Miene zu verziehen. Auf den ersten Blick wahrten die Versuchspersonen ihr Pokerface. Doch dünne Kabel kontrollierten den Spannungszustand der Gesichtsmuskeln: Jedes Mal, wenn in einer Abfolge neutraler Porträts ein fröhliches Antlitz erschien, schlugen sie Alarm. Die Probanden hatten gelächelt, wenn auch nur ganz leicht! Interessanterweise funktionieren solche Versuche sogar, wenn ein Bild nur für 40 Millisekunden eingeblendet wird, also so kurz, dass man es gar nicht bewusst wahrnimmt.

Warum fehlt uns hier die willentliche Kontrolle? Unbewusst ablaufende Prozesse haben unbestreitbare Vorteile, und zwar mindestens drei: Sie laufen sehr schnell ab, erfordern keine Aufmerksamkeit (die wir oft nicht erübrigen können) und sind unbestechlich. Lernen wir einen Menschen näher kennen, so geben wir ihm durch unwillkürliches Spiegeln seiner Mimik das Gefühl, ihn zu verstehen. Gleichzeitig erfassen wir auf diese Weise intuitiv, was wir von ihm und vom weiteren Verlauf der Begegnung zu erwarten haben. Zusammen mit dem Gesprochenen basteln wir uns so in Windeseile ein Bild von dem Fremden. Dass die nonverbalen Informationen eigentlich aussagekräftiger sind als alle Worte, lehren uns Patienten, die aufgrund eines Schlaganfalls keine Sprache mehr verstehen. Wie die Arbeitsgruppe um Nancy Etcoff vom Massachusetts General Hospital in Charlestown im Jahr 2000 herausfand, sind diese Menschen Gesunden zumindest in einer Hinsicht überlegen: Sie können Lügner allein anhand von deren Körpersprache viel leichter entlarven!

Im Gegensatz zum Spiegeln von Gefühlen können wir die Imitation von Bewegungsabläufen recht gut unterdrücken: Bückt sich jemand, um seinen Schuh zuzubinden, tun wir nicht automatisch das Gleiche – wozu auch? Nur bei einigen Patienten mit schwerer Demenzerkrankung kommt dies hin und wieder vor. Sie ahmen Gesten von anderen nahezu reflexartig nach, unabhängig davon, ob die Bewegung hilfreich, sinnlos oder gar gefährlich ist. Dieses als »Echopraxie« bezeichnete Phänomen ist nicht nur ein Symptom der degenerativen Hirnerkrankung, sondern zugleich ein gutes Indiz dafür, dass wir beobachtete Bewegungen zwar innerlich nachspielen, deren tatsächliche Ausführung aber irgendwie verhindern können. Genau dieser Hemm-Mechanismus scheint bei den Betroffenen nicht mehr zu funktionieren.

Schon 1995 hatten Forscher aus Rizzolattis Arbeitsgruppe direkte Hinweise darauf entdeckt, dass das Beobachten von Handlungen beim Menschen die eigenen motorischen Areale aktiviert.

2001 zeigte dann ein Team unter der Leitung von Giovanni Buccino im Kernspintomographen liegenden Versuchspersonen Videos von Mund-, Hand- und Fußbewegungen: Je nachdem, welcher Körperteil in Aktion zu sehen war, sprang im prämotorischen Kortex des regungslosen Probanden ein anderes Gebiet an! Aufbauend auf diesen Erkenntnissen, entwickelte Ferdinand Binkofski an der Universität Lübeck kürzlich eine erfolgreiche Rehabilitationstherapie für Schlaganfall-Patienten, deren motorische Rindenareale in Mitleidenschaft gezogen sind. Der Patient betrachtet eine sechsminütige Videoaufzeichnung der wieder zu erlernenden Bewegung und regt damit seinen prämotorischen Kortex an. Gleich darauf versucht er das Gesehene zu imitieren, um die Repräsentation des Ablaufs im Gehirn zu verstärken. Tatsächlich verbesserten sich dadurch die motorischen Fähigkeiten der Teilnehmer im Verlauf des 40-tägigen Trainings zusehends.

Autismus – ein Spiegelungsproblem?

Wenn das postulierte Spiegelneuronensystem mit Empathiefähigkeit zu tun hat, dann müssten Menschen, die starke Probleme haben, sich in andere hineinzuversetzen, dort Funktionsstörungen erkennen lassen. Dies könnte auf psychische Erkrankungen wie Schizophrenie, Alexithymie (mangelnde Fähigkeit, Gefühle bei sich selbst und anderen wahrzunehmen) sowie Autismus zutreffen. Bei Schizophrenie-Patienten beispielsweise fällt auf, dass sie sich durch ein herzhaftes Gähnen gewöhnlich nicht anstecken lassen. Und während Kinder in der Regel das Lächeln der Mutter erwidern, bleibt das Gesicht ihrer autistischen Altersgenossen oft ernst. Auch scheinen autistische Menschen meist mehr an Dingen als an Personen interessiert.

2005 präsentierte Hugo Théoret von der Université de Montréal autistischen Erwachsenen einen zehnsekündigen Videofilm, in dem Daumenbewegungen zu sehen waren. Während bei gesunden Personen der motorische Kortex »ansprang«, blieb er bei den Versuchspersonen stumm. Daraus zieht Marco Iacoboni, Direktor des Neuropsychiatrischen Instituts an der School of Medicine (UCLA) in Los Angeles, einen weit reichenden Schluss: Er glaubt, das Defizit könne für die bei autistischen Kindern häufiger beobachtete geistige Entwicklungsverzögerung verantwortlich sein. Schließlich würden die Kleinen normalerweise sehr viel über Imitation lernen.

Anfang 2006 publizierte Mirella Dapretto aus Iacobonis Arbeitsgruppe eine Studie darüber, wie autistische Teenager den Gesichtsausdruck ihres Gegenübers erkennen. Die Jugendlichen sollten sich konzentriert 80 Gesichter ansehen – fröhliche und traurige, ängstliche und ärgerliche oder auch neutrale. Im Gegensatz zu den Kontrollpersonen mangelte es den autistischen Probanden an Aktivität im prämotorischen Kortex, und zwar in einem Teil des Broca-Areals. Dafür waren bei ihnen Areale im rechten visuellen Assoziationskortex und im linken vorderen Scheitellappen stärker aktiv. Als es aber darum ging, die Gesichter zu imitieren, schnitten die autistischen Jugendlichen nicht schlechter ab. Iacoboni hat eine simple Erklärung dafür: Während nichtautistische Personen die beobachteten Emotionen über ihr Spiegelsystem nachvollziehen und nachfühlen, hätten die autistischen Teenager eine alternative, bewusste Strategie entwickelt. »Wenn Sie jemanden mit traurigem Gesichtsausdruck sehen, dann simuliert Ihr Gehirn die neuronale Aktivität, die bei Ihnen selbst zu einem traurigen Gesicht führen würde«, beschreibt Iacoboni den Normalzustand. »Die Motoneurone kommunizieren dabei mit den Gefühlszentren, und schon fühlen Sie sich selbst ein wenig traurig.« Autistische Personen dagegen könnten über ihre alternative Strategie die emotionale Bedeutung der imitierten Mimik nicht »erfahren«. Hier allerdings überschätzt der Forscher die Aussagekraft seiner Wissenschaft. Denn auch die Hirnforschung kann das »Qualia-Problem« nicht lösen: Die Qualität einer inneren Erfahrung lässt sich mit wissenschaftlichen Methoden schlicht nicht erfassen. Sprich: Wie sich ein autistischer Mensch genau fühlt, kann letztlich nur er selbst wissen.

Geborene Imitationskünstler

Auch wodurch das Spiegelsystem bei autistischen Kindern Schaden genommen haben könnte, ist bisher unbekannt. Genetische Schäden, ein Trauma in frühester Kindheit oder gar pränatal, während der Schwangerschaft der Mutter? Eine gewisse Spiegelungsfähigkeit ist uns normalerweise angeboren. Der Kinderpsychologe Andrew Meltzhoff und M. Keith Moore von der University of Washington in Seattle entdeckten, dass Säuglinge schon im ersten Lebensmonat die Mimik von Erwachsenen nachahmen: Streckt man einem Neugeborenen die Zunge heraus, macht es das einem recht bald nach. Doch diese Grundausstattung ist keine Garantie dafür, dass die biologischen Systeme auch später funktionieren, meint der Psychiater Joachim Bauer vom Universitätsklinikum Freiburg, der im Jahr 2005 ein ganzes Buch über Spiegelneurone veröffentlicht hat: »Die angeborenen Spiegelsysteme des Säuglings können sich nur dann entfalten und weiterentwickeln, wenn sie durch geeignete soziale Interaktionen stimuliert werden.« Wenn diese Vermutung auch nicht direkt experimentell untermauert ist, scheint sie doch plausibel. Nervenverbindungen, die nicht gebraucht werden, gehen verloren, lautet ein Credo der Hirnforscher. »Use it or lose it«, wie man im Englischen sagt.

Mit etwa 12 bis 14 Monaten ist ein Kleinkind in der Lage, die Absichten von Handlungen, die es beobachtet, vorauszusehen und zu verstehen, schreibt Bauer. Im Alter von 18 Monaten ist es dann so weit, dass es Aktionen gezielt verfolgt und durch Imitation bewusst einübt. Nach und nach würden aber auch neurobiologische Systeme aktiv, die das Nachahmen unterbinden. Vermutlich geht diese Hemmung vom präfrontalen Kortex aus, der – wie auch die anderen Teile der Großhirnrinde – über die Jahre erst noch ausreifen muss. Er gilt allgemein als Kontrollinstanz für Impulse oder Entscheidungen und erfährt selbst in der Pubertät noch einmal größere Umbauten.

Wenn dabei nichts schiefgeht, steht einer reifen empathischen Persönlichkeit wohl nichts mehr im Wege – und falls dann jemand auf die Idee kommt, den Freund zu malträtieren, wird sie das nicht kaltlassen. Der eingangs beschriebene Versuch von Tania Singer, den sie 2004 zusammen mit ihren Mitarbeitern im Fachjournal Science publizierte, untermauert jedenfalls die These, dass Empathie dem »Mitfühlen« im wahrsten Sinne des Wortes entspricht. Die Forscher testeten 16 Frauen, deren Partner Stromschläge erhielten. Der somatosensorische Kortex, der uns normalerweise anzeigt, woher die Empfindung kommt, schwieg bei den Frauen zwar. Doch davon abgesehen, wurden verschiedene bekannte Schmerzareale aktiv, als die Teilnehmerinnen im

Scanner ihre Liebsten »gefoltert« wähnten. Namentlich die Nervenzellen in der vorderen Insel und auch die im vorderen Teil des Gyrus cinguli regten sich. Wie man aus anderen Experimenten weiß, spielen beide Hirnstrukturen bei der gefühlsmäßigen Bewertung von Schmerzen eine wichtige Rolle. Dabei fiel die Resonanz im Gehirn umso stärker aus, je empathischer eine Probandin laut Fragebogentest war.

Allerdings relativiert die Studie die Ansicht, Empathie sei eine reine Frage der Intuition und entstünde automatisch – wie die einfache Spiegelung eines traurigen Antlitzes etwa oder die evolutionär vermutlich uralte Reaktion einer Mutter auf das Weinen eines Säuglings. In Singers Versuch jedenfalls hatten die Probandinnen weder das Gesicht ihres Partners im Blick noch hörten sie ihn schreien. Vielmehr konnten die Frauen nur aus eingeblendeten Symbolen schließen, ob ihr Partner einen Schlag bekam – sie mussten quasi darüber nachdenken. Der Einsatz der Ratio führt also nicht zwangsläufig zu einem Verlust an Mitgefühl. Vielmehr schenkt sie uns auch ein Stück Entscheidungsfreiheit. Lassen wir es zu, können uns selbst Worte rühren – zum Glück, denn was gibt es Schöneres, als sich in einem guten Roman zu verlieren?

Literatur[1]

Ayan SJ (2004). Spieglein, Spieglein macht Verstand. Gehirn & Geist; 2: 69-71.

Bauer J (2005). Warum ich fühle, was du fühlst. Intuitive Kommunikation und das Geheimnis der Spiegelneurone. Hamburg: Hoffmann und Campe.

Buccino G, Binkofski F, Fink GR, Fadiga L, Fogassi L, Gallese V, Seitz RJ, Zilles K, Rizzolatti G, Freund HJ (2001). Action observation activates premotor and parietal areas in a somatotopic manner: an fMRI study. Eur J Neurosci; 13(2): 400-4.

Dapretto M, Davies MS, Pfeifer JH, Scott AA, Sigman M, Bookheimer SY, Iacoboni M (2006). Understanding emotions in others: mirror neuron dysfunction in children with autism spectrum disorders. Nat Neurosci; 9(1): 28-30.

Singer T, Kraft U (2004). Zum Mitfühlen geboren. Gehirn & Geist; 4: 32-7.

Singer T, Seymour B, O'Doherty J, Kaube H, Dolan RJ, Frith CD (2004). Em-

1 Eine ausführlichere Literaturliste kann bei der Autorin angefordert werden.

pathy for pain involves the affective but not sensory components of pain. Science; 303(5661): 1157-62.

Wicker B, Keysers C, Plailly J, Royet JP, Gallese V, Rizzolatti G (2003). Both of us disgusted in my insula: the common neural basis of seeing and feeling disgust. Neuron; 40(3): 655-64.

Manfred Spitzer

7 Kann, darf, soll oder muss man Glück wissenschaftlich untersuchen?

Erste Näherungen

Glück – wer will das nicht? Andere Dinge schätzen und wollen wir, weil sie uns glücklich machen. Glück selbst will man nicht wegen irgendetwas anderem. Glück ist das ultimative Ziel. Die amerikanische Verfassung sagt dies ebenso wie der gesunde Menschenverstand. »Menschen wollen glücklich sein. Sie streben nach dem Glück.« – »Diese Wahrheit sieht jeder sofort ein«, sagte kein anderer als Thomas Jefferson (1743-1826), der dritte Präsident der USA (1801-1809) und der geistige Vater der amerikanischen Unabhängigkeitserklärung. Daher kann man dort auch nachlesen, dass jeder Mensch das Recht auf Leben, Freiheit und Streben nach dem Glück hat (s. Abb. 1).

Der König von Bhutan, eines kleinen buddhistischen Staates im Himalaya-Gebirge, nahm im Jahr 1998 diese Idee auf und proklamierte, dass es ihm nicht um das Bruttosozialprodukt seiner Bürger, sondern vielmehr um deren Bruttosozialglück gehe (Hirata 2003; Thinley 1999a; 1999b).

Was aber genau ist Glück eigentlich? Wie kommt es, dass manche Menschen glücklicher zu sein scheinen als andere? Ist Glück genetisch verankert, kann man es kaufen oder – neuerdings – auf Rezept bekommen? Ist Glück so wie Schönheit: Man sieht sie sofort, kann aber nicht sagen, was es ist? Oder ist Glück wie Sport und Musik: Auf das Tun kommt es an, darüber reden bringt gar nichts? Oder ist Glück gar wie die Stille: Wenn man darüber redet, ist sie weg?

Die Frage nach dem Glück geht jeden Einzelnen an, aber auch die Gesellschaft als ganze: Wenn jeder Mensch nach dem größtmöglichen Glück für sich selbst strebt, dann geht es in einer Gesellschaft um das größtmögliche Glück der größtmöglichen Anzahl von Menschen, das heißt um die Maximierung des kollektiven Glücks. Diese Idee (bekannt als Utilitarismus) wurde besonders durch den schüchternen und zugleich etwas skurrilen

IN CONGRESS, JULY 4, 1776.

The unanimous Declaration of the thirteen united States of America,

Abb. 1 Ausschnitt aus der US-amerikanischen Unabhängigkeitserklärung. Nach dem langen Strich heißt es dort: »We hold these truths to be self-evident, that all men are created equal, that they are endowed by their Creator with certain unalienable Rights, that among these are Life, Liberty and the pursuit of Happiness.«

Engländer Jeremy Bentham bekannt (s. Abb. 2), blieb aber nicht ohne Kritik. So kommentierte Nietzsche (1888, S. 61): »Der Mensch strebt nicht nach Glück; nur der Engländer tut das.« Vielleicht kann so etwas nur ein Deutscher sagen! In jedem Fall zeigt es, dass die Idee des Utilitarismus keineswegs unumstritten ist. Religionen beanspruchen ein anderes Glück, dogmatische Ideologen auch. Nachdem nun beides derzeit hierzulande an Zulauf verloren hat, missverstehen viele den Utilitarismus heute als Lizenz zum grenzenlosen Egoismus. Aber es ging Bentham nicht um das größtmögliche Glück des Einzelnen, sondern um das von *allen*, wobei jeder Mensch als Summand des kollektiven, zu maximierenden Glücks gleich viel zählt. Damit waren diese Gedanken in höchstem Maße egalitär und gerade nicht individualistisch: Es ging Bentham um nichts Geringeres als um das Wohlbefinden aller Menschen.

Bekanntermaßen unterscheiden die Engländer zwischen »lucky« und »happy«, zwischen Glück *haben* (z.B. im Lotto: the lucky winner) und glücklich *sein* (weil man sich so fühlt: the happy person). Wir Deutsche haben dagegen nur ein Wort – Glück – für den glücklichen Zufall und das Glücksgefühl. Wie wir noch sehen werden, ist dies jedoch nicht unbedingt eine Unterlassungssünde fehlender sprachlicher Differenzierung, sondern vielmehr ein Beispiel für das, was Philosophen manchmal »die Weisheit der Sprache« nennen: Die neurowissenschaftliche Forschung der letzten fünf Jahre hat klar zeigen können, dass positive Emotionen sehr eng damit zusammenhängen, dass etwas eintritt, das besser ist als erwartet. Vielleicht ist dies der Grund, dass letztlich auch das

Abb. 2 Jeremy Bentham (1748-1832), der den Gedanken des Utilitarismus auf den Punkt brachte und weit verbreitete, verfügte in seinem Testament, dass sein einbalsamierter Körper mitsamt den Kleidern, die er gewöhnlich trug, auf einen alten Stuhl gesetzt wird, damit er – bis heute – die Menschen am Eingang des Londoner University College begrüßen kann und von ihnen begrüßt wird. Nur der Kopf (bei dessen Einbalsamierung etwas schiefging) ist heute aus Wachs. Man munkelt, dass Benthams mumifizierter Körper regelmäßig an den Sitzungen des College-Beirats teilnimmt, was jedes Mal im Protokoll festgehalten wird: Jeremy Bentham, anwesend, aber nicht mit abstimmend. Bentham war nicht der Erste, der das größtmögliche Glück der größtmöglichen Anzahl an Menschen als Prinzip ethischen Handelns postulierte. Francis Hutcheson (1694-1746) schrieb bereits im Jahre 1725: »That action is best, which procures the greatest happiness for the greatest numbers.« (Hutcheson 1725: Sect. 3.8)

Englische früher diese beiden Gedanken mit einem Wort belegte: »Happy« hat seine Wurzeln in »happ«, das aus dem Norsischen kommt und so viel wie Glück im Sinne von »luck« meint. Statt »Good luck« sagte der Engländer früher einmal »Good hap«. Das Oxford English Dictionary führt »hap« entsprechend auf mit der Bedeutung von »chance or fortune (good or bad)«.

Tab. 1 Anzahl publizierter wissenschaftlicher Arbeiten zu negativen und positiven Emotionen (angelehnt an die Daten aus zwei Übersichten; mittlere Spalte: Myers u. Diener 1996, rechte Spalte: Myers 2000).

Emotion	Anzahl publizierter Arbeiten	
	1967-1994	1887-1999
Depression	46380	70856
Angst	36851	57800
Wut	5099	8072
Glück	2389	2958
Zufriedenheit	2340	5701
Freude	405	851
Verhältnis neg. : pos.	18 : 1	14 : 1

Die Wissenschaft vom Glück ist ein relativ zartes Pflänzchen, verglichen mit der Wissenschaft von der Angst, der Wut oder der Depressivität: Zwischen 1967 und 1994 erschienen hierzu etwa 90000 Artikel in den einschlägigen wissenschaftlichen Zeitschriften, wohingegen im gleichen Zeitraum nur 5000 Glück, Freude und Zufriedenheit zum Inhalt hatten (vgl. Tab. 1). Das Negative stand damit zum Positiven in einem überwältigenden Verhältnis von 18 : 1 (Myers u. Diener 1996; vgl. auch Martin 2005). Dies hat sich jedoch geändert: Es gibt mittlerweile nicht nur einen eigenen Wissenschaftszweig, die »hedonic psychology« (Kahneman et al. 1999) bzw. die »Positive Psychologie« (Seligman 2002), sondern seit dem Jahr 2000 sogar eine eigene Zeitschrift, das »Journal of Happiness Studies«; und nach einer diesbezüglichen relativen Flaute erschienen allein im Jahr 2005 gleich drei international beachtete Bücher (Layard 2005; Martin 2005; Nettle 2005) zum Thema Glück (vgl. Evans 2005), von belletristischen internationalen Bestsellern (Lelord 2004) gar nicht zu reden. Angemerkt sei, dass man mit der angloamerikanischen Literatur zwischen »hedonism« (dem Streben nach positiven Erlebnissen) und »hedonics« (dem Studium von positiven Erlebnissen) unterscheiden muss.

Der vorliegende Text ist für Skeptiker geschrieben, die der Meinung sein mögen, dass man so etwas wie Glück wissenschaftlich nicht betrachten könne und dies auch gar nicht versuchen dürfe; denn schon durch den Versuch würde der Gegenstand, das Glück, zerstört. Ich möchte demgegenüber zeigen, dass es sehr interessant sein kann, das Glück einmal wissenschaftlich zu betrachten. Man sieht dann manches klarer. Und aus Zusammenhängen, die dem Bereich der Meinung oder Spekulation anzugehören scheinen, werden plötzlich empirisch überprüfbare Hypothesen. Hat man dann erst einmal gesichertes Wissen über das Glück, kann man dieses Wissen anwenden. In der gleichen Weise, wie man das Wissen um die Funktion eines Motors oder der Verdauung einsetzen kann, um den Motor oder den Magen pfleglicher zu behandeln (um länger Freude daran zu haben) oder gar um den kaputten Motor zu reparieren oder den kranken Magen zu behandeln, könnte wirkliches Wissen um das Glück uns helfen, glücklicher zu sein und Unglück abzuwenden. Wie jeder weiß, wird der gegenwärtige Zustand unserer Nation gerne mit »Jammern (eine Bezeugung von Unglück) auf hohem Niveau« bezeichnet. Muss man daher nicht vielleicht sogar alles daransetzen, Erkenntnisse über das Glück zu generieren, sie zu verbreiten und anzuwenden? Es geht uns heute objektiv besser als je zuvor, aber wir sind nicht glücklicher – im Gegenteil! Die vorliegende Arbeit soll helfen, die Gründe hierfür aufzuklären. (Wem diese Einleitung als Motivation zum Weiterlesen nicht reicht, der ist entweder so glücklich, dass er nicht weiter lesen braucht, oder ihm ist nicht mehr zu helfen.) Dies ist bedeutsam, denn glückliche Menschen sind weniger egoistisch, weniger aggressiv, missbrauchen andere weniger und werden seltener krank. Glück ist für ein langes Leben ebenso bedeutsam wie eine gesunde Diät und Lebensweise. Katharine Hepburn gewann vier Oscars und wurde 96 Jahre alt. Zufall?

Wie bedeutsam auch einzelne Glückserlebnisse für die langfristige körperliche Gesundheit sein können, belegt eine in den »Annals of Internal Medicine« veröffentlichte Studie an insgesamt 1649 Schauspielerinnen und Schauspielern (Redelmeier u. Singh 2001a). Man identifizierte zunächst 762 Gewinner eines Oscars für Haupt- oder Nebenrolle und suchte dann eine dazu passende Kontrollgruppe von Schauspielern und Schauspielerinnen heraus, die im gleichen Film mitspielten sowie das gleiche Geschlecht und etwa das gleiche Alter hatten. So erhielt man eine Kontrollgruppe von 887 Schauspielern und Schauspielerinnen ohne Oscar. Der Vergleich beider Gruppen ergab eine um 3,9 Lebensjahre signifikant ($p < 0{,}003$) höhere Lebenserwartung bei den Oscar-Gewinnern. Zum Vergleich: Könnte man sämtliche Krebserkrankungen bei allen Menschen zu allen Zeiten heilen, würde die Lebenserwartung der Gesamtbevölkerung um zwei bis drei Jahre ansteigen. Und wer mehrere Oscars gewonnen hat, lebt im Schnitt sogar sechs Jahre länger!

Anders ausgedrückt, brachte der Oscar eine 28 %ige Verringerung der Sterberate, und ein oder mehrere weitere Oscars (nicht jedoch weitere Filme oder Oscar-Nominierungen) brachten eine weitere 22 %ige Verringerung der Sterberate. Warum dies so ist, wissen auch die Autoren der Studie nicht genau:

> »*Mehrere Erklärungen kommen für die höhere Lebenserwartung von Oscarpreisträgern und -preisträgerinnen infrage. Häufig sind Filmstars einer kritischen Prüfung ihrer Person ausgesetzt, die ihre schauspielerische Leistung bei weitem übertrifft. Für ihre Imagepflege müssen sie daher kontinuierlich darauf achten, anstößige Verhaltensweisen zu vermeiden und sich vorbildlich zu benehmen. Dazu sind sie von Managern u.Ä. umgeben, die sich für ihren Ruf einsetzen und sie zu einem hohen Verhaltensstandard verpflichten. Ein Gefolge aus Privatköchen, Trainern, Kindermädchen und anderen Angestellten ermöglicht ihnen ein Lebensstil nach idealen Maßstäben. Im Gegensatz zu anderen Menschen dieser Gesellschaft haben Filmstars außerdem Zugang zu besonderen Privilegien. Sie besitzen mehr Macht und Motivation, mehr finanzielle Mittel und Bewunderer, eine stärkere Stressresistenz und eine höhere Selbstwirksamkeit als andere. Der Gesamtkomplex aller Faktoren, die bei diesem offensichtlichen Überlebensvorteil von Erfolgsschauspielern und -schauspielerinnen eine Rolle spielen, ist allerdings nicht klar.*« (Redelmeier u. Singh 2001a, S. 960)

Dass die Dinge nicht so einfach liegen, zeigt eine Studie an 850 Drehbuchautoren. Hier verkürzte ein Oscar die Lebenserwartung signifikant ($p = 0{,}004$) um 3,6 Jahre. Die Erklärung der Autoren:

> *»Für die Tatsache, dass der Zusammenhang zwischen Erfolg und Lebenserwartung nicht auch auf mit dem Oscar ausgezeichnete Drehbuchautoren zutrifft, gibt es ebenfalls mehrere Gründe. Drehbuchautoren sind zum Beispiel nicht zur Imagepflege gezwungen, haben es nicht nötig, anstößige Verhaltensweisen zu vermeiden und sich vorbildlich zu benehmen; sie müssen nicht fit bleiben, regelmäßige Arbeitszeiten einhalten, jede Nacht schlafen und einen idealen Lebensstil verkörpern. Autoren sind nicht umgeben von Leuten, die sich stark für ihren Ruf engagieren und hohe Standards durchsetzen können. Es trifft zwar zu, dass hervorragende Drehbuchautoren und -autorinnen schon mit jungen Jahren erfolgreich sind, aber besonders viel Macht und Einfluss (zum Beispiel bei der Arbeit und in ihrer Umgebung) sowie Stressresistenz besitzen sie nicht, und sie kommen auch nicht in den Genuss von Gesundheitsdienstleistungen oder Prominentenprivilegien.«* (Redelmeier u. Singh 2001b, S. 1494f)

Kurz gesagt: Drehbuchautoren sind keine Schauspieler. Sie stehen nicht im Rampenlicht und können sich auch verlottern lassen. Das können Schauspieler nicht. Halten wir aber fest: Lebensverändernde emotionale Ereignisse können sich auf die Lebenserwartung auswirken, deutlich.

Glück messen: Reliabilität, Validität und Ergebnisse nach Ländern

Wenn Sie etwas von einem Menschen wissen wollen, fragen Sie ihn! – Diesen Rat des Persönlichkeitspsychologen George Kelley befolgten einige wenige Wissenschaftler zunächst auch im Hinblick auf die Frage, wie glücklich die Leute sind (vgl. Abb. 3). Im Gegensatz zu anderen Fragen weiß jeder hier eine Antwort (die Antwort »Weiß nicht« kommt praktisch nicht vor!) und liegt mit seiner Selbsteinschätzung auch gar nicht so falsch, denn wenn man andere (Bekannte, Verwandte oder Interviewer) nach dem Glück des Befragten fragt, kommt in diesen Fremdeinschätzungen meist ziemlich genau das Gleiche heraus. Damit ist die Reliabilität (die Zuverlässigkeit) von Glücksmessungen durch Befragungen recht gut erwiesen.

Abb. 3 Man kann Befragungen nach dem Glück auf unterschiedliche Weise durchführen, zum Beispiel mittels Bildern (oben) oder mittels gradueller Zustimmung oder Ablehnung von Sätzen, wie: »Ich bin mit meinem Leben zufrieden« oder »Wenn ich noch einmal leben könnte, würde ich fast alles wieder so machen«.

Auch mit der Validität subjektiver Einschätzungen des Befindens sieht es nicht schlecht aus. Erinnern wir uns: Fragt man nach der Validität eines Tests (einer Befragung), so geht es darum, ob hier auch das gemessen wird, was zu messen behauptet wird. Nun könnte man sagen, dass sich die Frage der Validität bei subjektiven Einschätzungen gar nicht stellt: Erzählt mir jemand, wie er sich fühlt, dann wird er es schon wissen, und ich kann gar nicht anders, sofern er nicht lügt, als seinen Worten vertrauen. Denn welchen Standard sollte ich sonst verwenden?

Man könnte objektive Verhaltensmaße heranziehen: Wie oft jemand während des Interviews lächelt (und zwar das richtige Lächeln mit den Mundwinkeln und den Augen), korreliert beispielsweise durchaus mit seinen Angaben, wie glücklich er ist (Layard 2005).

Die Methoden der Neurobiologie bieten die Aussicht auf weitere Möglichkeiten der externen Validierung subjektiver Befindlichkeit. Werden beispielsweise Versuchspersonen im Magnetresonanztomographen (MRT) der gleichen schmerzhaften Stimulation durch eine Wärmeplatte ausgesetzt (die Schmerzgrenze der menschlichen Haut liegt bei 46° C), so ergeben sich durchaus unterschiedliche Einschätzungen der Schmerzhaftigkeit des Erlebnisses (Coghill et al. 2003). Diese wiederum korrelieren mit der Aktivierung des anterioren Gyrus cinguli, von dem bereits seit einigen Jahren bekannt ist, dass er die Stärke von Schmerzen (nicht aber beispielsweise deren Ort) repräsentiert (Rainville et al. 1997).

Nicht nur Schmerzen, sondern auch positive Erlebnisse lassen sich neurobiologisch objektiv charakterisieren. Neben der Aktivierung des Nucleus accumbens bei positiven Erlebnissen – von

Tab. 2 Subjektives Wohlbefinden in 41 Ländern, eingeschätzt auf einer Skala von 1 bis 10 (mod. nach Diener u. Suh 1999).

Rangplatz	Land	Lebenszufriedenheit
1.	Schweiz	8,39
2.	Dänemark	8,12
4.	Schweden	7,97
5.	Kanada	7,88
8.	Österreich	7,74
9.	USA	7,71
15.	Mexiko	7,41
18.	Italien	7,24
19.	Westdeutschland	7,22
20.	Spanien	7,13
22.	China	7,05
23.	Frankreich	6,76
24.	Ostdeutschland	6,72
25.	Südkorea	6,69
26.	Polen	6,64
27.	Japan	6,53
33.	Indien	6,21
41.	Bulgarien	5,03

der Kokain-Injektion bei einem Süchtigen im Entzug über Schokolade essen, Musik hören, schnelle Autos bewerten, im Video-Spiel gewinnen bis hin zu einem netten Blick oder Wort – ist bekannt, dass der linke Frontallappen bei positiven Erlebnissen und der rechte bei negativen Erlebnissen stärker aktiviert ist. Und man weiß, dass der Mandelkern für Angst zuständig ist, seine Aktivierung dadurch Glück und Zufriedenheit eher beeinträchtigt

(Zusammenfassungen bei Spitzer 2002; 2003). Man kann also in erster Näherung Glück auch objektiv darstellen, indem man Gehirnzustände beschreibt. Gewiss steckt hier die Forschung noch in den Anfängen. Aber wenn man die Fortschritte der letzten Jahre als Hinweis für die weitere Entwicklung heranzieht, kann man gar nicht anders als (verhalten) optimistisch sein, was die zukünftigen Erkenntnisse anbelangt.

Bleiben wir zunächst beim einfachen Fragen. Was kommt heraus, wenn man die Menschen fragt: »Einmal alles zusammen betrachtet: Würden Sie sagen, dass Sie sehr glücklich, einigermaßen glücklich oder nicht sehr glücklich sind?« – Die Antworten erstaunten die Wissenschaftler nicht schlecht, denn die Leute halten sich selbst für glücklicher, als man zunächst meinen könnte: Etwa 30 % der Amerikaner halten sich für »sehr glücklich«, nur 10 % für »nicht allzu glücklich« und die Mehrheit für »ziemlich glücklich«, berichten David Myers und Ed Diener (1996) und nennen auch gleich die Ausnahmen: hospitalisierte Alkoholiker, frische Gefängnisinsassen, Psychotherapie-Patienten, schwarze Südafrikaner während der Apartheid sowie Studenten unter ökonomischem und politischem Druck (Myers u. Diener 1996, S. 54).

Die demografischen Variablen Alter und Geschlecht spielen für das Glück keine Rolle, wohl aber sind verheiratete Menschen glücklicher als geschiedene (gilt für Männer und Frauen gleichermaßen), und religiöse Menschen sind ebenfalls glücklicher als ihre nichtspirituellen Artgenossen.

Stellt man die Frage in unterschiedlichen Ländern, kommt heraus, dass je nach Land die Menschen mehr oder weniger glücklich sind. Auf einer Glücksskala von 1 (unzufrieden) bis 10 (zufrieden) beantworten die Menschen die Frage »Wenn man einmal alles zusammen nimmt, wie zufrieden sind Sie zurzeit mit Ihrem Leben im Ganzen?« in allen 41 Ländern, in denen die Studie durchgeführt wurde, mit einem Durchschnittswert von über 5 (vgl. Tab. 2). Derartige Studien werden seit den 40er-Jahren durchgeführt, national (Veenhoven 1993 fasst die Ergebnisse von 916 solcher Studien zusammen) und international (in Europa erst seit den 70er-Jahren). Ich überlasse es dem geneigten Leser, sich über diese Daten selbst Gedanken zu machen. Warum die Mexikaner glücklicher sind als die Italiener, die Franzosen unglücklicher als die Chinesen oder die Polen glücklicher als die Japaner.

Dass die Schweizer bei ihrem Geld und vor allem ihrer Schokolade so glücklich sind, hat die Neurowissenschaft längst mit funktionell-bildgebenden Daten untermauert (vgl. die Zusammenfassung in Spitzer 2001).

Glück zwischen Geschlechts- und Berufsverkehr

Man kann die Leute auch genauer fragen. Kahneman und Mitarbeiter (2004) beispielsweise baten insgesamt 1018 berufstätige Frauen in Texas, den vorherigen Tag in Episoden einzuteilen und zu jeder Episode (im Durchschnitt wurden 14,1 solcher Episoden pro Tag unterschieden) anzugeben, was sie taten, mit wem sie das taten und wie gut sie sich dabei fühlten. In die Analyse wurden die Daten von 909 Frauen im mittleren Alter von 38 Jahren, die am Tag zuvor gearbeitet hatten, aufgenommen. Wie aus der Tabelle 3 hervorgeht, mögen die texanischen Damen, was alle Menschen mögen. Und es tut sich eine große Bandbreite zwischen Geschlechts- und Berufsverkehr auf.

Die Tabelle ist in mehrfacher Hinsicht sehr aufschlussreich: Mit der affektiv als am schönsten eingeschätzten Tätigkeit (Sex: pos.–neg. = 4,7; vgl. die dritte Spalte der Tabelle) verbringen die texanischen Frauen gerade einmal zwölf Minuten am Tag, also etwa 35-mal weniger als mit dem, was sie mit am wenigsten mögen (Arbeiten: pos.–neg. = 2,6). Mit dem Telefonieren verbringen sie mehr Zeit als mit dem Zubereiten von Mahlzeiten und mit ihren Kindern zusammengenommen. Fragt man Mütter ganz allgemein, was sie am liebsten tun, dann antworten sie meist, dass sie die Zeit am liebsten mit ihren Kindern verbringen. Fragt man sie aber nach der letzten Episode mit den Kindern, sieht die Beurteilung anders aus. Die Autoren (Kahneman et al. 2004, S. 1777) kommentieren dies wie folgt:

> *»Die gegensätzlichen Resultate spiegeln wahrscheinlich den Unterschied zwischen allgemeinen Bewertungsgrundsätzen (»Ich habe Freude an meinen Kindern«) und spezifischen Episodenschilderungen (»Aber letzte Nacht gingen sie mir auf die Nerven«).«*

Interessant ist auch der große Unterschied zwischen dem positiven und dem negativen Affekt. Der berichtete, mit einem be-

Tab. 3 Positive und negative Affektivität bei alltäglichen Aktivitäten, jeweils auf Skalen von 1 (gar nicht) bis 6 (sehr) eingeschätzt (mod. nach Kahneman et al. 2004). Die durchschnittliche Länge der Episoden betrug 61 Minuten (man beachte zudem, dass mehrere Erlebnisse zu gleicher Zeit möglich sind).

Aktivität	durchschnittliche Selbsteinschätzung			täglich mit der Aktivität verbrachte Zeit (Mittelwert)
	positiv	negativ	Differenz	
Sex	5,1	0,4	4,7	0,2
Gemeinsam etwas tun, reden	4,6	0,6	4,0	2,3
Sich ausruhen	4,4	0,5	3,9	2,2
Beten, Meditieren	4,4	0,6	3,8	0,4
Essen	4,3	0,6	3,7	2,2
Sport treiben	4,3	0,5	3,8	0,2
Fernsehen	4,2	0,6	3,6	2,2
Einkaufen	4,0	0,7	3,3	0,4
Essen zubereiten	3,9	0,7	3,2	1,1
Telefonieren	3,9	0,8	3,1	2,5
Mittagsschläfchen	3,9	0,6	3,3	0,9
Die Kinder betreuen	3,9	0,9	3,0	1,1
Computer (Internet, E-Mail)	3,8	0,8	3,0	1,9
Haushalt	3,7	0,8	2,9	1,1
Arbeiten	3,6	1,0	2,6	6,9
Berufspendlerfahrt	3,5	0,9	2,6	1,6

stimmten Erlebnis verbundene negative Affekt ist meistens nur leicht ausgeprägt bzw. eher selten. Am stärksten ist der negative Affekt morgens und nimmt dann bis zum Abend deutlich ab. Umgekehrt fehlt der positive Affekt nur selten. Unter dem Strich überwiegt daher der positive Affekt deutlich. Dies trifft nicht nur für die meisten Menschen meistens zu, sondern wurde auch mit anderen Methoden gefunden (Csikszentmihalyi u. Larson 1987).

Schließlich kann man die Daten auch so auswerten, dass man sie nicht auf die Art der Aktivität, sondern auf die Personen, mit denen man aktiv ist, bezieht. Am liebsten waren die Texanerinnen mit Freunden zusammen (pos.–neg. = 3,7), ihre Kinder mochten sie etwas mehr (3,3) als ihre Geschäftskunden (2,8), und nur ihren Chef (2,4) mochten sie noch weniger als das Alleinsein (2,7).

Wie glücklich ist Claudia?

Die Messung des Glücks hat durchaus ihre Tücken. Die Frage: »Wie glücklich ist Claudia?« scheint zunächst ganz einfach zu sein, entpuppt sich bei genauerer (d.h. wissenschaftlicher) Betrachtung aber als schwierig. Gewiss, wenn man weiß, dass Claudia ein ganz normaler Mensch mit ganz normalen Bedürfnissen und Neigungen ist, dann weiß man auch (weil es sogar die Wissenschaft festgestellt hat), dass sie durch die Gemeinschaft mit Freunden, ein gutes Essen, Trinken, Sex und beruflichen Erfolg Freude empfinden wird. Umgekehrt wissen wir, dass Schmerzen, der Verlust eines lieben nahestehenden Menschen, ein bitterer Geschmack oder unmittelbare Bedrohung Claudias Glück mindern.

»Wie glücklich ist Claudia?« ist natürlich eine unscharfe Frage. Man muss zurückfragen: »Jetzt gerade?«, »Heute?«, »Diese Woche?« oder »Überhaupt?«, und man muss neben dieser zeitlichen Spezifizierung auch den Kontext klären: »Am Arbeitsplatz oder zu Hause?«, »Mit ihrem Freund oder mit ihren Eltern?« oder »Mit dem, was sie erreicht hat, oder insgesamt und überhaupt?«.

Die Frage nach Claudias Glück scheint dann insofern einfach, als man nur alle Einflüsse auf positives und negatives Erleben zu kennen und eine Art Mittelwert zu bilden braucht, um zu wissen, wie glücklich Claudia ist. Natürlich kann man erst einmal damit anfangen, Claudia einfach in bestimmten Zeitintervallen zu fragen und diese Daten als Messungen zu verwenden. Dann braucht man nur noch Mittelwerte zu bilden, und das Glück ist gemessen. Objektiv.

Genau dies hat der Nobelpreisträger Daniel Kahneman (1999) getan. Er hat Glück (objective happiness) dadurch gemessen, dass er Menschen ganz oft danach fragte, wie es ihnen gerade geht (Kahneman nennt diese momentane Einschätzung »instant utility«), um dann daraus einen Mittelwert (»total utility«) zu bilden, der objektiv darüber Auskunft gibt, wie glücklich jemand ist.

Betrachten wir also noch einmal die Frage nach dem Glück von Claudia und grenzen sie zeitlich etwas ein, um sie handhabbar zu machen: »Wie glücklich war Claudia im März?« Die Antwort scheint einfach: Wir bitten Claudia, jeden Tag ihr Glück und Unglück auf einer Skala von -10 bis +10 einzuschätzen, und berechnen am Ende des Monats den Mittelwert. Der sagt uns dann, wie glücklich Claudia im März objektiv war (vgl. Kahneman 1999, S. 4). Der Ansatz klingt plausibel, hat jedoch seine Tücken. Man hat diese zunächst vor allem an einem Gegenteil von Glück, an Schmerzen, untersucht. Die gewonnenen Erkenntnisse gelten jedoch auch für das Glück, wie wir unten sehen werden.

Schmerzen plus Schmerzen gleich weniger Schmerzen

In der international renommierten Zeitschrift »Pain« publizierten Redelmeier und Kahneman (1996) eine Studie zum Schmerzerleben, die eine dieser Tücken sehr deutlich werden lässt. Man befragte Patienten, bei denen eine Darmspiegelung durchgeführt worden war, jede Minute danach, wie stark ihre Schmerzen gerade sind. Sie mussten hierzu ihr momentanes Erleben auf einer Skala von 0 (keine Schmerzen) bis 10 (unerträgliche Schmerzen) einschätzen. In der Abbildung 4 sind die Verläufe des Schmerzerlebens zweier Patienten dargestellt.

Betrachtet man die Fläche unter der Kurve als Maß für die kumulativ empfundenen Schmerzen (berechnet als Dauer × Stärke), so scheint klar, dass Patient B im Vergleich zu A mehr gelitten hat. Befragt man jedoch beide Patienten nach der Untersuchung zu ih-

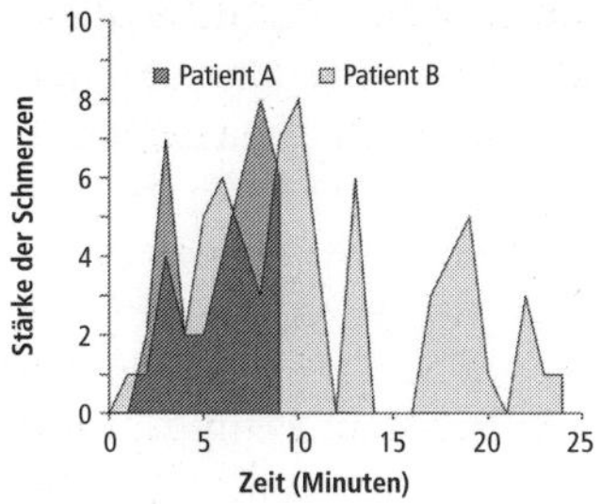

Abb. 4 Intensität des Schmerzerlebens bei zwei Patienten während einer Darmspiegelung (Koloskopie; nach Redelmeier u. Kahneman 1996). Bei Patient A (dunkelgraue Fläche) dauerte die Prozedur 8 Minuten, bei Patient B (hellgraue Fläche) 24 Minuten. Die maximale Stärke der Schmerzen war in beiden Fällen gleich.

ren Schmerzen, so erinnert A die Prozedur als schmerzhafter im Vergleich zu B! Systematische Untersuchungen hierzu zeigten, dass zwei Variablen die erinnerten Schmerzen bestimmen: der maximal empfundene Schmerz und die Schmerzen am Ende der Untersuchung (peak-end rule). Nimmt man den Mittelwert aus diesen beiden Variablen, so korreliert dieser mit der retrospektiven Einschätzung des Gesamterlebens zu 0,56 bis 0,67 (ebd.).

Dies war übrigens auch im Hinblick auf die Einschätzung der Prozedur durch die behandelnden Ärzte der Fall: Auch ihre retrospektive Beurteilung der (Schmerz-)Erfahrung der Patienten lässt sich am besten durch den Mittelwert aus stärksten Schmerzen und Schmerzen kurz vor dem Ende der Prozedur abbilden.

So gut wie keinen Einfluss hatte dagegen die Gesamtzeit des Erlebnisses: Ihr Effekt auf die Einschätzung des Erlebnisses insgesamt im Nachhinein war nicht signifikant. Wenn wir unseren Zustand über die Zeit hinweg retrospektiv beurteilen sollen, unterliegen wir also offensichtlich systematischen Fehlern. Einer davon besteht im Nichtberücksichtigen der Zeitdauer (duration neglect). Der andere ist die Maximum-Endpunkt-Regel, der zufolge der Mittelwert aus den Bewertungen zu diesen zwei Zeitpunkten die Bewertung des Ereignisses insgesamt am besten voraussagt. Beide Fehler sind logisch nicht unabhängig voneinander. Ihre Bedeutung für den praktischen Alltag (in dem man es sehr oft mit Widrigkeiten zu tun hat) wird bis heute meist übersehen.

Bevor hierauf eingegangen wird, sei verdeutlicht, dass beide Fehler bei der (retrospektiven) Einschätzung von Bewertungen keineswegs auf Darmspiegelungen beschränkt sind. Kahneman und Mitarbeiter (1993) verwendeten den Cold-Pressure-Test zur Herbeiführung einer unangenehmen Situation. Dieser Test besteht ganz allgemein darin, dass man für einen gewissen Zeitraum einen Arm in kaltes Wasser halten muss, was zunächst als unangenehm und sehr rasch als sehr schmerzhaft empfunden wird. Der Test wurde von jeder Versuchsperson in zwei Varianten ausgeführt (in zufälliger Reihenfolge): Der Arm wurde entweder für eine Minute in 14° C kaltes Wasser gehalten (kurze Variante) oder zunächst für eine Minute in 14° C kaltes Wasser und dann für weitere 30 Sekunden in das gleiche Wasser, das während dieser Zeit (ohne Wissen der Versuchspersonen) um ein Grad (also auf 15° C) erwärmt wurde (lange Variante). Sieben Minuten später wurden die Probanden erneut aufgefordert, den Cold-Pressure-Test, jetzt also zum dritten Mal, an sich durchführen zu lassen, wobei sie die Wahl zwischen der kurzen und der langen Variante hatten. Zwei Drittel der Probanden bevorzugten hierbei die lange Variante des Tests (signifikant), wobei sich der Wert auf vier Fünftel (80 %) erhöhte, wenn man nur die Untergruppe der Probanden betrachtete, deren subjektives Erleben am Ende der langen Version eine deutliche Minderung der (durchaus noch immer erlebten) Schmerzen anzeigte.

Zu ganz ähnlichen Ergebnissen kam eine weitere Studie (zit. in Kahneman 1999), bei der unangenehmer Lärm (mit dem man ja sogar Piraten vertreiben kann, vgl. Knight u. Crystall 2005) verwendet wurde. Die Peak-End-Regel gilt nicht nur für negative emotionale Erlebnisse. Fredrickson und Kahneman (1993) zeigten ihren Versuchspersonen Filme unterschiedlicher Länge und emotionalen Gehalts. Die mittlere Korrelation (aus den Daten jeweils einer Versuchsperson) zwischen den globalen emotionalen Einschätzungen der einzelnen Filme im Nachhinein und dem Mittelwert aus deren jeweils unmittelbar geschätztem emotionalen Maximum und Ende betrug 0,78 für angenehme und 0,69 für unangenehme Filme. Beim Glück trifft also die Regel mindestens in dem Maße zu wie bei negativen Emotionen.

Handeln nach dem retrospektiv gefühlten Glück

Das retrospektiv gefühlte Glück ist also nicht identisch mit dem Integral über das objektive Erleben. Die alte Regel »Wenn es am schönsten ist, sollte man aufhören« erscheint vor dem Hinter-

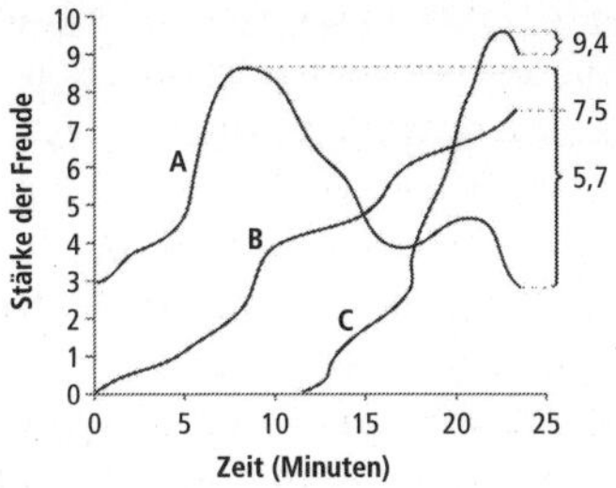

Abb. 5 Fiktive Verläufe positiver Ereignisse sowie retrospektive Einschätzungen dieser Ereignisse nach der Peak-End-Regel. Obwohl die Erlebnisse A und B länger dauern als C, werden sie im Nachhinein schlechter bewertet. Erlebnis A hat zwar die größte Fläche unter der Kurve, also den größten kumulierten objektiven Nutzen, kommt aber nach der Peak-End-Regel aufgrund des mittelmäßig guten Endes schlecht weg. Erlebnis B wurde möglicherweise zu früh abgebrochen. Bei ihm fallen Höhepunkt und Endpunkt zusammen. Erlebnis C ist deutlich kürzer als A und B, wird aber am besten eingeschätzt. Es wurde kurz nach dem Maximum beendet.

grund dieser Daten in einem ganz neuen Licht: Betrachten wir den Verlauf eines positiven Ereignisses (vgl. Abb. 5), so wird sofort deutlich, dass die einzige Chance, die retrospektive Bewertung zu maximieren, darin besteht, das positive Ereignis so früh wie möglich nach seinem emotionalen Höhepunkt abzubrechen.

Beim Glück gilt die Regel der Verzerrungen der Bewertung also ebenso wie beim Unglück oder Schmerz. Die Frage im Hinblick auf die oben genannte alte Regel ist natürlich: Was bedeutet hier das scheinbar so unschuldige Wörtchen »es«? Ein Blick auf die Abbildung 5 lehrt, dass man Erlebnisse auch unterteilen könnte, um dann bei jedem Einzelerlebnis die retrospektive Einschätzung vorzunehmen. Dann wäre das Erlebnis A', das nach etwa acht Minuten aufgehört hat, ganz wunderbar gewesen. Umgekehrt sollte dann ein ganz langes Erlebnis – im Extremfall Ihr Leben bis jetzt gerade – in der retrospektiven Einschätzung davon abhängen, wie es Ihnen vorhin gerade ging. Wie eine Studie von Schwarz und Strack (1999) zeigt, ist genau dies der Fall: Man bestellte Studenten zu einer »psychologischen Untersuchung« ein und sorgte dafür, dass die Hälfte von ihnen kurz vor der Untersuchung in einem öffentlichen Telefon ein 10-Cent-Stück fand. Danach wurden die Studenten u. a. nach der Zufriedenheit mit ihrem Leben befragt. Es zeigte sich, dass diejenigen Studenten, die kurz zuvor 10 Cent gefunden hatten, ihr *gesamtes früheres Leben* signifikant positiver beurteilten.

Fassen wir die Dinge bis hierher kurz zusammen: Mit der Messung des Glücks ist es so eine Sache. Misst man oft und rechnet zusammen, hat man zwar einen Zustand über die Zeit hinweg objektiv erfasst, dieses objektive Glück (oder Unglück bzw. Ungemach im Sinne von Schmerz) stimmt jedoch nicht mit dem überein, was wir danach erinnern. Und Menschen maximieren nicht ihr objektives Glück, sondern ihr retrospektiv erinnertes Glück. Insbesondere handeln sie danach in der Zukunft.

Dies hat wichtige Konsequenzen: Einerseits sollte man Handlungen, die das Wohlbefinden anderer Menschen beeinflussen, nicht unbedingt danach bewerten, wie zufrieden die Menschen in der Retrospektive sind. Das größtmögliche Glück der größtmöglichen Anzahl von Menschen sollte objektiv gemessen werden und nach diesen Messungen auch berechnet werden. Umgekehrt gilt aber auch, dass man auf diese Sachverhalte achten sollte, wenn es um die Beeinflussung künftiger Verhaltensweisen geht: Wenn der Arzt will, dass der Patient zur Darmspiegelung (im Rahmen der Krebsvorsorge in zwei Jahren) wiederkommt, sollte er das Endoskop am Ende der Untersuchung noch eine Minute im Darm belassen. Das tut nicht sehr weh, sorgt für ein erträgliches Ende der Untersuchung und bewirkt so eine weniger negative Bewertung. Der Patient kommt mit größerer Wahrscheinlichkeit wieder zur Untersuchung.

Man kann die Erkenntnisse zu den Gesetzmäßigkeiten des emotionalen Erlebens also nutzen. Politiker müssen nach der Wahl die Steuern erhöhen und alle anderen Schrecklichkeiten, die notwendig sind, ausführen, um dann vor der nächsten Wahl wieder kleine Erleichterungen einzuführen. Wenn die Maßnahmen notwendig sind und die Politiker verantwortungsvoll handeln (und zugleich wieder gewählt werden) wollen, bleibt ihnen gar nichts anderes übrig.

Übrigens: Hier kommt das kleine Wörtchen »es« erneut ins Spiel: Wer dauernd scheibchenweise Steuern und Abgaben erhöht und Vergünstigungen streicht, der sorgt für viele unangenehme Erlebnisse. Wer zwei Mal zwei Wochen einen schönen Urlaub macht, hat zwar genauso viel objektives Glück erfahren wie derjenige, der einen vierwöchigen Urlaub macht, er kann aber von zwei Urlauben berichten und wird in der Retrospektive die zwei kürzeren Urlaube höher bewerten. Bei negativen Sachverhalten

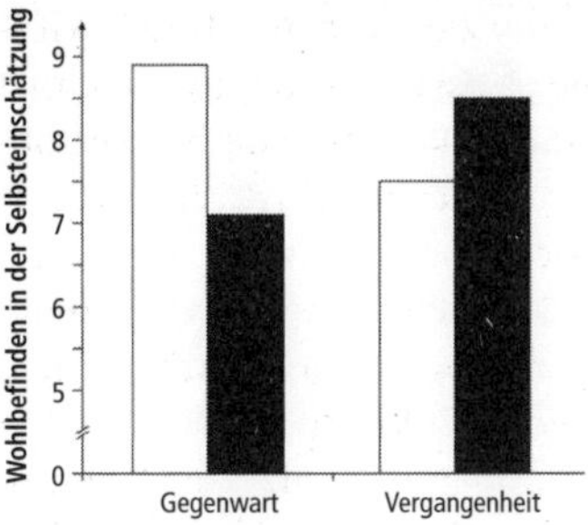

Abb. 6 Bahnungen und Kontraste in den Selbsteinschätzungen des subjektiven Wohlbefindens auf einer Skala von 1 (maximal unglücklich) bis 11 (maximal glücklich) in Abhängigkeit davon, ob die Versuchspersonen zuvor drei positive (weiße Säulen) oder drei negative (schwarze Säulen) Lebensereignisse aus der Gegenwart (links) oder aus der Vergangenheit (rechts) berichtet hatten (nach Daten aus Strack et al. 1985, Experiment 1). Links sieht man also Bahnungseffekte (positive/negative erinnerte Lebensereignisse bahnen die Selbsteinschätzung), rechts dagegen sieht man Kontrasteffekte (man hebt sein jetziges Erleben von der Vergangenheit ab).

macht man dagegen besser aus vielem Ungemach *ein* Erlebnis. Dieses wird nicht so stark in der Erinnerung haften bleiben wie viele kleine negative Ereignisse.

Bahnungen und Kontraste

Ganz offensichtlich hängt also die Antwort auf die Frage »Sind Sie – so ganz allgemein – glücklich und zufrieden in ihrem Leben?« vom momentanen emotionalen Zustand der befragten Person ab. Wenn beispielsweise die deutsche Fußballnationalmannschaft gerade gewonnen hat, sind die Deutschen mit ihrem Leben insgesamt zufriedener.

Aber nicht nur die Emotionen beeinflussen unsere Selbsteinschätzung des Wohlbefindens: Die Antwort auf die Frage, wie glücklich man insgesamt ist, hängt auch davon ab, woran man gerade denkt, wie eine Reihe von Studien zeigt. Fragt man Studierende zuerst nach ihrem allgemeinen Lebensglück und dann danach, wie oft sie sich mit Studenten des anderen Geschlechts treffen, so korrelieren die Antworten nicht ($r = -0{,}12$), stellt man die Fragen jedoch in umgekehrter Reihenfolge, liegt die Korrelation bei 0,66 (Strack et al. 1988). Nicht anders liegen die Dinge bei verheirateten Menschen, die zuerst nach dem Lebensglück und dann nach dem Glück in ihrer Ehe befragt werden oder umgekehrt (Schwarz et al. 1991): erst Glück ganz allgemein und dann Ehe ergibt einen korrelativen Zusammenhang von 0,32; beim Fragen nach der Ehe zuerst und dann nach dem Glück beträgt die Korrelation 0,67.

Hat man also erst einmal einen gedanklichen Zugang zu positiven Gedanken im Hinblick auf einen wichtigen Lebensbereich, dann wirken sich diese auf die Einschätzung des Glücks insgesamt deutlich aus. Hat man übrigens zuvor Zugang zu mehreren Lebensbereichen (fragt man die Probanden also zuvor nach ihrer Zufriedenheit mit ihrer Arbeit, ihrer Freizeit und ihrer Ehe), so wirkt sich jeder einzelne dann geringer auf die Einschätzung des Glücks insgesamt aus: In diesem Fall betrug die Korrelation zwischen dem Eheglück und dem Glück überhaupt nur noch 0,46 (ebd.).

Nicht immer bahnen glückliche Gedanken eine glückliche Selbsteinschätzung. Auch das Gegenteil ist möglich, man spricht dann von Kontrasteffekten. Diese treten auf, wenn der Gedanke nicht zur emotionalen Einstimmung, sondern als Standard, gegenüber dem die Person ihr Glück einschätzt, verwendet wird. Betrachten wir hierzu folgendes Experiment (Strack et al. 1985): Versuchspersonen wurden zunächst gebeten, von drei positiven (bzw. negativen) Lebensereignissen zu berichten. Dann wurden sie gebeten, ihre Lebenszufriedenheit auf einer Skala von 1 bis 11 (maximal glücklich) einzuschätzen. Wie aus der Abbildung 6 (links) ersichtlich ist, führt das Denken an drei positive Lebensereignisse zu einer glücklicheren Selbsteinschätzung, wohingegen derjenige, der zuvor an drei negative Lebensereignisse denkt, sein Glück geringer einstuft.

Dies war jedoch nur der Fall, wenn die Versuchspersonen aufgefordert waren, an *jetzige* Lebensereignisse zu denken. Forderte man eine zweite Gruppe unter gleichen experimentellen Bedingungen dazu auf, an jeweils drei positive bzw. negative *vergangene* Lebensereignisse zu denken, um dann ihre jetzige Lebenszufriedenheit einzuschätzen, ergab sich das umgekehrte Bild (Abb. 6, rechts): Wer sich an negative vergangene Ereignisse erinnert hat, der schneidet beim internen Vergleich damit offensichtlich jetzt besser ab, schätzt sich also jetzt glücklicher ein. Und umgekehrt: Wer sich an die früheren »guten Zeiten« erinnert, der schätzt sein jetziges Glück geringer ein (vgl. hierzu auch Tversky u. Griffin 1991).

Diese experimentellen Befunde passen gut zu den Berichten über die Auswirkungen von guten und schlechten Zeiten in der Jugend auf das Glück als Erwachsener. Wer als Kind während wirtschaftlich schlechter Zeiten (oder gar im Krieg) aufgewachsen ist, dem kann es als Erwachsenen nur besser gehen (wie Elder [1974] am Beispiel von Menschen, deren Kindheit in die Weltwirtschaftskrise fiel, korrelationsstatistisch zeigen konnte).

Vergleiche machen (un-)glücklich

»Vergleiche anzustellen ist ein gutes Mittel, um sich sein Glück zu vermiesen« (Lelord 2004, S. 27). Dies ist die erste Lektion, die sich der Protagonist Hector in François Lelords Büchlein über eine Reise auf der Suche nach dem Glück ins Notizbuch schreibt. Er hat damit jedoch nur die eine Hälfte der Wahrheit erfasst, denn Vergleiche sind auch eine wichtige Quelle des Glücks: »Ein reicher Mann verdient im Jahr 100 $ mehr als der Mann der Schwester seiner Frau« (Mencken, zit. nach Layard 2005, S. 41). Das Beispiel zeigt, wie wichtig Vergleiche sind, wenn wir uns selbst einschätzen. Und es ist keineswegs nur eine Redeweise: Wenn der Mann der Schwester einer Frau mehr verdient als ihr Mann, ist die Wahrscheinlichkeit, dass diese Frau arbeiten geht, nachweislich größer (Postlethwaite et al. 1998).

Ein anderes Beispiel (Solnick u. Hemenway 1998): Studenten der Harvard-Universität wurden gefragt, in welcher möglichen Welt sie lieber leben würden. In der ersten Welt würden sie 50 000 $ pro Jahr verdienen, wobei der Durchschnittsverdienst bei jährlich 25 000 $ liegt. In der zweiten Welt würden sie 100 000 $ pro Jahr verdienen, wobei der Durchschnittsverdienst bei jährlich 250 000 $ liegt. Die Mehrheit der Studenten entschied sich dafür, ärmer zu sein, sofern die anderen noch ärmer sind!

Die wesentliche Frage bei Vergleichen ist, was und vor allem: womit verglichen wird. So kann ich mich jetzt mit mir in der Vergangenheit oder der Zukunft vergleichen. Ich kann mein Glück ganz allgemein oder mein Glück in der Ehe oder am Arbeitsplatz vergleichen, und ich kann mein jetziges Eheglück mit meinem

Glück überhaupt im ganzen Leben vergleichen usw. Solche Vergleiche mit meinem Leben zu einem anderen Zeitpunkt können tückisch sein, wie unten anhand von Lottogewinnern noch genauer dargestellt wird.

Neben diesen intraindividuellen Vergleichen kann ich interindividuelle Vergleiche anstellen. Dies tun wir ganz besonders oft und mit heftigen Konsequenzen, wie oben bereits gesehen.

Oder ich kann bestimmte Annahmen machen und mich mit diesen vergleichen. Diese »Was-wäre-wenn …?«-Vergleiche (man vergleicht sich mit dem Konjunktiv; im Angloamerikanischen spricht man von »counterfactual thinking«) kommen bei Bewertungen der eigenen Situation ebenfalls häufig vor; vor allem häufiger, als man denkt: Die Gewinner von Silbermedaillen sind beispielsweise unglücklicher als die Gewinner von Bronzemedaillen, weil sie andere Vergleichsprozesse anstellen. Silbermedaillen-Gewinner ärgern sich über verpasstes Gold, wohingegen sich der Bronzemedaillen-Gewinner über die gerade noch ergatterte Medaille freut (vgl. Medvec et al. 1995).

Weil es bei Vergleichen immer auf den Standard ankommt, gegen den man vergleicht, lassen sich Bewertungen, die auf Vergleichen beruhen, durch Manipulation des Standards entsprechend ändern. Dies ist allerdings kompliziert, wie das folgende Beispiel zeigt: Man bat Studenten, über einen skandalträchtigen Politiker – in diesem Fall Richard Nixon – nachzudenken. Dann fragte man sie zur Vertrauenswürdigkeit von Politikern ganz allgemein und fand – gemäß den oben beschriebenen Bahnungseffekten – eine nur gering eingeschätzte Vertrauenswürdigkeit. Fragte man jedoch nach der Vertrauenswürdigkeit einer Reihe einzelner Politiker, so führten die vorherigen Gedanken an Nixon zur Einschätzung von mehr Vertrauenswürdigkeit dieser Politiker. Offenbar diente Nixon in diesen Einzelfällen jeweils als Vergleich, was zu einem besseren Abschneiden führte (Schwarz u. Bless 1992).

Gewöhnung: Lottogewinne und Querschnittslähmungen

Neben Vergleichen ist die Gewöhnung (Adaptation) ein wesentlicher Faktor, der beständig dafür sorgt, dass wir nicht allzu glücklich sind. Meine Eltern sind noch ohne Zentralheizung aufgewachsen. Als mein Vater dann unter großen Mühen und Entbehrungen ein Haus baute, hatte es als eines der ersten im Dorf eine Zentralheizung. Wer auch immer wann immer zu Besuch kam, wurde in den Heizungskeller geführt und musste das Wunderwerk der Technik, das mein Vater begeistert vorführte, bestaunen. Heute wissen meine Kinder gar nicht mehr, was es heißt, keine Zentralheizung zu haben. Als unsere neulich kaputt war, fragte mein (ansonsten gelegentlich durchaus gescheiter) Sohn allen Ernstes, wieso ich mich denn aufrege und kümmere: Heizung sei doch irgendwie »vom Staat« bereitgestellt. Dass man einen Heizkessel kaufen und installieren (lassen) muss, damit man es warm hat, war ihm eine völlig neue und fremde Idee.

Nicht anders steht es um (warmes) Wasser aus der Leitung, Energie und (neuerdings) Information aus der Steckdose, Geld aus dem Automaten (meine Tochter, als sie noch kleiner war: »Geld – ach Papa, wenn du keines mehr hast, geh einfach zum Automaten«), Nahrungsmittel aus dem Supermarkt, Autos, Bahn, Flugzeuge, Gesundheitsversorgung, Versicherungen, Renten und was es noch an zivilisatorischen Errungenschaften gibt. Jede einzelne war wichtig und stellte bei ihrer Einführung einen riesigen Fortschritt dar. Die Menschen waren glücklich, ja, über Leitungswasser und ihr erstes Auto. Mit der Zeit aber gewöhnten sie sich an diese Dinge und dann sind Leitungswasser und Zentralheizung wie Suchtstoffe beim Süchtigen: Sie machen nicht mehr besonders glücklich, aber wenn sie nicht da sind, fühlt man sich miserabel und sehr unglücklich.

Die klassische wissenschaftliche Arbeit zur Gewöhnung an stark negativ oder positiv veränderte Lebensumstände wurde bereits im Jahr 1978 von Philip Brickman, Dan Coates (beide Northwestern University) und Ronnie Janoff-Bulman (University of Massachusetts) veröffentlicht. In dieser Studie wurden sowohl die Effekte von Kontrasten als auch die von Gewöhnung an 22 Lotteriegewinnern, 22 Kontrollpersonen und 29 Unfallopfern mit nachfolgender Querschnittslähmung untersucht. Was geschieht bei einem Lottogewinn? – Zunächst sollte man meinen, dass der Gewinn den Gewinner sehr glücklich macht. Die oben bereits beschriebenen Kontrasteffekte jedoch machen den Gewinn leicht zu einer Bürde, wie im folgenden Zitat deutlich wird:

»Wenn man eine Million Dollar gewinnt, dann ist dies einerseits ein sehr herausragendes Ereignis und andererseits ein Ereignis, das seine Schatten auf viele andere Lebensereignisse wirft. Weil es einen extrem positiven Vergleichspunkt darstellt, (...) sollten danach viele normale Ereignisse weniger angenehm erscheinen, denn sie nehmen sich jetzt vergleichsweise bescheidener aus. So ist der Gewinn von einer Million Dollar mit neuen Annehmlichkeiten verbunden, lässt jedoch zugleich alte Annehmlichkeiten weniger angenehm erscheinen.« (Brickman et al. 1978, S. 918; Übs. d. A.)

Mit anderen Worten: Die Menge des erfahrenen Glücks bleibt im Großen und Ganzen gleich, weil großes Glück (ähnlich wie helles Licht) alles andere unglücklicher (dunkler) erscheinen lässt.

Zusätzlich zum Kontrast tritt die Gewöhnung hinzu, deren Auswirkungen auf das erlebte Glück nach einem Lottogewinn ebenso negativ sind: Man gewöhnt sich – wie im Märchen von des Fischers Frau – an die neuen Annehmlichkeiten, die einen dann langfristig nicht glücklicher machen. Werden die Auswirkungen eines glücklichen Zufalls kurzfristig durch Kontrasteffekte gemindert (man erlebt die anderen glücklichen Momente schwächer), so werden sie mittel- und langfristig durch Gewöhnungsprozesse aufgehoben, welche die neuen positiven Erlebnisse selbst betreffen. Das Gleiche gilt natürlich umgekehrt für heftige negative Erlebnisse wie eine unfallbedingte Querschnittslähmung: Kurzfristig werden kleine, normalerweise kaum wahrgenommene Freuden viel stärker, und langfristig gewöhnt man sich sprichwörtlich an alles.

Was war nun das Ergebnis der Befragung? Sollten die Menschen ihr jeweils besonderes Erlebnis auf einer Skala von 0 (das Schlimmste, was einem passieren könnte) bis 5 (das Beste, was einem passieren könnte) einordnen, dann kommen die Lottogewinner auf einen Wert von 3,78, die Unfallopfer auf 1,28, bewerten also ihr Schicksal recht symmetrisch um den »Nullpunkt« der Skala bei 2,5. Mit anderen Worten: Ein Lottogewinn ist etwa in dem gleichen Ausmaß positiv, wie ein Unfall mit Querschnittslähmung negativ ist.

Die Gruppen wurden so ausgewählt, dass das Ereignis zwischen einem Monat und einem Jahr zurücklag. Wie sie sich früher

Tab. 4 Selbsteinschätzung des Glücks (in der Vergangenheit, Gegenwart und Zukunft) durch Unfallopfer, Lotteriegewinner und Kontrollpersonen. Aufgrund von Kontrasteffekten und von Gewöhnung sind die Auswirkungen von einem Lotteriegewinn oder einem schweren Unfall mit nachfolgender Querschnittslähmung wesentlich geringer, als man meinen würde; Menschen gewöhnen sich offensichtlich sowohl an eine Million als auch an einen Rollstuhl.

	Selbsteinschätzung des Glücks		
	früher	jetzt	zukünftig
Lotteriegewinner	3,77	4,00	4,20
Kontrollpersonen	3,32	3,82	4,14
Unfallopfer	4,41	2,96	4,32

und zum Zeitpunkt der Befragung fühlten und wie sie sich wohl künftig fühlen würden, zeigt die Tabelle 4.

Unfallopfer schätzen sich nachträglich in Bezug auf früher (vor dem Unfall) signifikant glücklicher ein als Kontrollen und signifikant weniger glücklich zum Zeitpunkt der Befragung. Im Hinblick auf die Zukunft waren keine signifikanten Unterschiede zu verzeichnen (es gab allerdings in der Gruppe der Unfallopfer einige, die keine Angaben gemacht hatten). Der Unterschied in der Selbsteinschätzung des Glücks auf einer Skala von 0 bis 5 ist jedoch zwischen den Lotteriegewinnern und den Kontrollpersonen nicht signifikant und beträgt nur 0,18. Der entsprechende Unterschied zwischen gelähmten Unfallopfern und Kontrollpersonen beträgt 0,86, und selbst der Unterschied zwischen Lotteriegewinnern und Unfallopfern liegt nur bei 1,04. (Man könnte auch sagen, auf einer Skala des Glücksempfindens von 0 bis 100 liegen Lotteriegewinner und an den Rollstuhl gebundene Unfallopfer um knappe 21 Punkte auseinander.) Mehr nicht! Interessant ist weiterhin, dass die jetzige Selbsteinschätzung der Unfallopfer über dem Nullpunkt der Skala von 2,5 lag. Entsprechend kommentierten die Autoren: »*Obwohl Ereignisse wie der Gewinn von 1 Million Dollar oder eine Lähmung durch einen Unfall im Leben der Befragten die Extreme bilden, werden diese bei der subjektiven Beurteilung ihres Glücksempfindens auf der Skala der messbaren Ereignisse nicht als äußerste Grenzen angegeben. (...) Die vorliegende Studie gehört wohl zu einer kleinen, aber wachsenden Zahl von Veröffentlichungen, die uns daran erinnern, die Theorie von der Relativität des Glücks ernst zu nehmen. (...) Untersuchungen legen nahe, dass blinde, geistig behinderte und körperlich entstellte Menschen nicht weniger glücklich sind als andere. (...) Wir neigen dazu, die Größe, Allgemeingültigkeit und Dauer der Gefühle anderer zu überschätzen.«* (Brickman et al. 1978, S. 925f)

Die Tatsache, dass wir bei der Beurteilung der Auswirkungen einschneidender Lebensereignisse falsch liegen können, hat ihrerseits möglicherweise ungünstige Effekte auf unsere Mitmenschen: Wer glaubt, es gehe dem anderen ganz gut oder ganz schlecht, der mag sich vielleicht nicht mit ihm treffen: Wie soll man mit solch extremem Glück oder Unglück umgehen? Was soll man sagen? – Wenn alle wüssten, dass die Auswirkungen auch extremer Lebensereignisse geringer sind, als wir annehmen, würden wir uns eher trauen, mit den betroffenen Menschen zu reden. Und dies wäre gut!

Glück im Kopf

Unser Glückserleben spielt uns also ganz offensichtlich heftige Streiche. Es unterliegt Gewöhnungs- und Kontrasteffekten, übersieht die Dauer, bewertet Höhepunkt und Endpunkt zu stark, bewertet global anders als im Einzelnen und täuscht sich oft heftig im Hinblick darauf, was wirklich gut für uns ist. Wie können wir da glücklich werden?

Es ist höchste Zeit, dass wir nicht nur die Psychologie des Glücks betrachten, sondern auch dessen Neurobiologie. Diese hat eine bis in die 50er-Jahre des letzten Jahrhunderts zurückreichende Geschichte; gerade in den vergangenen fünf Jahren jedoch wurden ganz besonders bedeutsame Fortschritte gemacht.

Bereits Ende der 50er-Jahre hatte man zufällig gefunden, dass Ratten die elektrische Stimulation eines ganz bestimmten Gehirnareals ganz offensichtlich mögen. Dies stellte man mit einer sehr cleveren Versuchsanordnung fest: Ein Schalter im Käfig der Ratten war mit einem Impulsgenerator verbunden, der wiederum die elektrischen Reize generierte, die durch die Drähte in den Kopf der Tiere gelangten. Die Tiere konnten also per Knopfdruck ihre eigenen Neuronen selbst stimulieren. Sie drückten den Knopf immer wieder. Selbst wenn eine andere Quelle der Lust, wie zum Beispiel ein paarungsbereites Weibchen, anwesend war, konnte diese die Männchen nicht vom Drücken des Knopfes ablenken. Auch vergaßen die Tiere vor lauter Knopfdrücken ganz das Essen und Trinken. Manche starben, weil sie schlichtweg nichts weiter täten, als sich permanent ganz offensichtlich höchsten Lustgewinn durch Stimulation der hierfür zuständigen Gehirnzentren zu verschaffen.

Weitere Stimulationsexperimente wurden durchgeführt, und man glaubte bald, das Lustzentrum schlechthin gefunden zu haben. Hinzu kamen Studien mit Suchtstoffen, die sich die Versuchstiere ebenfalls über eine kleine Kanüle selbst verabreichen konnten. Diese legten den Schluss nahe, dass das Lustzentrum identisch war mit dem Suchtzentrum. Unklar war jedoch, weswegen es ein solches Zentrum geben sollte: Wir haben sicherlich im Verlauf der Evolution kein Gehirnzentrum entwickelt, dessen Aufgabe es ist, uns süchtig werden zu lassen! Jede derartige Mutation hätte sofort in einer Sackgasse geendet, denn wer süchtig ist, kümmert sich nicht mehr um Fortpflanzung und schon gar nicht um die Nachkommen. Was ist also die eigentliche Funktion eines solchen Zentrums?

Auch bei Affen und Menschen kann die elektrische Stimulation bestimmter Gehirnzentren zu positiven Erlebnissen führen. Entsprechende Experimente wurden in den 60er-Jahren des vergangenen Jahrhunderts von einigen wenigen Wissenschaftlern durchgeführt (vgl. Berns 2005). Ihre Ergebnisse waren zwar spektakulär – der Orgasmus auf Knopfdruck schien möglich –, aber sie führten unser Verständnis der Funktion dieser Strukturen nicht weiter. Erst systematische Untersuchungen an Affen, die bestimmte Verhaltensweisen zeigten und bei denen gleichzeitig die Aktivität von Zellen im Bereich des Mittelhirns abgeleitet wurde, brachten den Durchbruch.

Die Abbildung 7 zeigt zunächst die Verbindungen der heute bekannten Strukturen, die an Glückserlebnissen beteiligt sind.

Sehr tief im Gehirn, im so genannten Mittelhirn, sitzt eine

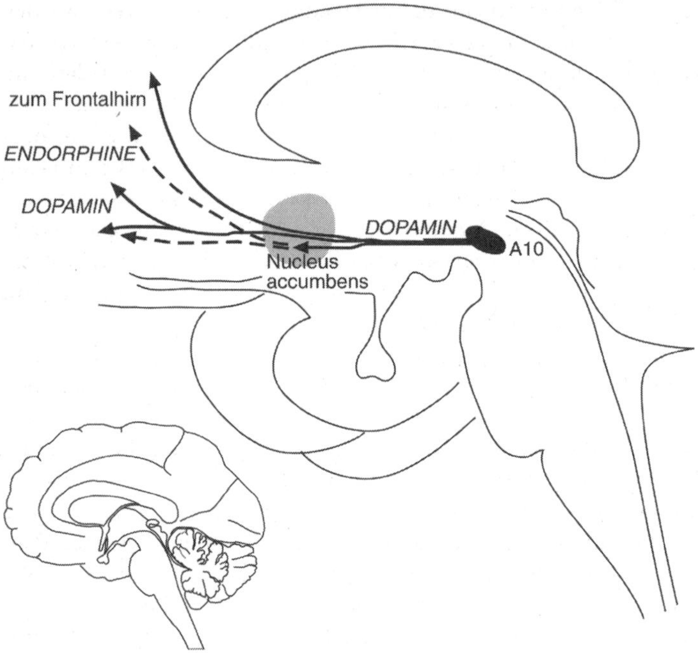

Abb. 7 Schnitt durch das menschliche Gehirn, in der Mitte, links ist vorne, rechts hinten. Eingezeichnet ist schematisch der Nucleus accumbens (grau) sowie die zu ihm von der Area A10 ziehenden und die vom Nucleus accumbens ins Frontalhirn ziehenden Fasern (gestrichelte Linien). Zudem sind die von den A10-Neuronen direkt ins Frontalhirn ziehenden Fasern eingezeichnet.

kleine Ansammlung von Neuronen, die den Neurotransmitter Dopamin produzieren und über zwei Faserverbindungen weiterleiten: zum einen in den Nucleus accumbens und zum anderen direkt ins Frontalhirn. Es sind nicht sehr viele, und ihr Ort im Mittelhirn wird mit dem wenig klangvollen Namen Area A10 bezeichnet.

Was genau machen diese Neuronen? Wie man heute weiß, feuern sie dann, wenn ein Ereignis eintritt, das besser ist als erwartet. Dies hat zwei Konsequenzen: Neuronen im Nucleus accumbens, die ihrerseits opiumähnliche Eiweißkörper produzieren und als Neurotransmitter im Frontalhirn ausschütten, werden aktiviert. Unser Gehirn macht selbst Opium (man spricht von endogenen Opioiden bzw. von Endorphinen), und wenn diese im Frontalhirn ausgeschüttet werden, dann macht dies – Spaß!

Die zweite Konsequenz der Aktivierung dopaminerger Neuronen des Mittelhirns besteht darin, dass Dopamin direkt im Frontalhirn ausgeschüttet wird. Dies wiederum bewirkt, dass es besser funktioniert: Man kann besser denken, verarbeitet die gerade vorliegenden Informationen besser. Das ist gleichbedeutend damit, dass mehr Aktionspotenziale über mehr Synapsen laufen, was wiederum zur Folge hat, dass besser gelernt wird.

Das beschriebene System löst damit eine ganz wesentliche und zugleich schwierige Aufgabe unseres Gehirns: In jeder Sekunde strömen unglaublich viele Informationen auf uns ein. Wir können sie nicht alle verarbeiten. Unser Gehirn hat also das Problem der Auswahl: Was von dem vielen soll weiter beachtet und verarbeitet werden, und was kann es getrost übergehen? Es braucht daher ein Modul, das bewertet und vergleicht. Solange alles nach Plan läuft, also nichts geschieht, was wir nicht schon wüssten, tut dieses Modul nichts. Geschieht jedoch etwas, das besser ist als erwartet, dann feuert das Modul. Dann werden wir wach, aufmerksam, wenden uns dem Erlebnis zu und verarbeiten die Informationen besser. Das Wichtigste: Wir lernen besser. Auf diese Weise lernen wir langfristig alles, was gut für uns ist.

Betrachten wir ein ganz einfaches Beispiel: Sie laufen durch den Wald und essen grüne, saure Beeren. Nun erwischen Sie eine rote, stecken sie in den Mund und sind ganz überrascht, dass sie so schön süß schmeckt. Von da an suchen Sie rote Beeren, denn Sie haben etwas gelernt.

Das klingt sehr einfach, ist es auch. Bedenken wir aber die Konsequenzen: Es geht bei der Aktivierung des Moduls nicht nur um den Spaß, es geht vor allem um das Lernen von all dem, was gut für uns ist. Das Modul springt immer als Folge eines Vergleichs an, wie wir sahen, nur dann, wenn etwas besser ist als erwartet. So gesehen ist das Glücksempfinden nur ein Nebenprodukt (ich sage ausdrücklich nicht: Abfallprodukt) unseres Lernvermögens.

Man sieht auch sofort: Auf dauerndes Glücklichsein ist das Modul gar nicht ausgelegt, vielmehr darauf, dass wir dauernd nach dem streben, was für uns gut ist! Beim Modul unseres Gehirns, das für Glückserlebnisse zuständig ist, geht es also gar nicht um dauerndes Glück, es geht vielmehr um dauerndes *Streben*. Das ist ein großer Unterschied!

Und es kann zur Falle werden. Denn wenn wir zu viel nach Glück streben, kann das Glück verloren gehen. Vor allem dann, wenn wir das Glück immer neu über kurze kleine Episoden zu realisieren versuchen. Wir verstehen jetzt, warum unser Glückserleben psychologisch durch starke Gewöhnungseffekte charakterisiert ist.

Die hedonistische Tretmühle

Wer kennt nicht das Märchen vom Fischer und seiner Frau? Sie verlangt ein schöneres Haus, ein noch größeres Haus, ein Schlösschen, ein Schloss und will schließlich der liebe Gott sein, um schließlich wieder als arme Frau in einer kleinen Hütte zu enden. Der Hintergrund des Märchens wurde mittlerweile wissenschaftlich gut untersucht und ist unter der Bezeichnung »hedonistische Tretmühle« (hedonic treadmill) in die Literatur eingegangen (Brickman u. Campbell 1971; Frederick u. Loewenstein 1999; Kahneman 1999).

Dies alles sind keine grauen Theorien, die sich in der akademischen Landschaft abspielen und ansonsten keinen Zusammenhang mit der wirklichen Welt haben. Im Gegenteil. Kaum etwas wirkt sich stärker auf unser Glück aus als die Vergleichsprozesse und die hedonistische Tretmühle. Ein eindrucksvolles Beispiel liefern die Menschen in den neuen Bundesländern (vgl. Layard 2005), denen es seit der Wiedervereinigung objektiv wirtschaftlich deutlich besser geht, die sich jedoch unglücklicher fühlen. Nach der Wiedervereinigung begannen die Bürger der ehemaligen DDR, sich mit den Bürgern der alten Bundesländer zu vergleichen, denn sie gehörten ja nun dem gleichen Land an. Sie hörten umgekehrt damit auf, sich mit Bürgern von Ostblockländern zu vergleichen, was sie zuvor getan hatten. Sie gerieten also in eine hedonistische Tretmühle, aus der sie bis heute nicht mehr herausgekommen sind. Die Einwohner der Nachbarstaaten, denen es objektiv deutlich schlechter ging, fühlten sich einige Jahre nach der Wende deutlich besser: Sie konnten sich nur mit sich selbst, einige Jahre zuvor, vergleichen, und so gesehen, waren sie besser dran.

Ein anderes Beispiel für die hedonistische Tretmühle: Immer wieder hört man ältere Menschen sich darüber beschweren, dass die Jugend nur jammert und überhaupt nicht sieht, wie gut es ihr geht. Man selbst habe sich aus bescheidenen Verhältnissen hocharbeiten müssen, sei damals mit viel weniger ausgekommen, aber immer zufrieden gewesen. Kunststück: Die Nachkriegsgeneration kann sich im Lichte der Erkenntnisse zum Glückserleben tatsächlich glücklich schätzen, weil sie ganz unten anfangen konnte und dann alles immer besser wurde. Lauter Vergleiche! Und immer war alles zwei Jahre später schon wieder besser als vor zwei Jahren! Besser geht es gar nicht! Wollte man Umstände konstruieren, die es den Menschen ermöglichen, ihr Leben lang glücklich zu sein, dann würde dies ziemlich genau auf die Bundesrepublik Deutschland von 1945 bis 1989 hinauslaufen.

Der Nachteil: Wer in den 70er-, 80er- oder zu Beginn der 90er-Jahre geboren wurde, dem ging es von Anfang an so gut, dass er im Hinblick auf seine Chancen, glücklich zu sein, wirklich Pech gehabt hat! Er kann nichts dafür. Ebenso wenig wie die Nachkriegsgeneration etwas dafür konnte, zu ihrer Zeit zu leben, und wie irgendeine Generation irgendetwas dafür kann, wann sie lebt.

Statt auf sie zu schimpfen, täten ältere Menschen besser daran, die jüngeren zu bedauern. Und gesamtgesellschaftlich wird es Zeit, dass wir uns überlegen, wie ein junger Mensch tatkräftig und zuversichtlich seine Zukunft in die Hand nehmen soll, wenn wir ihm täglich vom Generationenkonflikt, weltweiter Konkurrenz, drohendem Jobverlust und seiner Unfähigkeit sowie seinem Gejammer erzählen. Wir müssen uns etwas Besseres einfallen lassen!

Was tun?

Einer der hartnäckigsten Mythen besteht darin, dass Geld glücklich macht. Er kommt gleich nach dem Mythos, dass Geld nicht glücklich macht. Und nach dem, dass man nach Glück nicht streben darf, sonst würde man unglücklich werden. Viele Menschen verhalten sich so, als dürfe man Glück ja nicht aktiv suchen, denn dann würde es sich gewiss nicht einstellen. Nichts könnte falscher sein: Wer Ostereier erst gar nicht sucht, der findet auch kaum welche! Und mit dem Glück ist es nicht viel anders.

Dabei kann man eine Menge für sein Glück tun. Man muss nur wissen, was. Und was nicht. Glück hängt also durchaus mit Wissen zusammen, dem Wissen, was man tun kann, um glücklich zu sein. Man findet Antworten auf die Frage nach dem Glück also genau dort, wo man sie zunächst am wenigsten vermuten würde: in der Wissenschaft. Für viele mag das überraschend sein, denn Wissenschaft und Glück, das verhält sich für viele etwa so wie Sauerkraut und Vanillesoße. Wissenschaft ist objektiv, kalt, kopflastig und berechnend, Glück dagegen ist subjektiv, warm und kommt ohne zu denken aus dem Bauch. Und dennoch: Menschen sind wie Pflanzen und Tiere das Produkt der Evolution. Daher sind auch unser Gehirn und seine Funktionen nicht völlig einzigartig auf der Welt. Bei Mäusen und Menschen werden positive und negative Emotionen von den gleichen Strukturen des Gehirns hervorgebracht, die auf Belohnung und Bedrohung, auf Sex und sozialen Status in ganz ähnlicher Weise reagieren. Untersucht man diese Mechanismen wissenschaftlich, versteht man besser, warum das Begehren von etwas nicht das Gleiche ist wie dessen Besitz oder Konsum, denn es geht – im Gehirn – um jeweils andere Funktionen und Zustände. Wollen und Mögen, Vorfreude und Freude sind nicht das Gleiche. Beides aber gehört zum Streben nach dem Glück.

Was wissen wir noch?

- Beginnen wir beim Geld. Geld ist nicht dasselbe wie Glück: Die 100 reichsten Amerikaner sind nur geringgradig glücklicher als der Durchschnittsamerikaner, dessen Reichtum sich von 1957 bis 1996 verdoppelt hat, dessen Selbsteinschätzung als »sehr glücklich« jedoch im gleichen Zeitraum abnahm (von 35 auf 29 % der Befragten; vgl. Myers u. Diener 1996). In den meisten Ländern (mit Ausnahme mancher ganz armer Länder) findet man praktisch keine Korrelation zwischen dem Einkommen und dem Glück der Leute. Immer mehr Geld und Wohlstand macht uns also nicht immer glücklicher.
- Bei der Beurteilung unseres eigenen Glücks liegen wir mitunter richtig daneben. Wir haben gesehen: Eine Million Dollar

macht unsere Gegenwart kaum glücklicher. Aber 10 unverhofft gefundene Cent lassen uns unser gesamtes vergangenes Leben glücklicher erscheinen. Wir haben gesehen: Glück ist weder linear noch additiv.

- Man strebt nach vielem, aber nicht alles, wonach man strebt, macht einen glücklich. Unser Glücks-Modul lässt uns nach Suchtstoffen streben, aber kaum ein vernünftiger Mensch würde einen Heroin- oder Kokain-Süchtigen als erstrebenswertes Modell für die eigene glückende Lebensgestaltung akzeptieren. Warum eigentlich nicht? Der Grund liegt im oben beschriebenen Modul: Es sorgt zwar für Euphorie und positive Emotion, aber im Normalfall nur in Begleitung zum Lernen. Suchtstoffe usurpieren dieses Modul gewissermaßen und entkoppeln den positiven Affekt vom Lernvorgang. Was bleibt, ist leerer, sinnloser positiver Affekt. Und der Verlust aller positiven Erlebnisse, für die das Modul normalerweise zuständig ist – allen voran, die Gemeinschaft mit anderen.
- Die meisten Menschen glauben, dass sie zukünftig glücklicher seien als jetzt, sind es aber dann später nicht. Die Menschen neigen dazu, den Einfluss von Lebensereignissen auf ihr Glück zu überschätzen.
- Glückliche Menschen sind körperlich und geistig gesünder, erfolgreicher beim Lernen und bei der Arbeit, kreativer, populärer, geselliger, seltener kriminell oder süchtig – und sie leben länger. Nach dem Glück zu streben ist also längst nicht so selbstsüchtig, wie es klingt. Glückliche Menschen sind die besseren Menschen, in jeder Hinsicht.
- Nachhaltiges Glück hat daher mit Sinn und Bedeutung sehr viel, mit Konsum und Genuss nur wenig zu tun. Und glücklicherweise betrifft die hedonistische Tretmühle nicht alle Erlebnisse: Das Zusammensein mit der Familie, mit Freunden, Sex, ja sogar die Qualität und Sicherheit unserer Arbeit stellen Erfahrungen dar, an deren positive Auswirkungen wir uns nicht gewöhnen. Glück rührt also von unseren Erfahrungen her, vor allem von unseren Erfahrungen mit anderen Menschen. Wie wir uns dabei verhalten, haben wir selbst in der Hand. Daher hatte Abraham Lincoln Recht, wenn er sagte: »Most people are about as happy as they make up their minds to be.« Und der Dichter Walter Savage Landor (1775-1864) nahm die hedonis-

tische Tretmühle vorweg, als er sagte: »We are no longer happy so soon as we wish to be happier.«

Unser Gehirn ist nicht für das dauernde Erleben von Glück gebaut. Die Evolution hat es vielmehr mit einem ausgeklügelten Modul versehen, das uns Menschen nach dem Glück streben lässt. Das hat die amerikanische Verfassung längst begriffen, die von Benjamin Franklin wie folgt kommentiert wurde: »The constitution only guarantees the American people the right to pursue happiness. You have to catch it yourself.« In anderen Kulturen hat man andere »Lösungen« des mit dieser Einsicht verbundenen Problems favorisiert: Wenn uns das Streben nach dem Glück nicht glücklich macht, sollten wir das Streben sein lassen, sagen die Buddhisten. Leo Tolstoi (1828-1910) fügte hinzu: »Wenn du glücklich sein willst, sei!«

Literatur

Bargh JA (1997). The automaticity of everyday life. In: Wyer RS (ed). Advances in Social Cognition. Vol. 10. New Jersey: Erlbaum; 1-61.

Berns G (2005). Satisfaction. The science of findung true fulfillment. New York: Holt.

Brickman P, Campbell DT (1971). Hedonic relativism and planning the good society. In: Apley MH (ed). Adaptation-level Theory: A symposium. New York: Academic Press; 287-302.

Brickman P, Coates D, Janoff-Bulman R (1978). Lottery winners and accident victims: is happiness relative? J Personal Soc Psychol; 36: 917-27.

Cacioppo JT, Priester JR, Berntson GG (1993). Rudimentary determinants of attitudes: II. Arm flexion and extension have diferential effects on attitudes. J Personal Soc Psychol; 65: 5-17.

Coghill R, McHaffie J, Yen Y-F (2003). Neural correlates interindividual differences in the subjective experience of pain. PNAS; 100: 8538-42.

Csikszentmihalyi M, Larson R (1987). Validity and reliability of the experience sampling method. J Nerv Ment Dis; 175: 526-36.

Diener E, Diener C (1996). Most people are happy. Psychol Sci; 7: 181-5.

Diener E, Suh EM (1999). National differences in subjective well-being. In: Kahneman D, Diener E, Schwarz N (eds). Well-Being. The foundations of hedonic psychology. New York: Russel Sage Foundation; 434-50.

Elder GH (1974). Children of the Great Depression. Chicago: University of Chicago Press.

Evans D (2005). A happy gathering. Nature; 436: 26-7.
Fredrickson BL, Kahneman D (1993). Duration neglect in retrospect evaluations of affective episodes. J Personal Soc Psychol; 65: 45-55.
Frederick S, Loewenstein G (1999). Hedonic adaptation. In: Kahneman D, Diener E, Schwarz N (eds). Well-Being. The foundations of hedonic psychology. New York: Russel Sage Foundation; 302-29.
Hirata J (2003). Putting gross national happiness in the service of good development. J Bhutan Stud; 9: 99-139.
Hutcheson F (1725). Inquiry into the Origins of our Ideas of Beauty and Virtue, in Two Treatises. Indianapolis: Liberty Fund.
Kahneman D (1999). Objective happiness. In: Kahneman D, Diener E, Schwarz N (eds). Well-Being. The foundations of hedonic psychology. New York: Russel Sage Foundation; 3-25.
Kahneman D, Fredrickson BL, Schreiber CA, Redelmeier DA (1993). When more pain is preferred to less: Adding a better end. Psychol Sci; 4: 401-5.
Kahneman D, Diener E, Schwarz N (eds) (1999). Well-Being. The foundations of hedonic psychology. New York: Russel Sage Foundation.
Kahneman D, Krueger AB, Schkade DA, Schwarz N, Stone AA (2004). A survey method for characterizing daily life experience: the day reconstruction method. Science; 306: 1776-80.
Knight W, Crystall B (2005). Hi-tech weaponry battles piracy on the high seas. New Scientist; 2529: 40.
Lelord F (2004). Hectors Reise oder die Suche nach dem Glück. München, Zürich: Piper.
Layard R (2005). Happiness. Lessons from a new science. New York: The Penguin Press.
Loewenstein G, Schkade D (1999) Would't it be nice? Predicting future feelings. In: Kahneman D, Diener E, Schwarz N (eds). Well-Being. The foundations of hedonic psychology. New York: Russel Sage Foundation; 85-105.
Martin P (2005). Making Happy People. The nature of happiness and its origins in childhood. London, New York: Fourth Estate.
Medvec VH, Madey SF, Gilovich T (1995). When less is more: Counterfactual thinking and satisfaction among Olympic medalists. J Personal Soc Psychol; 69(4): 603-10.
Myers DG (2000). The funds, friends, and faith of happy people. Am Psychologist; 55: 56-67.
Myers DG, Diener E (1995). Who is happy? Psychol Sci; 6: 10-9.
Myers DG, Diener E (1996). The pursuit of happiness. Scientific American; 5: 54-6.
Nettle D (2005). Happiness. The science behind your smile. Oxford: Oxford University Press.
Nietzsche F (1888). Götzen-Dämmerung. Oder wie man mit dem Hammer phi-

losophiert. In: Colli G, Montinari M (Hrsg). Sämtliche Werke. Kritische Studienausgabe in 15 Bänden. Bd. 5. 2., durchges. Aufl. München: dtv 1999.
Postlethwaite A, Cole H, Mailath G (1998). Class systems and the enforcement of social norms. J Publ Economics; 70: 5-35.
Rainville P, Duncan GH, Price DD, Carrier B, Bushnell MC (1997). Pain affect encoded in human anterior cingulate but not somatosensory cortex. Science; 277: 968-71.
Redelmeier DA, Kahneman D (1996). Patient's memories of painful medical treatments: Real-time and retrospective evaluations of two minimally invasive procedures. Pain; 116: 3-8.
Redelmeier DA, Singh SM (2001a). Survival in academy award-winning actors and actresses. Ann Intern Med; 134: 955-62.
Redelmeier DA, Singh SM (2001b). Longevity of screenwriters who win an academy award: longitudinal study. Br Med J; 323: 1491-6.
Schwarz N, Bless H (1992). Scandals and the public's trust in politicians: Assimilation and contrast effects. Personal Soc Psychol Bull; 18: 574-9.
Schwarz N, Strack N (1999). Reports of subjective well-being: Judgmental processes and their methodological implications. In: Kahneman D, Diener E, Schwarz N (eds). Well-Being. The foundations of hedonic psychology. New York: Russel Sage Foundation; 61-84.
Schwarz N, Strack F, Mai HP (1991). Assimilation and contrast effects in part-whole questions sequences: A conversational logic analysis. Publ Opin Q; 55: 3-23.
Seligman MEP (2002). Authentic Happiness. New York: The Free Press.
Solarz A (1960). Latency of instrumental responses as a function of compatibility with the meaning of eliciting verbal signs. J Exp Psychol; 59: 239-45.
Solnick S, Hemenway D (1998). Is more always better? A survey on positional concerns. J Econ Beh Organisation; 37: 373-83.
Spitzer M (2001). Schokolade im Gehirn. Stuttgart, New York: Schattauer.
Spitzer M (2002). Lernen. Heidelberg: Spektrum Akademischer Verlag.
Spitzer M (2003). Selbstbestimmen. Heidelberg: Spektrum Akademischer Verlag.
Strack F, Schwarz N, Gschneidinger E (1985). Happiness and reminiscing: The role of time perspective, mood, and mode of thinking. J Personal Soc Psychol; 49: 1460-9.
Strack F, Martin LL, Schwarz N (1988). Priming and communication: Social determinants of information use in judgments of life satisfaction. Eur J Soc Psychol; 18: 429-42.
Thinley LJY (1999a). Gross national happiness and human development – searching for common ground. In: Kinga S, Galay K, Rapten P, Pain A (eds). Gross National Happiness: A Set of Discussion Papers. Thimphu: The Centre for Bhutan Studies; 7-11 ⟨www.bhutanstudies.org.bt/-publications/gnh/GNH_Ch1_LJThinley.pdf⟩.

Thinley LJY (1999b). Values and development: Gross National Happiness. In: Kinga S, Galay K, Rapten P, Pain A (eds). Gross National Happiness: A Set of Discussion Papers. Thimphu: The Centre for Bhutan Studies; 12-23 ⟨www.bhutanstudies.org.bt/publications/gnh/GNH_Ch2_LJThinley.pdf⟩.

Tversky A, Griffin D (1991). On the dynamics of hedonic experience: Endowment and contrast in judgments of well-being. In: Strack F, Argyle M, Schwarz N (eds). Subjective Well-Being. Oxford: Pergamon Press; 101-18.

Varey C, Kahneman D (1992). Experiences extended across time: Evaluation of moments and episodes. J Beh Dec Making; 5: 169-95.

Veenhoven R (1993). Happiness in Nations. Subjective appreciation of life in 56 nations, 1946-1992. Rotterdam: Risbo.

Josef Aldenhoff

8 Glückspille oder chemische Keule

Wie behandeln wir die Seele?

Die Beeinflussung menschlichen Befindens, Wahrnehmens und Handelns durch Pharmaka ist ein weites und für den unbefangenen Beobachter durchaus seltsam erscheinendes Feld, aufgeteilt in Parzellen, die – und das ist das merkwürdigste – durch tiefe Gräben und hohe Mauern voneinander getrennt sind. Man will nichts voneinander wissen, wenn der eine Drogen zur Gefühls- oder Bewusstseinserweiterung einnimmt oder der andere schwere seelische Störungen mit Medikamenten behandelt. Und doch gibt es Doppelagenten, die mal im einen, mal im anderen Lager auftauchen.

Was motiviert uns zur Einnahme von Psychopharmaka?

Ein Kriterium für die Zugehörigkeit zum jeweiligen Lager ist die Motivation. Nimmt man solche Substanzen gerne ein? Verschafft es einem Lust, mit oder ohne Reue? Oder muss man zur Einnahme motiviert werden, tut es gar nur unter Zwang? Während der als missbräuchlich charakterisierte Gebrauch von Substanzen aus einer hohen »intrinsischen« Motivation heraus erfolgt, die nicht selten in kriminelle Energie mündet, setzt der therapeutische Einsatz eine nur selten erreichte Compliance (Folgsamkeit) voraus. Selbst Menschen mit einem zweifelsfrei hohen Leidensdruck zeigen Non-Compliance-Raten von ca. 20 %. Im Bereich der therapeutischen Anwendung konkurrieren die Pharmaka mit anderen Verfahren, von der Hypnose bis zur Elektrokrampftherapie. Besonders dubios wirkt dabei die in den staatlich geforderten Zulassungsverfahren festgeschriebene Konkurrenz zum Plazebo, der zwar pharmakologisch, aber nicht real unwirksamen Substanz.

Im Umgang mit Medikamenten erlaubt sich der moderne

Mensch Vorurteile, die er bei der Auswahl seines Automechanikers als völlig absurd ablehnen würde. So bestehen selbst Akademiker, die eine wie auch immer geartete naturwissenschaftliche Ausbildung genossen haben müssen, beharrlich darauf, dass ein pflanzliches Präparat wirksamer oder zumindest weniger schädlich sein müsse als die »chemische« Vergleichssubstanz. Im Fall des Johanniskrauts wundert man sich dann zutiefst, wenn diese angeblich harmlose, weil »grüne« Substanz durch Wechselwirkungen beim Abbau die Antibabypille so weit abschwächt, dass es zur Schwangerschaft kommt. Überhaupt ist Volkes Meinung gerne bereit, im Zusammenhang mit einer Schwangerschaft jedwedes Medikament für Teufelswerk zu halten, das eine oder andere Gläschen Alkohol aber für harmlos. Und das, obwohl jedes heute zugelassene Medikament in all seinen Wirkungen und Nebenwirkungen besser untersucht und harmloser ist als der gerade in seinen vielfältigen – abhängig von der jeweiligen Schwangerschaftsphase – höchst unterschiedlich schädliche und ganz und gar nicht harmlose Alkohol. Aber der Alkohol gehört ja auch zu den aus der oben erwähnten intrinsischen Motivation heraus, also freiwillig eingenommenen Substanzen. Wie kommt das?

Alkohol verfügt über eine Reihe von Wirkungen, die zunächst, also unmittelbar nach der Einnahme, als angenehm wahrgenommen werden. Er regt zunächst an, in etwas höheren Dosierungen entspannt er, um schließlich eben nicht rechtschaffen müde zu machen, weshalb er immer wieder, besonders in der Erscheinungsform des »Gläschens« Rotwein, als Schlafmittel eingesetzt wird. Dazu ist er nicht geeignet, denn das vor allem bei häufigem Gebrauch schnelle Absinken des Blutspiegels in Verbindung mit der diuretischen Wirkung stört vor allem das Durchschlafen. Faszinierend ist, dass der Alkohol alle Schlüsselereignisse unserer Gesellschaft begleitet – die Feiern zu Geburt, Taufe, Kommunion bzw. Konfirmation, Hochzeit, Beförderung bis hin zum Leichenschmaus sind ohne Alkohol nicht denkbar –, obwohl sein individuelles Risiko kaum abschätzbar ist. Er kann zwar von sehr vielen Menschen genossen werden, wobei einige viele die Grenze zum Missbrauch regelmäßig überschreiten. Aber bei einem harten Kern, der in Deutschland mehr als 3 Millionen Menschen umfassen dürfte, führt er unweigerlich zur schweren Abhängigkeit, verbunden mit massiven Krankheiten, die einem langsamen und quälenden Tod vorangehen. Diese Menschen kommen vom Alkohol nicht los, das heißt, ihre intrinsische Motivation zur Einnahme von Alkohol übersteigt alle anderen Motivationen, nach einem langen Leben, einer glücklichen Ehe, nach Gesundheit. Ähnlich geht es den zahlenmäßig allerdings viel selteneren Abhängigen von Drogen wie den Opiaten.

Wie kann so etwas geschehen? Man weiß seit langem, dass Alkoholismus eine genetische Komponente haben muss, obwohl auch das Erlernen gerade bei Söhnen nicht zu kurz kommt, die ihre so männlichen, weil trinkenden Väter nachahmen. Vor kurzem wurde entdeckt, dass eine genetische Veränderung des CRH-1-Rezeptors mit anfallsweisem Trinken, erhöhter Alkoholeinnahme und erhöhter Trunkenheit assoziiert ist (Treutlein et al. 2006). Dieser Befund deutet darauf hin, dass die Neigung zur Alkoholkrankheit bei den Menschen besonders ausgeprägt ist, die Stress infolge eines erblichen Defekts nicht normal verarbeiten können. Das kann deshalb fatal sein, weil Stress ein Bestandteil unseres Lebens ist, mit vielen guten Seiten, aber auch in Begleitung von Herausforderungen, denen man gewachsen sein kann, an denen man aber auch scheitern kann. Die Menschen mit jenem erblichen Defizit können die positiven Elemente von Stress – Aktivierung, Steigerung der Effektivität, Unterstützung bei Auseinandersetzung mit widrigen Lebensereignissen oder Mitmenschen – nicht nutzen, sondern geraten in jeder mit Stress einhergehenden Situation schnell ins Hintertreffen. Und entdecken, mehr oder minder per Zufall, den Stresslöser Alkohol, der ihr Schicksal wird. Wobei sich unsere Gesellschaft den Luxus einer überzufälligen Wahrscheinlichkeit leistet, dass ein dafür nicht gemachter Mensch mit Alkohol in Kontakt kommt.

Warum sind welche Drogen legal?

Kurios ist auch, wie unsere Gesellschaft die rechtliche Grundlage im Umgang mit Rauschmitteln definiert. Die Einnahme von Alkohol ist legal, jeder kann sich zu Tode saufen, ohne mit dem Recht in Konflikt zu kommen, es sei denn, er führt alkoholisiert ein Kraftfahrzeug oder schädigt durch seine alkoholbedingte gesteigerte Aggressivität seine Mitmenschen. Illegal sind Cannabis, was pharmakologisch nicht unbedenklich, aber viel weniger toxisch ist als Alkohol, und natürlich die Opiate.

Mit diesen Rauschmitteln haben wir die zweite Parzelle menschlicher Reaktionen auf Pharmaka betreten. Vieles ist wie beim Alkohol, einiges, Wesentliches sogar unterscheidet sich beträchtlich. Zum Beispiel ist bei Opiaten trotz hoher Abhängigkeitsrate das Gesundheitsrisiko, was die Gefährdung von Leber oder Gehirn betrifft, viel geringer als beim Alkohol. Opiate sind bekanntlich illegal, der Zugang ist extrem restriktiv geregelt. Die wesentliche Folge davon ist nicht etwa, dass Abhängige auf die Substanz verzichten – das weiß man seit der Prohibition in den USA –, sondern dass teure und tödliche Begleiterkrankungen wie HIV und Hepatitis gedeihen und dass die Drogenkriminalität die Sicherheit der Bürger, die sich gegen Raub oder Einbrüche am schlechtesten wehren können, wesentlich beeinträchtigt. Es ist ja nicht so, dass wir keine Abhilfe dagegen wüssten. Aussagekräftige Untersuchungen aus der soliden Schweiz haben zweifelsfrei belegt, dass Substitutionsprogramme, in deren Rahmen den Abhängigen unter strengen Auflagen Heroin gegeben wird, die beiden oben genannten Risiken substanziell verringern und auch den Drogenkonsum insgesamt senken (Nordt u. Stohler 2006). In Deutschland leisten wir uns den Luxus, solche Programme nicht in Gang zu bringen, aus Gründen, die »politisch« genannt werden und in ihrer Irrationalität kaum überboten werden können.

Doppelagenten par excellence, die in beiden Lagern spielen, sind die Benzodiazepine. Ihre Akutwirkung ist eine der segensreichsten in der ganzen Pharmakologie, die akuten Nebenwirkungen halten sich in Grenzen – und gleichzeitig machen sie, iatrogen induziert, gerade ältere Menschen mit Schlafstörungen so schwer abhängig, dass sie nicht selten wochenlang stationär entzogen werden müssen. Bei Junkies sind übrigens besonders die hochwirksamen Kandidaten dieser Gruppe als Beikonsum zu den Opiaten maximal beliebt, ungeachtet der Tatsache, dass sie die bei dieser Klientel immer wieder vorkommenden »kalten« Entzüge durch Delir- und Krampfanfälle richtig gefährlich machen.

Psychopharmaka – Grundlage einer menschlichen Psychiatrie?

Wechseln wir ins Lager der verordneten und nur selten konsequent und dauerhaft eingenommenen Pharmaka. Die Geschichte der Psychopharmaka ist eine Geschichte klinischer Empirie, das Kausalgebäude schuf man sich erst später. Heute dominieren Medikamente die Behandlung aller schweren psychischen Störungen. Wenn man seine psychiatrische Ausbildung in den letzten 30 Jahren gemacht hat, kann man sich kaum noch vorstellen, dass es Psychopharmaka vor 50 Jahren noch nicht gegeben hat. Die Psychiatrie war und sah damals ganz, ganz anders aus. Im Bereich von Schizophrenie, manisch-depressiver Erkrankung und schweren Depressionen waren nur die Störungen mit den positiven Spontanverläufen heilbar sowie diejenigen, die positiv auf Psychotherapie ansprachen – wobei Psychotherapie bei schizophrenen Psychosen und bipolaren Störungen nachweislich nicht wirkt. So hatte die enorme Größe der meisten Landeskrankenhäuser ihren Grund nicht zuletzt darin, dass diese Einrichtungen alle chronifizierten und der Öffentlichkeit nach deren eigener Meinung nicht zumutbaren Patienten aufbewahren mussten. Arbeits- und Kunsttherapie waren ebenso wie die für das wirtschaftliche Überleben der »Anstalten« unverzichtbaren »Hausarbeiter« untrennbar mit der Tatsache verbunden, dass psychisch Kranke in der Regel chronisch hospitalisiert waren und selbst zum Erhalt der sie beherbergenden Anstalten beitragen mussten. Die Auflösung dieser chronisch psychiatrischen Lebensräume, die in gewisser Weise Schutz, aber immer auch Ausbeutung bedeuteten, wurde erst durch die Einführung von Medikamenten möglich. In erster Linie waren es die Antipsychotika, die trotz ihrer furchteinflößenden Nebenwirkungen eine frühzeitige Entlassung und ein Leben außerhalb der Anstaltsmauern mit diskutabler Lebensqualität ermöglichten. In zweiter Linie waren es das phasenprophylaktische Lithium und die Antidepressiva. Kurioserweise ist die durchaus pharmakologiekritische Sozialpsychiatrie, die die Befreiung der psychisch Kranken völlig zu Recht auf ihre Fahnen schrieb, ohne Medikamente kaum denkbar. Zugestandenermaßen wäre diese Befreiung allein durch die Medikamente auch nicht zu Stande gekommen, hauptsächlich, weil die Anstaltspsychiatrie zunächst so verhaftet in den Regeln der alten Psychiatrie blieb, dass sie die Chancen, die sich nun boten, in ihrer Vielfalt nicht wahrnahm. Die Sozialpsychiatrie traute den Kranken die Verantwortung für sich selbst zu, eine Verantwortung, die diese allerdings erst mit Unterstützung durch die Medikamente wahrnehmen konnten.

Man hat es ihnen nicht gedankt, und die Substanzen, durch die eine schrittweise Befreiung erst möglich wurde, werden wegen ihrer Nebenwirkungen als chemische Fessel oder Keule diffamiert. Nicht nur wegen der Nebenwirkungen, sondern auch, weil sich die Mentalität der Behandler mit den neuen Behandlungsmöglichkeiten zunächst nicht änderte und weil es lange Zeit dauerte, bis man auf die Idee kam, den psychisch Kranken die Verantwortung für sich selbst, für die Wahl der Behandlung, für die Entscheidung über die zu wählende Lebensqualität selbst zu überlassen.

Die Reste dieser Haltung sieht man noch heute: Spezielle Gesetze für spezielle Störungen gibt es nicht für die körperlich, sondern nur für die seelisch Kranken, das »Gesetz für Psychisch Kranke« oder das Betreuungsgesetz. Freiheitsentzug und Zwangsbehandlung drohen nicht demjenigen, der durch Unvernunft sein gesundheitliches Befinden gefährdet oder verschlechtert, sondern nur dem, der auf der Grundlage einer seelischen Erkrankung selbst- oder fremdgefährdend ist.

Antipsychotika – eine Geschichte der Empirie

Die Antipsychotika wurden aus den Antihistaminika und Antiemetika allmählich entwickelt. Was wir heute »typische Antipsychotika« nennen, waren über Jahrzehnte die einzig verfügbaren und sind es in weniger begüterten Gegenden der Welt häufig immer noch. Ihre antipsychotische Wirkung wird durch massive Nebenwirkungen auf die Motorik erkauft, bei der Akutgabe vor allem, wenn man die Dosis schnell und zu sehr steigert. Auch die gefürchteten, bei ca. 10 % der Patienten auftretenden Spätdyskinesien manifestieren sich in der unwillkürlichen Regulation der Motorik. Die seit langem gängige Lehrmeinung ist, dass Wirkung und Nebenwirkungen durch den Antagonismus an einer Bindungsstelle für Dopamin, dem D2-Rezeptor, erklärt werden könnten. Dadurch wird das in der Psychose wohl zu sehr freigesetzte Dopamin geblockt, leider auch in den Hirnregionen, wo Dopamin für die normale Funktion gebraucht wird: für die unwillkürlichen Anteile der Motorik im Striatum, was zu einer Veränderung führt, die von der Parkinson-Erkrankung nicht zu unterscheiden ist, mit Rigor, Tremor, Reduktion der Mitbewegungen; für die Hemmung der Prolaktinfreisetzung im Hypothalamus, sodass nichtstillende Frauen und Männer plötzlich von einer Milchsekretion überrascht werden. Das ist ein Symptom, das einen schon an der eigenen Intaktheit zweifeln lässt, ganz abgesehen vom negativen Effekt auf die Sexualität.

Überhaupt – die Sexualität! Bei den meisten seelischen Störungen ist sie beeinträchtigt und oft schon lange vor dem Ausbruch der Krankheit verschwunden, außer bei der Manie, in der man auch davon, also vom Sexualtrieb, viel zu viel hat. Bei den Depressionen verschwindet die sexuelle wie jede andere Appetenz schon im Vorfeld, bei der Schizophrenie ist schon Monate vor dem Auftreten der psychotischen Symptome der Zyklus bei der Frau aufgehoben, das sexuelle Interesse bei Frau und Mann ist oft, schon Jahre bevor die Krankheit klinisch manifest wird, verschwunden. Angesichts des Chaos, das die Psychose in den meisten Lebensbereichen anrichtet, fällt die Störung der Sexualität zunächst kaum auf, zumindest den Behandlern nicht – es gibt ja genügend anderes zu normalisieren. Blöd ist nur, dass die Sexualität auch noch gestört bleibt, wenn sich die sonstigen Lebensbereiche weitgehend normalisiert haben. Dies ist dann häufig durch die Wirkung der Medikamente bedingt. Selbst gut verträgliche, moderne Antidepressiva, die von den meisten Patienten akzeptiert werden, die SSRI (selektive Serotonin-Wiederaufnahmehemmer), haben ausgerechnet die Nebenwirkung eines fehlenden Orgasmus. Beim Mann kommt es immerhin zur Erektion, aber dann geht's nicht weiter. Solange man depressionsbedingt zu nichts Lust hat, fällt das nicht auf, aber wenn die Depression verschwindet, ist dieser »Rest« zunehmend schwerer zu verkraften. Dies ist sicher einer der Gründe, warum die Empfehlung der Fachgesellschaft zur Verhütung von Rückfällen und weiteren Depressionen, »das Antidepressivum in der Dosierung, die antidepressiv wirksam war, mindestens für ein halbes Jahr weiterzunehmen«, so selten befolgt wird.

Zurück zu den Antipsychotika: Es war schon ein kleines Wunder, als in den 60er Jahren des 20. Jahrhunderts eine Substanz auftauchte, die antipsychotisch hochwirksam war, aber so gut wie keine motorischen Nebenwirkungen hatte. Davon hatten Patienten und Ärzte so lange geträumt, und nun witterte man Morgenluft. Clozapin hieß die Wundersubstanz, die in allen Studien den bis dahin bekannten Antipsychotika weit überlegen war. Bis es in Finnland zu einem epidemieartigen Auftreten von Agranulozytosen kam. Die Patienten konnten keine weißen Blutkörperchen mehr bilden und starben, weil man das nicht rechtzeitig bemerkte, scharenweise. Das war das Ende von Clozapin. Das heißt, wäre es eigentlich bei jeder anderen Substanz gewesen. Keine andere pharmakologische Substanz hätte so etwas überdauert. Vielleicht hängt es mit dem besonders schweren Ausmaß seelischer Störungen zusammen, dass diese Geschichte anders weiterging.

Man versuchte zunächst neue Substanzen zu entwickeln, die weniger Nebenwirkungen haben sollten. Leider stellte sich bald heraus, dass all die neuen Substanzen bei schweren Störungen an die Wirkung des Clozapins nicht herankamen. Bis heute gilt das Clozapin als der »Goldstandard« für die antipsychotische Wirkung. Dies führte dazu, dass die Ärzte von der Herstellerfirma die Freigabe trotz der schweren Nebenwirkungen erbaten. Außerdem hatte sich herausgestellt, dass das epidemische Auftreten von Agranulozytosen in Finnland möglicherweise durch zusätzliche Belastungsfaktoren bedingt war. Bei extremer Zurückhaltung der Firma und unter größten Vorsichtsmaßnahmen wurde Clozapin wieder eingesetzt und hat immer noch seine Position als hochwirksames Medikament inne. Es ist das einzige Psychopharmakon, bei dem die Ärzte belegen müssen, dass sie Risiko und Vorsichtsmaßnahmen genau kennen, bevor sie diese Substanz verschreiben dürfen.

Wie wirken Psychopharmaka?

Diese Frage kann einen mutlos machen. Das Gehirn ist ein Organ mit vielen Millionen Zellen: Nervenzellen, Stützzellen und Zellen, die Blutgefäße bilden. Besonders die Nervenzellen gewinnen ihre enorme Power durch ihr Potenzial zur Vernetzung mit anderen Nervenzellen. Man schätzt, dass es rund eine Billiarde solcher

Verbindungsstellen, so genannter Synapsen, im Gehirn gibt. Und man kann keineswegs sicher sein, dass es nur die Nervenzellen sind, die zur pharmakologischen Wirkung beitragen. Ganz zu schweigen von den lokalen Unterschieden der verschiedenen Hirnregionen.

Die meisten aktuellen Theorien zur Wirkung von Psychopharmaka haben mit den Synapsen zu tun. Was natürlich bedeutet, dass man auch eine synaptische Pathologie annimmt. Grob eingeteilt, sollen noradrenerge und serotonerge Synapsen an der Wirkung von Antidepressiva beteiligt sein, dopaminerge Synapsen an der Wirkung von Antipsychotika. Bereits unmittelbar nach ihrer Entdeckung begann man die Veränderung der Synapsen durch pharmakologisch wirksame Substanzen zu diskutieren. Dabei war ihre Existenz anfangs höchst umstritten: Durchaus renommierte Neurowissenschaftler wie Camillo Golgi glaubten nämlich, dass Nervenzellen direkt elektrisch kommunizieren, so ähnlich wie Steck-Kontakte.[1] Der Kampf zwischen diesen Spark-Leuten und denen, die glaubten, dass Signalübertragung über eine Art Neuro-Sekretion zu Stande käme, den Soup-Leuten, dauerte jahrzehntelang (Valenstein 2005). Heute ist er entschieden: Die Soup-Leute haben Recht behalten, ein Nobelpreis an Henry Dale und Otto Loewi machte das deutlich. Dabei ist die Kommunikation über Synapsen ein ziemlich komplexer Vorgang: Der ankommende elektrische Impuls, das Aktionspotenzial, setzt im präsynaptischen Terminal portionsweise so genannte Überträgersubstanzen frei, die zum postsynaptischen Terminal diffundieren und dort wiederum eine elektrische Potenzialdifferenz auslösen. Kommen genügend solcher Portionserregungen zusammen – aus einer oder mehreren Synapsen –, so kann die Summenerregung in der nach der Synapse gelegenen Nervenzelle überschwellig werden und wieder ein Aktionspotenzial generieren, das weitergeleitet wird. Auf den ersten Blick ist das kompliziert, und man kann verstehen, warum der elektrische Steck-Kontakt zunächst attraktiver erschien. Auf den zweiten Blick macht diese

1 Aus heutiger Sicht wird das nur verständlich, wenn man sich klarmacht, dass die Existenz eines synaptischen Spalts erst in den 50er Jahren mit der Einführung der Elektronenmikroskopie bewiesen werden konnte. Die bis dahin verfügbaren Zellfärbungen erweckten den Eindruck, dass Nervenzellen in der Tat ein fest verbundenes Netzwerk bilden.

Komplexität aber sehr viel Sinn: Ein ankommender Impuls wird nicht einfach so weitergeleitet, sondern die weiterleitende Zelle »entscheidet« aufgrund ihres Potenzialzustandes selbst, ob sie ein Signal weiterleitet oder nicht. In diese »Entscheidung« gehen der Zustand der Zelle selbst und die anderen, erregenden oder hemmenden synaptischen Einflüsse ein, die auf dieser Zelle konvergieren. Synaptische Verschaltung ist also eine wesentliche Voraussetzung für die Netzwerkeigenschaften des Gehirns. Auch wenn dies heute grundsätzlich akzeptiert wird, ist es doch fast unmöglich, vorauszusagen, wie sich die pharmakologische Beeinflussung einer Synapse oder eines Synapsentyps in einem Netzwerk oder im globalen Verhalten auswirken wird. Grund ist die Tatsache, dass sich so komplexe Systeme im Allgemeinen nicht linear verhalten, was gegenüber intuitiven Einschätzungen ein fast unüberwindliches Hindernis darstellt.

Die Pioniere der synaptischen Theorie waren da viel unbekümmerter. Sie untersuchten synaptische Strukturen mit Substanzen, die spezifisch auf bestimmte Subfunktionen dieser Synapsen wirkten, und projizierten diese lokalen, man könnte sagen: »mikro-lokalen« Effekte dann auf eine globale Verhaltensebene. Im Rückschluss wurden dann noch mögliche pathogene Mechanismen auf Zellebene abgehandelt, über die man mangels Untersuchbarkeit eigentlich gar nichts wissen konnte.

So wurde die Reuptake-Hemmung (Reuptake = Wiederaufnahme) für die genannten Überträgersubstanzen zum wesentlichen antidepressiven, die Blockade der D2-Rezeptoren zum wesentlichen antipsychotischen Wirkmechanismus erhoben. Entsprechend wäre ein Unterangebot der Überträgersubstanzen an entsprechenden Synapsen der wesentliche pathogene Mechanismus der Depression, ein Überangebot an Dopamin der pathogene Mechanismus der Psychosen. Kann ja sein. Das eigentliche Problem liegt darin, dass sich solche Hypothesen in einem Organ wie dem Gehirn kaum veri- oder falsifizieren lassen. Tatsächlich hat ihre erdrückende Dominanz jahrelang den Blick für Alternativen blockiert, für Alternativen, die zumindest genauso plausibel, wenn nicht: wesentlich weiterführender sind als die guten alten Synapsentheorien. Die meisten Mediziner sind etwas denkfaul geworden und lassen sich lieber vom Marketing bedienen, als selbst den Ungereimtheiten der jeweiligen Theorien nachzuspüren.

Ein denkwürdiger Nobelpreis

Im Jahre 2000 vergab das Nobelpreiskomitee den Preis für Medizin an drei Neurowissenschaftler, von denen zwei der Psychiatrie sehr nahestanden: Arvid Carlsson, Paul Greengard und Eric Kandel. Während Paul Greengard den Preis für fundamentale grundlagenwissenschaftliche Untersuchungen zur intrazellulären Signaltransduktion durch Second Messenger, speziell: das zyklische AMP, bekam, haben die Arbeiten von Carlsson und Kandel einen engen Bezug zur Psychiatrie. (Die Psychiater stellten das gerne so dar, dass diese Preise an die Psychiatrie gefallen seien, die Neurologen versuchten das Gleiche für ihr Fach; de facto bekamen die beiden Laureaten den Preis für ihre Arbeiten im Bereich der Grundlagenwissenschaften, Kandel ist zwar ausgebildeter Psychoanalytiker, aber dafür bekam er den Preis nicht.) Carlsson bekam den Preis für die Erforschung der dopaminergen Neurotransmission, auf Eric Kandels Beitrag kommen wir gleich noch (s. auch Carlsson 2001).

Alle drei Preise waren natürlich hochverdient. Das Erstaunliche an der Preisvergabe ist, dass die zwei für die Psychiatrie relevanten Preisträger völlig unterschiedliche theoretische Implikationen bezüglich der aus ihnen abzuleitenden Theorienbildung haben: Carlsson ist ein Protagonist der Theorie, dass Antipsychotika über die dopaminerge Synapsen wirken, und hat wesentliche Beiträge dafür geliefert, diese Theorie auch für die Klinik nutzbarer zu machen. Kandel hat ein Theoriegebäude erbaut, dessen wesentliche Aussagen substanzielle Zweifel an der Alleingültigkeit der Synapsen-Theorie an sich wach werden lassen: In einem Aufsatz, der 1998 erschienen war, also wenige Jahre bevor er den Nobelpreis erhielt, hatte Kandel den Satz geschrieben (S. 457): »Soweit Psychotherapie oder Beratung effektiv sind und lang dauernde Veränderungen hervorrufen, geschieht dies, indem Veränderungen der Genexpression induziert werden.« Mit diesem Statement sorgte er in sehr gegensätzlichen Psycho-Lagern für Provokation: Psychotherapeuten haben im Allgemeinen mit Genen nichts im Sinn, die sie als fest verdrahtet und so gleichsam als Widerpart ihrer eigenen Profession ansehen. Neurobiologen wiederum sehen Psychotherapie nicht als wissenschaftlich seriös an,

Gene allerdings durchaus. Beide allerdings befinden sich mit ihrer Einschätzung nicht auf dem neuesten Stand der Wissenschaft, zu deren aufregender Entwicklung Kandel sehr wesentlich beigetragen hat. Ein wesentliches Fazit seiner Arbeiten ist eben, dass Manipulationen, die lang anhaltende Veränderungen im Output des Zentralnervensystems zur Folge haben, tatsächlich mit einer Veränderung der Genexpression einhergehen. Was die meisten Psychotherapeuten schlicht nicht wissen, ist die Tatsache, dass die Mehrzahl der Gene eines Organismus nicht aktiv ist, sondern erst durch bestimmte Transkriptionsfaktoren aktiviert, »eingeschaltet« wird, zum Beispiel durch CREB. Durch diese Aktivierung wird die Bildung spezifischer Eiweißkörper eingeleitet, die für neue Funktionen verantwortlich sind. Dass dies auch durch Lernen, ein wesentlicher Mechanismus von Psychotherapie, geschieht, hat Eric Kandel mit seinen nobelpreisgewürdigten Arbeiten gezeigt.

Dass Psychotherapie beispielsweise bei Störungen wie der Depression ebenso effektiv wie Medikamente ist, haben die so gar nicht theorieverschreckten Amerikaner gezeigt, die sich trauten, auch mittelschwere und schwere Depressionen psychotherapeutisch zu behandeln. Nicht mit irgendeinem globalen Ansatz, tiefenpsychologisch oder verhaltenstherapeutisch, sondern mit einem speziell für die Besonderheiten der Depression gestrickten, störungsspezifischen Behandlungsverfahren, der Interpersonalen Therapie der Depression (Weissman et al. 1979).

Wie erreicht denn so eine Psychotherapie die depressogene Synapse? Wahrscheinlich gar nicht. Das Modell taugt für diese Erweiterung der klinischen Realität nichts mehr, und wir müssen nach neuen Modellen suchen.

Schon seit vielen Jahren ist bekannt, dass das körpereigene Stress-System bei Depressionen funktionell verändert ist. Generell kann man auf Stress sehr unterschiedlich reagieren: Die einen profitieren von dem aktivierenden Stressanteil, mobilisieren all ihre Reserven und schaffen es auf diese Weise, mit Anforderungen fertig zu werden, die zum Teil sicher über ihrem normalen Anforderungshorizont liegen. Ein Banker sagte mir einmal: »Was die Leute nur immer gegen Stress haben. Ich brauche Stress, sonst kriege ich nichts geregelt.« Das ist die eine Seite. Wenn Anforderungen und Persönlichkeit nicht zueinander passen, wird das Stress-System zwar wie bei dem Banker aktiviert – diese Aktivierung reicht aber nicht aus, um das gesetzte Ziel zu erreichen. Der Stress nimmt immer mehr zu, die körpereigenen Anpassungsreaktionen ebenfalls, bis plötzlich der stressabhängige Schongang, der immer nach der Aktivierung einsetzt und das System zurückreguliert, abgeschaltet wird. Es kommt zu einem massiven Überwiegen der Aktivierung des Organismus an allen Organen, aber vor allem am Gehirn, das in einen »Overdrive« gerät. Das ist nach allem, was man heute dazu weiß, der Anfang der Depression.[1] Im Gehirn hat diese Überaktivierung einige markante negative Konsequenzen: Die Verbindungsstellen der Nervenzellen werden zunächst weniger effektiv und nehmen schließlich drastisch ab. Nervenzellen gehen im Extremfall zugrunde. Diese Mechanismen sind wahrscheinlich die Ursache für die Wahrnehmung der Depressiven, dass es kein lebhaftes Erleben mehr gibt, dass alles irgendwie abgestanden, schal, grau ist – und dass die Kognition deutlich verschlechtert ist.

Eine ganze Reihe neurobiologischer Befunde untermauern diese Theorie. Ihren eigentlichen Kick bekam sie aber, als sich herausstellte, dass Antidepressiva diese Entwicklung wieder rückgängig machen können, indem sie die Regenerationsfähigkeit der Nervenzellen steigern und bestimmte Nervenzellen zur Neubildung anregen.

Über die oben erwähnten Veränderungen der Genexpression kommt es zu einer Steigerung der Faktoren, welche die Lebensfähigkeit von Neuronen steigern, oder – das Allerneueste – die Neuroneogenese steigern.

Schön, dass Medikamente so etwas machen. Aber was ist mit Psychotherapie? Was ist mit Spontanverläufen? Wenn man Depressive fragt, ob sie eine solche Symptomatik schon früher erlebt hätten, antworten viele, dass sie so etwas schon mal gehabt hätten und dass die Symptome erfreulicherweise von selbst wieder abgeklungen seien, meist so nach drei bis vier Monaten. Offenbar kann der Organismus solche körpereigenen antidepressiv wirksamen Mechanismen selbst einschalten. Dass sie auch bei der pharmakologischen Wirkung der Antidepressiva eine wesentliche Rolle spielen könnten, zeigte eine relativ einfache Analyse:

1 Meine Darstellung ist natürlich extrem vereinfacht. Einen wissenschaftlich adäquaten Überblick findet man bei Holsboer (2001).

Hans Stassen aus der Arbeitsgruppe des Züricher Epidemiologen Jules Angst »meta-analysierte« Zulassungsdaten von Antidepressiva bezüglich des zeitlichen Verlaufs der Besserung (Stassen et al. 1993). Er fand heraus, was erfahrene Kliniker intuitiv wissen, dass nämlich die Zeitverläufe der Besserung für alle Antidepressiva gleich waren, egal, welche chemische Struktur sie haben. Schon dieser Befund ist neurobiologisch nicht ganz leicht zu erklären. Viel verblüffender war aber die Entdeckung, dass auch der Zeitverlauf bei Besserung auf Plazebo dem der Verumsubstanzen entsprach! Natürlich besserten sich weniger Depressive auf Plazebo, sonst wären die untersuchten Verumpräparate nicht zugelassen worden. Aber wenn sie sich besserten, dann geschah dies im gleichen Tempo wie bei den Patienten, die Verum erhalten hatten. Was ist die einzig mögliche Erklärung? Besserung ist offenbar ein Prozess, der von ganz unterschiedlichen Interventionen in Gang gesetzt wird. Sie ist keine gleichsam »mechanische« Umstellung an einer »depressiven« Synapse, wo die Wiederaufnahme eines Neurotransmitters in das präsynaptische Neuron gehemmt wird, sondern wird oft durch solche, aber eben auch ganz anders geartete Prozesse ausgelöst. Diese Triggerfunktion haben aber nicht nur Medikamente, sondern auch spezifische Psychotherapie-Verfahren, wenn sie denn evidenz-basiert auf Depressionen wirken. Und anscheinend auch manche unspezifischen psychologischen Interaktionen, die – schwer erfassbar – der Plazebowirkung zugrunde liegen. Die gemeinsame Endstrecke könnte durchaus in den von Kandel untersuchten Transkriptionsfaktoren liegen, die zu einer Steigerung der neuronalen Regeneration führen.

Wo geht es hin?

Es hat natürlich eine Weile gedauert, bis solche Befunde akzeptiert wurden, da die meisten neurobiologisch interessierten Psychiater die »depressive« Synapse schon lange ihrem kristallinen Denkinventar zugeordnet hatten und nicht sehr begeistert waren, grundsätzlich umdenken zu müssen. Bereitschaft zum Umdenken ist andererseits die durchaus angemessene Grundhaltung, wenn man es mit einem derart faszinierenden und gegenüber unseren geistigen wie finanziellen Forschungskapazitäten überdimensionierten Organ wie dem Gehirn zu tun hat.

Es ist ja sehr menschlich, wenn man, um gegenüber dieser ungeheuren Vielfalt nicht zu verzweifeln, immer wieder den ja nicht verwerflichen Versuch macht, den verlorenen Schlüssel im Lichtkreis der Lampe zu suchen. Man darf sich nur nicht wundern, wenn andere mit beweglicheren Scheinwerfern bisweilen Befunde erheben, die mit den wohlvertrauten Theorien nichts zu tun haben. Und natürlich auch nichts mit den unser Denken viel zu sehr dominierenden Theorien des Pharma-Marketings.

Auch in den Theorien zur Schizophrenie, die jahrzehntelang im angeblich dysfunktionalen Dopaminsystem gründete, ist Bewegung gekommen. Zwei Psychiaterinnen, Sabine Bahn in Cambridge und Hannelore Ehrenreich in Göttingen, haben in der Grundlagenforschung und in der Therapieforschung erfrischend neue Wege beschritten. Sabine Bahn hat mit einem methodisch vielfältigen und theoretisch unvoreingenommenen Ansatz untersucht, wo denn tatsächlich die Auffälligkeiten bei schizophrenen Erkrankungen liegen, hat also nicht im Lichtkreis der bekannten Suchlaternen, sondern mit neuen Lichtquellen gesucht, wie sie von der Molekularbiologie verwendet werden. Gefunden hat sie faszinierende Hinweise darauf, dass es bei schizophrenen Psychosen offenbar zu spezifischen Dysfunktionen in der Energieversorgung des Gehirns und in den Schutzmechanismen gegen oxidativen Stress kommt (s. Prabakaran et al. 2004). Hannelore Ehrenreich und ihre Mitarbeiter (2004) haben unabhängig davon mit einer nicht industriell, sondern universitär (!!) organisierten Multicenterstudie gezeigt, dass Erythropoietin, eine Substanz, die auf keinen jener Mechanismen wirkt, die man bei der Schizophrenie für wichtig hält, als einzige pharmakologische Intervention auch auf die kognitiven Defizite jahrelang chronisch erkrankter Schizophrener wirkt.

Ob dies nun das letzte Wort in der Schizophrenie-Therapie ist, spielt eigentlich nicht die entscheidende Rolle. Wichtiger ist, dass wir in unserer wissenschaftlichen Ausrichtung offenbleiben, immer wieder in eine von der Theorie unbeeinflusste Datenaufnahme eintreten und uns nicht mit allzu einfachen Modellen zufriedengeben, wenn wir es mit dem Gehirn und seinen Störungen zu tun haben.

Literatur

Carlsson A (2001). A half-century of neurotransmitter research: impact on neurology and psychiatry. Nobel lecture. Biosci Rep; 21: 691-710.

Ehrenreich H, Degner D, Meller J, Brines M, Béhé M, Hasselblatt M, Woldt H, Falkai P et al. (2004). Erythropoietin: a candidate compound for neuroprotection in schizophrenia. Mol Psychiatry; 9: 42-54.

Holsboer F (2001). Stress, hypercortisolism and corticosteroid receptors in depression: implications for therapy. J Affect Disord; 62(1-2): 77-91.

Kandel E (1998). A new intellectual framework for psychiatry. Am J Psychiatry; 155; 457-69.

Nordt C, Stohler R (2006). Incidence of heroin use in Zurich, Switzerland: a treatment case register analysis. Lancet; 367: 1830-4.

Prabakaran S, Swatton JE, Ryan MM, Huffaker SJ, Huang JT, Griffin JL, Wayland M, Freeman T, Wayland M, Freeman T, Durbridge F, Lilley KS, Karp NA, Hester S, Tkachev D, Mimmack ML, Yolken RH, Webster MJ, Torrey EF, Bahn S (2004). Mitochondrial dysfunction in schizophrenia: evidence for compromised brain metabolism and oxidative stress. Mol Psychiatry; 9(7): 684-97.

Stassen HH, Delini-Stula A, Angst J (1993). Time course of improvement under antidepressant treatment: A survival-analytical approach. Eur Neuropsychopharmacol; 3: 127-35.

Valenstein ES (2005). The War of the Soups and the Sparks. The discovery of neurotransmitters and the dispute over how nerves communicate. New York: Columbia University Press.

Weissman MM, Prusoff BA, Dimascio A, Neu C, Goklaney M, Klerman GL (1979). The efficacy of drugs and psychotherapy in the treatment of acute depressive episodes. Am J Psychiatry; 136: 555-8.

Gerhard Roth

9 Das Gehirn auf der Couch

Neurobiologie und Psychoanalyse

Das Verhältnis von Psychoanalyse und Hirnforschung war lange Zeit von tiefer gegenseitiger Abneigung gekennzeichnet und ist es zum Teil auch heute noch. Für viele Hirnforscher (und ebenso für viele Neurologen und experimentell-empirisch arbeitende Psychologen) war und ist die Lehre Sigmund Freuds und die Psychoanalyse allgemein der Inbegriff unwissenschaftlichen Denkens und Tuns, von C. G. Jung ganz zu schweigen, und umgekehrt war für die Psychoanalytiker die Hirnforschung – sofern diese sich überhaupt mit Fragen des Psychischen befasste – der Ausbund eines verfehlten Reduktionismus, der alles Seelische am liebsten in Mikrometern und Millivolt ausdrücken wollte.

Diese Situation ist nicht selbstverständlich. Zum einen war der junge Freud ein hervorragend ausgebildeter und talentierter Neurobiologe, und es war für ihn selbstverständlich, dass seine im Entstehen begriffene Lehre vom Psychischen und seinen Erkrankungen eine neurobiologische Grundlage benötigte. Freud war zutiefst beeinflusst von der Tradition der »dynamischen Psychologie«, die von Franz Anton Mesmer über die romantische Medizin (vor allem C. G. Carus) bis zu Jean-Marie Charcot und Pierre Janet reichte und in scharfem Gegensatz zum Rationalismus der Aufklärung und des Klassizismus den Begriff des Unbewussten und Triebhaften bei der Erklärung des Psychischen in den Vordergrund stellte (Ellenberger 1996). Stark beeinflusst wurde Freud auch durch die Assoziationspsychologie Johann Friedrich Herbarts. Herbart ging davon aus, dass sich im »Seelischen« lange Assoziationsketten bilden, die in einem gleitenden Übergang vom Unbewussten zum Bewusstsein aufsteigen; er entwickelte auch die modern anmutende Vorstellung vom Kampf der Assoziationen um den Zugang zum Bewusstsein. Ebenfalls einen großen Einfluss auf den jungen Freud übte das so genannte »Konstanzprinzip« des Psychophysikers Gustav Theodor Fechner aus, das er in der kleinen Schrift »Einige Ideen zur Schöpfungs- und Entwicklungsgeschichte« von 1873 entwickelte. Nach diesem Prinzip besitzt alles Lebendige eine Tendenz zur Stabilität, zur Rückkehr in ein Gleichgewicht. Instabilität erzeugt Unlust, Rückkehr zur Stabilität Lust.

Innerhalb der Hirnforschung betrieb man zur Zeit des jungen Freud das, was man später abschätzig »Hirnmythologie« nannte, das heißt, man trachtete danach, die kognitiven und psychischen Leistungen des Gehirns anatomisch zu verorten. Der berühmte Neuroanatom und Lehrer Freuds Theodor Meynert zum Beispiel versuchte (aus heutiger Sicht nicht zu Unrecht) das »Unbewusste« den subkortikalen Zentren des Endhirns und dem Hirnstamm, das Ich hingegen dem assoziativen Kortex zuzuweisen. Wie der andere führende Neurologe seiner Zeit, John Hughlings Jackson, glaubte Meynert, psychische Erkrankungen seien ein Rückfall (eine Regression) kortikal-rationaler Funktionen auf unbewusste subkortikale Funktionen.

In der Nachfolge solcher Konzepte schrieb Freud um 1896 seinen »Entwurf einer Psychologie«. Diese Schrift stellte den Versuch dar, eine Theorie des »seelischen Apparates« auf der Grundlage der soeben etablierten Neuronentheorie zu entwickeln. Die empirische Basis für das Unternehmen war allerdings sehr schmal. Erst wenige Jahre zuvor war die für die heutige Neurobiologie grundlegende »Neuronen-Doktrin« veröffentlicht worden, also die Anschauung, dass das Nervensystem aus Nervenzellen, Neurone genannt, aufgebaut ist. Völlig unklar war damals die Frage, welche Art von Kontakten die Nervenzellen untereinander haben; der Begriff »Synapse« wurde erst einige Jahre später von Charles Sherrington geprägt. In genialer Vorausnahme dieser späteren Theorie entwickelte Freud die Vorstellung von »Kontaktzonen« zwischen den Nervenzellen. Da man aber von den elektrophysiologischen Vorgängen im Gehirn wenig, von den neurochemischen Vorgängen keinerlei Kenntnis hatte, konnte Freud auch nichts Fundiertes über diese Kontaktstellen aussagen.

Ein weiterer wesentlicher Hinderungsgrund war die bereits erwähnte, von Fechner übernommene Anschauung, dass alle seelischen Vorgänge auf Abfuhr von übermäßiger Erregung, von Spannung, angelegt seien, die von außen als Wahrnehmung (furcht)erregender Umweltgeschehnisse und von innen als Triebe in die Psyche eindringen. Psychische Spannung, die auf diese

Weise erzeugt würde, sei Unlust; Abfuhr oder zumindest Herabsetzung von Spannung erzeuge dagegen Lust. Es gäbe demnach im Nervensystem nur Auf- und Abbau von Erregung, nicht Hemmung als ein eigenes Wirkprinzip. Heutzutage ist die funktionelle Organisation des Gehirns ohne das Zusammenwirken von Erregung und Hemmung nicht verstehbar, aber es dauerte auch in der Neurobiologie bis in die späten 50er-Jahre des 20. Jahrhunderts, bis die Gleichwertigkeit von Erregung und Hemmung elektrophysiologisch und neurochemisch nachgewiesen wurde, u. a. durch die Entdeckung der inhibitorischen Neurotransmitter Gamma-Aminobuttersäure und Glycin.

Schließlich wusste man über den Aufbau und die Funktionsweise des limbischen Systems, das als »Sitz« des Psychischen anzusehen ist, nahezu nichts. Ein aus heutiger Sicht fundamentaler Irrtum Freuds und seiner neurobiologischen Zeitgenossen lautete, dass das unbewusste Psychische im Hirnstamm und Rückenmark zu suchen sei; vielleicht interessierte sich der junge Freud als Neuroanatom deshalb auch so sehr für den Hirnstamm »niederer« Wirbeltiere (z. B. der Neunaugen). Selbstverständlich sind Mittelhirn, Brücke und Verlängertes Mark – also die Hirnteile, die man als »Hirnstamm« ansieht – für das Psychische nicht ganz unwichtig, aber in einer ziemlich unspezifischen Weise; viel wichtiger sind die limbischen Zentren des Endhirns und Zwischenhirns. Das heißt, Freud hätte den Hirnstamm noch so gründlich untersuchen können, er wäre nicht fündig geworden – natürlich auch deshalb, weil Neurophysiologie und Neuropharmakologie noch völlig fehlten.

Angesichts dieser eklatanten Wissensdefizite war der kühne Versuch einer neurobiologischen Grundlegung der Psychoanalyse unter den damaligen Umständen zwangsläufig zum Scheitern verurteilt. Das ahnte wohl auch Freud, und er brach das ganze Projekt ab. Das führte u. a. dazu, dass er das oben genannte Manuskript nicht veröffentlichte und auch später davon nichts wissen wollte (es wurde erst 1950 posthum veröffentlicht). Was blieb, war ein sehr ambivalentes Verhältnis Freuds zur Hirnforschung: einerseits die Hoffnung, es könne sich irgendwann doch einmal eine neurobiologische Fundierung der Psychoanalyse ergeben, und andererseits der heroische, ja teilweise bewusste Verzicht auf ein solches Ziel. Die Nachfolger Freuds wandten sich immer weiter von der Idee ab, das Psychische im Gehirn zu »verorten« und der Psychotherapie und insbesondere der Psychoanalyse eine exakte empirische Grundlage zu verschaffen (vgl. hierzu Kandel 1999).

Wo im Gehirn sitzt die Seele?

Große Fortschritte bei der Errichtung einer Brücke zwischen Psychotherapie/Psychoanalyse und Hirnforschung ergaben sich in neuerer Zeit erst mit der Erforschung der strukturellen und funktionalen Organisation des limbischen Systems. Seit den 40er-Jahren des 20. Jahrhunderts entwickelte der amerikanische Neurologe Paul MacLean sein später sehr populär gewordenes Konzept von den »drei Gehirnen«, noch einmal ausführlich dargestellt in seinem 1990 erschienenen Werk »The Triune Brain in Evolution«. Diesem Konzept zufolge ergibt der Vergleich der Gehirne lebender Wirbeltiere, dass das Gehirn des Menschen und anderer »entwickelter« Säugetiere aus drei »Gehirnen« aufgebaut ist, die sich anatomisch und funktional grundlegend voneinander unterscheiden und sich nacheinander in der Hirnevolution entwickelt haben.

Das ursprünglichste Gehirn ist demnach das »Reptiliengehirn« (von MacLean auch »R-Complex« genannt). Es besteht aus dem Hirnstamm im weiteren Sinne, also Medulla oblongata, Brücke und Mittelhirn, sowie dem Zwischenhirn und auf der Ebene des Endhirns aus einer primitiven Form von Basalganglien. Dieses Gehirn reguliert die körperlichen Grundfunktionen wie Atmung, Verdauung, Herzfrequenz sowie alle reflex- und instinkthaften Verhaltensweisen, die nach MacLeans Anschauung für Reptilien typisch sind. Das zweite »Gehirn im Gehirn« ist nach seiner Auffassung das der frühen Säugetiere, der »Paläomammalier«, zu denen er beispielsweise die Insektenfresser und Nager zählt. Dieses Gehirn ist charakterisiert durch die zusätzliche Entwicklung dessen, was MacLean als Erster in den 50er-Jahren des vorigen Jahrhunderts »limbisches System« nannte (s. dazu auch Kap. 1, S. 23). Dieses System besteht nach MacLean aus einem »inneren Ring« oder »Archikortex«, der durch Amygdala, Septum, Hippocampus und limbische thalamische Kerne gebildet wird, und einem »äußeren Ring«, »Mesokortex« genannt (d.h. einer nichtsechsschichtigen »Übergangsrinde«), bestehend aus dem orbitofrontalen, cingulären, insulären, piriformen und entorhinalen Kortex. Dieser Komplex ist nach MacLean zuständig für Emotionen. Das dritte »Gehirn im Gehirn« schließlich ist das der höher entwickelten Säuger, das heißt der Primaten einschließlich des Menschen, das den stark expandierten sechsschichtigen Isokortex, also die Großhirnrinde im engeren Sinne, umfasst. Der Isokortex ist für MacLean Sitz von Vernunft und Verstand, von abstraktem Denken, Logik und Wissenschaft.

Für das nähere Verständnis des limbischen Systems verhängnisvoll war die irrige Feststellung MacLeans, dass diese drei Gehirne eher wenige Verbindungen untereinander aufweisen und entsprechend »relativ unabhängig voneinander« arbeiten. Dies erkläre – so MacLean –, weshalb es für den Menschen so schwierig sei, seine Affekte und Gefühle und erst recht seine Triebe und Instinkte zu zügeln. Diese Meinung wurde von vielen Philosophen und Psychologen aufgegriffen, obwohl sie auf zahlreichen unzutreffenden Annahmen über den Aufbau, die Funktionsweise und Evolution des Wirbeltier- und Säugergehirns beruht. Hierzu gehört die Annahme, das Endhirn der Reptilien und der von ihnen abstammenden Vögel bestehe im Wesentlichen aus Riechhirn und Basalganglien, und ebenso die Annahme, der Hippocampus habe wenig bis nichts mit Gedächtnisleistungen zu tun, sondern sei für die Verarbeitung von Geruchsreizen in Verbindung mit elementaren Körperfunktionen verantwortlich. Schließlich wurden von MacLean die starken und für einen Neurologen eigentlich nicht zu übersehenden massiven Verbindungen zwischen Basalganglien, limbischem System und Isokortex ignoriert – aus welchen Gründen auch immer.

Die moderne Neurobiologie kann hingegen zeigen, dass alle Wirbeltiere, das heißt Neunaugenartige, Knorpel- und Knochenfische, Amphibien, Reptilien, Vögel und Säuger, alle drei von MacLean genannten »Teil-Gehirne« besitzen, dass sich aber diese »Teil-Gehirne«, insbesondere der Isokortex und der mit ihm eng verbundene dorsale Thalamus, ganz unterschiedlich entwickelt haben. Die starke Evolution des Isokortex bei den Säugern und insbesondere bei Primaten brachte auch eine stärkere Umgestaltung und Differenzierung des limbischen Systems mit sich (vor allem eine starke Vergrößerung der für emotionale Konditionierung wichtigen basolateralen Amygdala), ohne dass sich die Grundverhältnisse änderten.

Das heutige Konzept vom limbischen System entwickelte sich durch Beiträge des Neuroanatomen Walle Nauta und insbesondere des niederländischen Neuroanatomen Rudolf Nieuwenhuys (Nieuwenhuys 1985; Nieuwenhuys et al. 1991), der Kerne bzw. Bereiche der Brücke und der Medulla oblongata mit einschloss. Nieuwenhuys entwickelte das fruchtbare Konzept des »zentralen limbischen Kontinuums« (ebd.), das sich von Septum und basalem Vorderhirn über die präoptische Region und den Hypothalamus zu den limbischen Zentren des ventralen Mittelhirns (Substantia nigra, ventrales tegmentales Areal, zentrales Höhlengrau usw.) zieht. Diesem Komplex sind auf subkortikaler Ebene das primäre olfaktorische und akzessorische (d.h. zusätzliche) olfaktorische (vomeronasale) System, der Amygdala-Komplex, die Hypophyse, die Habenula und die limbischen thalamischen Kerne und auf kortikaler Ebene der orbitofronale Kortex, der Gyrus cinguli, der insuläre Kortex, der Hippocampus und die umgebende Rinde (entorhinaler und parahippocampaler Kortex) sowie der präpiriforme Kortex unmittelbar angegliedert. Diese Zentren sind durch mächtige Faserbahnen untereinander verbunden. Über drei »Verbindungsleitungen« ist dieses System mit dem unteren Hirnstamm verbunden. Über direkte und indirekte (d.h. über thalamische Umschaltkerne laufende) Bahnen vom Septum, der Amygdala, dem Hypothalamus, dem ventralen Pallidum und dem ventralen tegmentalen Areal besteht gleichzeitig eine Verbindung mit dem Isokortex.

Einige Neurobiologen übten kürzlich Kritik am Begriff des limbischen Systems, und zwar mit dem Argument, es handele sich hierbei um ein anatomisch und funktional heterogenes Gebilde, das sich von anderen funktionalen Systemen des Gehirns nicht eindeutig abgrenzen lasse (vgl. LeDoux 1998; 2000). Viele andere Autoren behalten jedoch den Begriff »limbisches System« und »limbische Funktionen« bei. Zwar handelt es sich beim limbischen System in der Tat um ein Gebilde, das kein genau abgrenzbares Gebiet einnimmt, sondern sich praktisch durch alle Teile des Gehirns zieht, aber limbische Leistungen lassen sich durchaus gut von sensorischen, kognitiven, exekutiven (d.h. Handlungen vorbereitenden und kontrollierenden) und motorischen Funktionen des Gehirns unterscheiden, auch wenn all diese Funktionssysteme mit dem limbischen System in mehr oder weniger enger Beziehung stehen. (Eine ausführliche Darstellung der funktionellen Neuroanatomie des limbischen Systems findet sich bei Roth und Dicke [2005].)

Das Psychische wird sichtbar gemacht

Diese Untersuchungen von Struktur und Funktion der Hirnzentren wurden in den vergangenen zwei Jahrzehnten ergänzt durch tierexperimentelle neurophysiologische Untersuchungen, vornehmlich zur Entstehung von Furchtreaktionen. Wichtige Befunde lieferten auch neuropharmakologische Studien, insbesondere in Hinblick auf die Behandlung psychischer Erkrankungen. Vor allem aber wurden erstmals durch bildgebende Untersuchungen (Positronenemissionstomographie [PET] und funktionelle Kernspintomographie [fMRI]) die genauere Lokalisierung der Aktivitäten des gesamten menschlichen Gehirns und nicht nur der Großhirnrinde bei ungeöffnetem Schädel ermöglicht – im Gegensatz zur Elektroenzephalographie, die nur grobe räumliche Zuordnungen zulässt und zudem nur Aussagen über die elektrischen Potenziale der Großhirnrinde machen kann.

Durch Kombination all dieser Methoden begann erst vor rund einem Jahrzehnt die genauere Erforschung der neuronalen Grundlagen dessen, was Freud »psychischen Apparat« genannt hat. Bei bildgebenden Untersuchungen am Menschen ist die Beteiligung der Amygdala am Erkennen des affektiven und emotionalen Gehalts von Gesichtern besonders intensiv untersucht. Allgemein scheint die Amygdala bevorzugt auf furchterregende, drohende Gesichter zu reagieren, während Reaktionen auf positive Gesichtsausdrücke seltener gefunden werden (Zald 2003). Im Zusammenhang mit diesen Funktionen ist die Amygdala auch am Abschätzen der Glaubwürdigkeit von Gesichtern beteiligt (Adolphs et al. 1998; Winston et al. 2002). Bei unglaubwürdig wirkenden Gesichtern ist danach die Amygdala beidseits, der insuläre Kortex (der mit der Amygdala eng verbunden ist) in der rechten Hirnhälfte aktiviert. Inwieweit aber der rechten und linken Amygdala unterschiedliche Funktionen zukommen, ist umstritten (Zald 2003). Canli und Mitarbeiter (2002) berichteten, dass bei allen von ihnen untersuchten Personen die linke und die rechte Amygdala auf drohende Gesichter reagierten. Andere Autoren wie Hariri und Mitarbeiter (2002; 2003) fanden eine stärkere Aktivität der rechten Amygdala auf drohende Gesichter. Dolan (2000) hingegen berichtet, dies sei für die linke Amygdala der Fall. Interessanterweise fanden aber Canli und Mitarbeiter (2002) bei Personen, die eine erhöhte positive Grundstimmung zeigen, eine erhöhte Reaktion der linken Amygdala auf freundliche Gesichter.

Von besonderem Interesse für das Verständnis psychischer Erkrankungen ist die Rolle der Amygdala bei der Posttraumatischen Belastungsstörung (PTBS). Ein Charakteristikum der PTBS ist die eigentümliche Entkoppelung zwischen kognitivem und emotionalem Erleben. Rauch et al. (2000) konnten zeigen, dass sich die Amygdala selbst dann durch emotional negative Ereignisse aktivieren lässt, wenn ein Reiz nicht bewusst wahrgenommen wird. Die Probanden sahen in einigen Versuchen emotional negative oder positive Gesichter. Nach wenigen Millisekunden wurden diese jedoch durch Gesichter mit neutralem Gesichtsausdruck ersetzt, sodass die Versuchspersonen bewusst nur die neutralen Gesichter wahrnehmen konnten. Es zeigte sich, dass die Gesichter, die viel zu kurz präsentiert wurden, um bewusst wahrgenommen zu werden, den Mandelkern trotzdem aktiviert hatten – ihrem Charakter (»böses« oder »gutes« Gesicht) entsprechend. Diese Dissoziation mag mit der Tatsache zusammenhängen, dass die Amygdala sowohl bewusste, kortikale als auch schnellere, unbewusste, subkortikale Eingänge erhält.

Die entscheidende Frage ist, welche strukturellen Veränderungen sich bei Patienten mit einer PTBS nachweisen lassen. Ein aufsehenerregender Befund wurde Mitte der 90er Jahre von Bremner und Mitarbeitern (1995) publiziert. Die Autoren setzten die strukturelle Kernspintomographie bei 26 amerikanischen Vietnam-Veteranen mit PTBS im Vergleich zu 22 Probanden ohne PTBS ein. Die quantitative Analyse ergab, dass das Volumen des rechten Hippocampus der PTBS-Patienten im Schnitt 8 % geringer war. Darüber hinaus berichtete diese Studie auch über einen Zusammenhang zwischen dem Grad der Atrophie und einer Verminderung des verbalen Kurzzeitgedächtnisses.

Diese Befunde wurden mehrfach bestätigt (Bremner et al. 1997; Canive et al. 1997), wobei Villarreal et al. (2002) anhand ihrer Messungen an zwölf PTBS-Patienten und zehn Kontrollprobanden zeigen konnten, dass bei PTBS-Patienten nicht nur das Hippocampus-Volumen reduziert war, sondern zudem das Verhältnis des Volumens des Liquors zum Gesamtvolumen des Schädelinhalts erhöht war und der Quotient »weiße Substanz/Volumen des gesamten Schädelinhalts« erniedrigt war. Diese Veränderungen legen eine eher generalisierte Atrophie der weißen Substanz nahe. Allerdings waren die Hippocampi in dieser Gruppe von PTBS-Patienten auch dann noch verkleinert, wenn ihr Volumen auf das geschrumpfte Gesamthirn-Volumen korrigiert wurde.

Nicht alle Studien konnten den Zusammenhang zwischen PTBS und einer Reduktion des Hippocampus-Volumens in der gleichen Weise bestätigen (s. etwa Bonne et al. 2001). Dies mag damit zusammenhängen, dass in den Studien mit positiven Befunden häufig Patienten mit Extrem-Traumatisierungen untersucht wurden (z.B. Vietnam-Veteranen), bei denen die Ersterkrankung zum Zeitpunkt der Messung nicht selten 20 oder mehr Jahre zurücklag. Auch ist zu bedenken, dass in diesen Gruppen häufig weitere Probleme wie Alkohol- oder Drogenabhängigkeit und psychiatrische Begleiterkrankungen eine Rolle spielen, die das Ergebnis mit beeinflusst haben könnten.

In diesem Zusammenhang sind Studien wichtig, die weitere, aus heutiger Sicht sensitivere Parameter für die Integrität der Hirnsubstanz untersuchen und somit ein morphologisches Substrat der PTBS unterhalb der Schwelle zur Volumenänderung nachweisen könnten. Als ein solches Messverfahren ist die Kernspin-Protonenspektroskopie zu nennen. Dieses Verfahren basiert wie die strukturelle Kernspintomographie auf den Spineigenschaften von Protonen und erlaubt, den Gipfeln der spektralen Antwort einzelne Moleküle zuzuordnen und damit deren Menge in bestimmten Hirnregionen zu bestimmen. Ein wichtiges Indiz für die Intaktheit des Nervensystems ist eine Substanz mit dem Namen N-Acetyl-Aspartat (NAA). Schuff und Mitarbeiter (2001) konnten bei einer Untersuchung an 18 PTBS-Patienten im Vergleich zu Kontrollpersonen zwar keine Reduktion des Hippocampus-Volumens feststellen, wohl aber eine Erniedrigung des

NAA-Spiegels um durchschnittlich 23 % bilateral bei den PTBS-Patienten.

Dies deutet darauf hin, dass es hier zu feinstrukturellen Veränderungen im Sinne eines neuronalen Zellverlusts gekommen sein dürfte, ohne dass schon grobstrukturelle Veränderungen des Volumens auftraten. In einer Gruppe von Kindern, die missbraucht worden waren, konnten De Bellis und Mitarbeiter (2001a) zeigen, dass auch der Gyrus cinguli von derartigen Veränderungen betroffen ist. Es ist zu erwarten, dass diese Messungen durch weitere Verfahren wie die diffusionsgewichtete Bildgebung (diffusion weighted imaging, DWI) ergänzt werden, bei der die Größe des Extrazellulärraums und damit indirekt das Ausmaß an Zellverlust bestimmt werden können.

In Tierversuchen konnte gezeigt werden, dass durch eine exzessive Ausschüttung von Stresshormonen, insbesondere Kortisol, eine neurotoxische Kaskade in Gang kommt, die vor allem im Hippocampus zu Zellverlusten führt (s. o.). Entsprechend wird auch bei Patienten mit einer PTBS ein derartiger Mechanismus für die Hippocampus-Atrophie verantwortlich gemacht. Hierzu passt der moderat erhöhte Spiegel des CRF (= Corticotropin Releasing Factor bzw. Kortikotropin-Releasing-Faktor, eine Substanz, die wiederum die Ausschüttung des Kortisols in der Nebenniere hervorruft) im Liquor von Betroffenen (Baker et al. 1999). In gleicher Weise können Befunde einer Hippocampus-Verkleinerung bei Patienten mit einem Hyperkortisolismus (dem so genannten Cushing-Syndrom) gewertet werden. Eine solche Annahme ist auch vereinbar mit dem Befund, dass Patientengruppen, bei denen ebenfalls eine chronische Stressbelastung angenommen werden kann, beispielsweise bei Patienten mit einer schweren Depression, eine Hippocampus-Verkleinerung zeigen.

Diese Überlegungen zur Rolle einer vermehrten Kortisol-Ausschüttung bei PTBS sind zwar schlüssig, waren jedoch bis vor kurzem beim Menschen ohne echten Beleg. Die oben zitierten Studien zu morphologischen Veränderungen am Hippocampus von PTBS-Patienten sind darüber hinaus sämtlich Querschnittsuntersuchungen, die unterschiedliche Interpretationen erlauben. Die Atrophie des Hippocampus könnte zwar durchaus die Folge einer Traumatisierung und eines erhöhten Kortisol-Spiegels sein, aber bei Querschnittsuntersuchungen kann nicht ausgeschlossen werden, dass Personen, die bereits vor dem Auftreten der Störung einen kleinen Hippocampus besitzen, dazu prädisponiert sind, auf eine schwere Traumatisierung mit einer PTBS zu antworten. Charakteristischerweise entwickelt nur ein Drittel bis ein Viertel der Personen mit schweren traumatischen Erfahrung überhaupt eine PTBS.

Erfreulicherweise sind Arbeiten erschienen, die sich dieser schwierigen Frage stellen. So untersuchten Bonne und Mitarbeiter (2001) 37 Personen, die akut von einer schweren psychischen Traumatisierung betroffen waren, zweimal in Bezug auf ihr Hippocampus-Volumen, und zwar zum ersten Mal innerhalb einer Woche nach der Traumatisierung und zum zweiten Mal nach etwa sechs Monaten. Zehn der Patienten wiesen zum Zeitpunkt der zweiten Untersuchung die diagnostischen Merkmale der PTBS auf. Die volumetrischen Messungen zeigten zwei interessante Befunde: Die 10 PTBS-Patienten zeigten im Vergleich zu den 27 Patienten, die auf die Traumatisierung nicht mit einer PTBS antworteten, zum Zeitpunkt der ersten Messung keine Volumenverringerungen des Hippocampus oder der Amygdala. Diese Untersuchung spricht gegen die generelle Annahme, dass ein ursprünglich kleiner Hippocampus als Risikofaktor für die Entstehung einer PTBS angesehen werden muss. Bei den PTBS-Patienten konnten darüber hinaus auch zum zweiten Messzeitpunkt keine Veränderungen der Volumina festgestellt werden. Dies könnte einerseits bedeuten, dass die beiden Messzeitpunkte zu eng beieinander lagen, um eine Atrophie nachzuweisen, andererseits wäre es auch möglich, dass nur mehrfach und/oder extrem Traumatisierte diesen Befund entwickeln. Eine zweite Studie verfolgte eine kleine Gruppe von neun Kindern, die eine missbrauchsinduzierte PTBS aufwiesen, über einen Zeitraum von mindestens zwei Jahren (De Bellis et al. 2001b). Hier konnte im Vergleich zu einer Kontrollgruppe keine differenzielle Entwicklung des Hippocampus nachgewiesen werden.

Einen anderen Ansatz verfolgt eine Studie von Gilbertson und Mitarbeitern (2002), in der zwölf monozygote Zwillingspaare untersucht wurden, von denen ein Zwilling im Vietnam-Krieg eine PTBS erworben hatte, die bis zum Untersuchungszeitpunkt anhielt – der andere Zwilling war von traumatischen Erlebnissen verschont geblieben. Diese Paare wurden mit einer weiteren

Gruppe von monozygoten Zwillingen verglichen, von denen ein Partner zwar an Kampfhandlungen im Vietnam-Krieg teilgenommen hatte, jedoch keine PTBS bekommen hatte. Hier ergab sich, dass sowohl die PTBS-erkrankten Zwillinge als auch ihre Geschwister einen kleineren Hippocampus aufwiesen als die Kontrollgruppe mit exponierten, jedoch nicht erkrankten Zwillingen. Da aus anderen Zwillingsuntersuchungen bekannt ist, dass die Größe des Hippocampus durch genetische Faktoren determiniert wird, schlossen diese Autoren, dass ein primär kleinerer Hippocampus für eine PTBS prädisponiert, allerdings mit der Einschränkung, dass dies wahrscheinlich nur für die Varianten gelte, bei denen nach Schwersttraumatisierung eine langjährige PTBS auftrete, die sich im Verlauf nicht bessert.

Neuere Untersuchungen von Bremner und Mitarbeitern (2003) unterstützen wiederum die Befunde einer Schädigung des Hippocampus im Zusammenhang mit PTBS. Hier wurden Untersuchungen an drei Gruppen mit insgesamt 33 Frauen durchgeführt, davon zehn mit sexuellem Missbrauch in der Kindheit und PTBS (Gruppe A), zwölf Frauen mit sexuellem Missbrauch in der Kindheit ohne PTBS (Gruppe B) und elf Frauen ohne beides (Gruppe C). Das Hippocampus-Volumen wurde mithilfe des strukturellen MRI bestimmt, die Messung der Hippocampus-Aktivität während einer Gedächtnisaufgabe geschah mithilfe von PET. Als Ergebnis zeigte sich, dass bei den Mitgliedern der Gruppe A der Hippocampus um 16 % gegenüber dem der Mitglieder von Gruppe B und um 19 % gegenüber den Mitgliedern der Gruppe C verkleinert war. Besonders stark betroffen war der rechte Hippocampus (22 % Gruppe A vs. Gruppe C). In den PET-Untersuchungen zeigte sich bei Mitgliedern der Gruppe A eine signifikant verringerte Aktivierung des linken Hippocampus, der als zuständig für die Einspeicherung verbaler Information angesehen wird.

PET-Untersuchungen von Gilboa und Mitarbeitern (2004) an PTBS-Patienten im Vergleich mit Probanden, die zwar ein traumatisches Erlebnis hatten, aber gesund, das heißt ohne Belastungsstörung, geblieben waren, zeigten, dass bei Ersteren ein neuronales Netzwerk gestört war. Es setzt sich zusammen aus rechtem präfrontalem Kortex, Hippocampus und visuellem Kortex einerseits sowie der Amygdala, dem vorderen cingulären und prämotorischen Kortex andererseits. Traumatische Erfahrung führt zu einer Übererregung der Amygdala und der vegetativ-affektiven Reaktionen, die sie kontrolliert und die von den kortikalen kognitiven und limbischen Zentren nicht gedämpft werden kann. Auch das Gedächtnissystem des Hippocampus wird durch die Amygdala übererregt. Dies unterstreicht die bereits lang gehegte Vermutung, dass das Frontalhirn im Normalzustand eine zügelnde Kontrollfunktion auf die Amygdala ausübt. Bei Trauma- und Angst-Patienten ist sie verringert. Entsprechend erhöht ist die Amygdala-Aktivität. Die Folge ist eine Überreaktion gegenüber Reizsituationen, die aversiv bzw. beängstigend sind. Dies gilt auch für Borderline-Patienten. Bei diesen Menschen konnte gezeigt werden, dass die Amygdala in beiden Hirnhälften bei der Präsentation negativer emotionaler Bilder überreagiert. Ebenso zeigte sich eine starke bilaterale Aktivierung des Gyrus fusiformis, der für das Erkennen der emotionalen Komponenten von Gesichtern wichtig ist (Herpertz et al. 2001). Für die Aufklärung der neurobiologischen Grundlagen von Psychotherapie wichtig sind in diesem Zusammenhang Befunde von Ochsner und Mitarbeitern. Sie konnten im Jahr 2002 im Rahmen einer fMRI-Studie nachweisen, dass das laterale und mediale Frontalhirn wesentlich aktiver wird, wenn die Versuchspersonen ursprünglich stark negativ wirkende Bilder sowohl emotional als auch rational neu bewerteten. Das führte dann wiederum zu einer Aktivitätsminderung im orbitofrontalen Kortex und in der Amygdala.

Was bedeutet dies alles?

Die genannten Untersuchungen zeigen, dass alles Psychische (in dem eingangs definierten Sinne) aufs Engste mit spezifischen Vorgängen in bestimmten Hirnregionen verbunden ist. Hierzu gehören vornehmlich auf der Ebene der Großhirnrinde der dorsolaterale, orbitofrontale, anteriore cinguläre und insuläre Kortex, die Hippocampus-Region, das mesolimbische System und die Amygdala. Diese limbischen Zentren sind untereinander eng verbunden und bilden ein Netzwerk, das sich vornehmlich mit der Bewertung des affektiv-emotionalen Gehalts von Objekten und Geschehnissen und ihrer Bedeutung für unser Handeln (z. B. im Zusammenhang mit Belohnungs- und Bestrafungserwartungen) befasst. Dabei besteht ein gewisser Antagonismus zwischen dem dorsolateralen, orbitofrontalen und anterior-cingulären Kortex einerseits und der Amygdala sowie dem mesolimbischen System andererseits: Die ersteren Regionen üben einen eher hemmend-zügelnden Einfluss auf die subkortikalen limbischen Regionen aus. Bei psychischen Erkrankungen wie der PTBS, generellen Angstzuständen oder Borderline-Persönlichkeitsstörungen kommt es offenbar zu einer Beeinträchtigung dieses zügelnden Einflusses und zu einer Übererregung der Amygdala.

Die Bemühungen um das Studium der neurobiologischen Grundlagen des Psychischen und psychischer Erkrankungen mithilfe struktureller und funktioneller bildgebender Verfahren stecken fraglos noch in den Kinderschuhen. Dies hat vornehmlich methodisch-experimentelle Gründe (vgl. Zald 2003). So ist die Amygdala des menschlichen Gehirns relativ klein (1,5 bis 1,9 cm im Durchmesser), und die Aktivitätserhöhungen oder -erniedrigungen sind vergleichsweise gering. Zudem sind die limbischen Zentren an zahlreichen unterschiedlichen Funktionen beteiligt, die Amygdala zum Beispiel generell an der Bewertung auffallender oder stark überraschender Reize. Das gilt auch für solche mit positiver Bedeutung, auch wenn die Aktivierung durch negative Reize dominiert (s. Kap. 5, S. 98). Entsprechend ist es schwierig, Stimulussituationen zu erzeugen, die einerseits nicht zu einfach sind, andererseits aber doch die Amygdala hinreichend aktivieren.

Umso erstaunlicher ist es, dass Untersuchungen mithilfe von PET und struktureller sowie funktioneller Kernspintomographie ein einigermaßen klares Bild über differenzielle Aktivitätserhöhungen und -erniedrigungen in limbischen Zentren bei der Wahrnehmung von Stimulussituationen mit negativer Valenz und bei psychischen Störungen wie PTBS, generalisierter Angst und Borderline-Störung ergeben. Diese Befunde stimmen sehr gut mit den ausgedehnten tierexperimentellen Untersuchungen zur emotionalen Konditionierung, insbesondere zur Furchtkonditionierung, überein, sodass sich diese Befunde inzwischen gut auf den Menschen übertragen lassen.

Was passiert im Gehirn bei der Psychotherapie?

Die Aufklärung der Frage, was bei einer Psychotherapie auf neuronaler Ebene geschieht, steht noch ganz am Anfang der neurowissenschaftlichen und neuropsychologischen Forschung. Eine Voraussetzung hierfür ist, dass die neurobiologischen Grundlagen psychischer Erkrankungen viel besser als bisher bekannt sind, und zum anderen hat man hier mit besonderen methodischen Fragen zu kämpfen, insbesondere mit der Frage, ob ein Rückgang oder gar ein Verschwinden der psychischen Störungen spezifisch durch die im jeweiligen Fall durchgeführte Therapie herbeigeführt wurde oder ob sie durch ganz andere Faktoren bzw. »von selbst« erfolgte. Zudem stellen sich, wie soeben dargestellt, psychische Störungen meist nicht als Fehlfunktion eines einzigen Hirnzentrums dar, sondern meist als Störung eines spezifischen Interaktionsmusters mehrerer bis vieler Zentren.

Immerhin gibt es erste Studien, die mithilfe der funktionalen Bildgebung Therapie-Effekte zeigen. Die bereits erwähnte Studie von Ochsner und Mitarbeiter weist in diese Richtung. Ebenso ist der etwas später publizierte Befund von Hariri und Mitarbeitern (2003) wichtig, der besagt, dass bei der Bewältigung von Angstgefühlen, die durch bedrohliche Bilder hervorgerufen worden waren, Aktivitäten im rechten orbitofrontalen und cingulären Kortex, den »Kontrolleuren« subkortikaler limbischer Zentren, in dem Maße ansteigen, wie sie in der rechten Amygdala absinken. Ebenso liegen erste fMRI-Untersuchungen zum Vorgang des »Verdrängens« unerwünschter Erinnerungen im Sinne Freuds vor: Anderson und Mitarbeiter (2004) konnten zeigen, dass die Aufgabe, bestimmte Gedächtnisinhalte aktiv aus dem Bewusstsein zu verdrängen, zu einer erhöhten Aktivität des dorsolateralen präfrontalen Kortex und einer verringerten Aktivität des rechten Hippocampus führte. Beide Aktivitätsänderungen korrelierten signifikant mit dem Ausmaß der Verdrängung.

Allgemein können wir davon ausgehen, dass psychische Konflikte mit dem Entstehen bestimmter »falscher« Verknüpfungen in Netzwerken in der Amygdala und anderen limbischen Zentren einhergehen. Das kann zum Beispiel aufgrund »fehlerhafter« emotionaler Konditionierung oder in der Folge von traumatischen Erlebnissen geschehen sein. Diese »Fehlverknüpfungen« führen zu einer Über- oder Unteraktivität bei bestimmten Reizsituationen (z. B. bei der Einschätzung möglicher Gefahren) oder internen Emotions- und Motivationszuständen und einer Störung des sensiblen Gleichgewichts zwischen den subkortikalen und kortikalen limbischen und kognitiven Zentren.

Man kann sich entsprechend aus neurowissenschaftlicher Sicht drei Weisen vorstellen, wie Psychotherapie wirkt:

– Die erste Art besteht in einer Stärkung der Ebene des bewussten Ich, und zwar in der Weise, dass der Einfluss des cingulären und orbitofrontalen Kortex auf die Amygdala und damit die Impulskontrolle verstärkt wird. Eine solche Maßnahme korrigiert allerdings nicht die »falsch verdrahteten« Netzwerke im limbischen System, sondern mildert höchstens deren negative Auswirkungen auf das Verhalten. Die Ursachen der psychischen Störungen sind lediglich übertüncht; in ungünstigen Situationen treten die früheren Symptome wieder auf, so als habe nie eine Besserung stattgefunden.
– Die zweite Art könnte im Auflösen der »verknoteten« limbischen Netzwerke bestehen und damit im Beseitigen des Übels an der Wurzel. Manche Emotionsneurobiologen wie Joseph LeDoux (1998) und Michael Fanselow (persönl. Mitteilung) bezweifeln aber, dass amygdaläre Netzwerke überhaupt umlernen können, wenn sie erst einmal in einer bestimmten Weise geprägt wurden. Sie gehen davon aus, dass die Amygdala »nie vergisst«.
– Die dritte Art könnte, wie zum Beispiel LeDoux (1998; 2003) annimmt, darin bestehen, dass im Laufe einer Therapie aufgrund andersartiger, das heißt positiver emotionaler Erfahrungen in der Amygdala »Ersatzschaltungen« angelegt werden, die die negativen Schaltungen einkapseln und an ihnen vorbei einen eigenen Zugang zur Handlungssteuerung erlangen.

Therapie wäre dann die Induktion der Bildung dieser kompensatorischen Netzwerke. Der für die psychoanalytische Therapie wichtige Prozess der Übertragung und Gegenübertragung könnte hierfür günstige emotionale Bedingungen schaffen – in dem Sinne, dass es dabei zu neurochemischen Zuständen kommt, in denen eine Neubildung von kompensatorischen Netzwerken in der Amygdala (und anderswo im limbischen System) ermöglicht wird. Es ist aber nicht auszuschließen, dass es in manchen besonders günstig verlaufenden Therapien doch zu einer langfristigen Veränderung in den primär »erkrankten« limbischen Netzwerken kommt. Psychotherapie »repariert« im eigentlichen Sinne also keine Störung, diese wird gleichsam eingekapselt. Wenn die Therapie gut verläuft, werden im Gehirn »Ersatzschaltungen« angelegt und eine fragile Balance hergestellt (s. Roth u. Welzer 2006).

Hatte Freud Recht?

Die psychotheoretischen Grundaussagen Freuds lassen sich, wenngleich stark verkürzt, folgendermaßen zusammenfassen:

- Das Unbewusste kontrolliert das Bewusstsein stärker als umgekehrt.
- Das Unbewusste (oder Es) entsteht vor dem Bewusstsein; es legt sehr früh die Grundstrukturen des Psychischen und des bewussten Erlebens, des »Ich« fest.
- Unbewusste Konflikte äußern sich in »verkleideter« Weise auf der Ebene der Bewusstseinszustände in Form von Träumen, Fehlleistungen, Neurosen und Psychosen.
- Das Ich hat keine oder nur geringe Einsicht in die unbewussten Determinanten des Erlebens und Handelns.

Die erste Aussage ist zweifellos richtig. Bewusstseinszustände sind tief eingebettet in unsere unbewussten Prozesse. Hierzu gehört das, was wir einmal bewusst erlebt haben, aber ins Unbewusste abgesunken ist. Das gilt auch für Ereignisse, die wir in den ersten drei Jahren nach der Geburt erlebt haben und die entweder nicht in unser Langzeitgedächtnis gelangten oder von dort nicht abrufbar sind (Freuds »infantile Amnesie«). Leider können die Neurowissenschaften bisher nur wenig zu den Prozessen sagen, die das Absinken von bewussten Inhalten in das Langzeitgedächtnis kontrollieren. Es gibt zwar Einsichten darüber, welche Faktoren die Wahrscheinlichkeit bestimmen, mit der bewusste Erfahrungen abgerufen werden können, und man erkennt, dass diese Faktoren bei dem Vorgang eine große Rolle spielen, den Freud

»Verdrängung« genannt hat. Die genauere Beschaffenheit des »Zensors«, den Freud zwischen der Ebene des Vorbewussten und des Bewussten annahm, ist aber unbekannt. Zweifellos spielen hierbei limbische Zentren wie Amygdala, insulärer, cingulärer und orbitofrontaler Kortex eine wichtige Rolle, die alle den Hippocampus als Organisator des bewusstseinsfähigen und sprachlich berichtbaren (deklarativen) Gedächtnisses beeinflussen. Wie geschildert, gelingt es mithilfe bildgebender Verfahren Aktivitäten in den limbischen Zentren bei psychischen Belastungszuständen wie dem Erleben negativer emotionaler Ereignisse oder der Erinnerung an traumatische Geschehnisse sichtbar zu machen, die den Patienten bzw. Versuchspersonen nicht bewusst sind.

Auch die zweite Grundannahme Freuds trifft offensichtlich zu: Das Es entsteht sehr früh im limbischen System und legt entsprechend frühzeitig die Grundstrukturen des Psychischen fest, lange bevor diejenigen Strukturen ausreifen, die dem Ich zugrunde liegen, vor allem der Hippocampus und der assoziative Kortex. Mit ihnen entsteht allmählich das autobiografische Gedächtnis und beendet die »infantile Amnesie« gegen Ende des dritten Lebensjahres. Neben genetischen Faktoren formen vorgeburtliche und frühe nachgeburtliche Ereignisse unsere Persönlichkeit. Dieser Prozess ist in den ersten drei Lebensjahren besonders intensiv und nimmt zum 10. Lebensjahr deutlich ab. Während der Pubertät gibt es noch einmal Umstrukturierungen der Persönlichkeit, ab dann sind wir in unserem Charakter im Wesentlichen stabil. Dies korrespondiert eng mit den Ausreifungsprozessen beteiligter Hirnzentren, von denen der orbitofrontale Kortex erst während der Pubertät zur vollen Reife gelangt. In ihm sind die moralisch-ethischen Verhaltensregeln niedergelegt, und deshalb entspricht er am ehesten dem »Über Ich« Freuds.

Die dritte Grundannahme Freuds erfährt ebenfalls eine empirische Unterstützung: Das Verhältnis zur Mutter bzw. primären Bezugsperson ist entscheidend für die weitere Entwicklung des Säuglings und Kleinkindes. Das, was wir Psyche oder Seele nennen, entwickelt sich zunächst in der Interaktion zwischen Mutter und Kind, später durch den Einfluss von Vater, Geschwistern usw. Das menschliche Ich entsteht aus der Interaktion und Kommunikation, genauso wie Gene durch Umwelteinflüsse aktiviert werden. Erst Freuds Perspektive macht verständlich, wofür das

Gehirn da ist. Nicht um Neurone feuern zu lassen, sondern Bedeutungen im individuellen und insbesondere im sozialen Handeln zu erzeugen und zu verarbeiten (s. Roth u. Welzer 2006). Wenn nun ein Neugeborenes eine erhöhte »Verletzlichkeit« mit auf die Welt bringt, die besonders viel fürsorglich-schützende Zuwendung der Mutter erfordert, die ihrerseits das aber aus Unkenntnis, Überforderung oder aufgrund psychischer Defizite nicht leisten kann, wird es problematisch. Doch selbstverständlich hinterlassen in der Psyche auch »normale« Schwierigkeiten ihre Spuren. Sie können sich bei der Entwicklung der Persönlichkeit und des Ich auf der unbewussten affektiven Ebene des Psychischen, der unbewussten emotionalen Ebene und der bewussten kognitiven Ebene ergeben. Hierzu können die Neurowissenschaften nur sehr wenig sagen. Es ist aber nicht auszuschließen, dass sie vielleicht bald genetische, hirnanatomische und hirnphysiologische Korrelate zu diesen frühen psychodynamischen Prozessen aufzeigen können. Ebenso wenig lässt sich vonseiten der Neurowissenschaften zurzeit etwas zu den vielfältigen »Verkleidungen« sagen, in denen frühkindliche oder pubertäre Konflikte auf der Bewusstseinsebene des Erwachsenen auftauchen.

Auch die vierte Grundannahme Freuds, dass das bewusste Ich keine oder keine umfassende Kenntnis vom Es hat und auch grundsätzlich nicht haben kann, wird von Neurobiologie und -psychologie gestützt. Das Ich erlebt sich sowohl als Quelle seiner Wünsche, Gedanken und Handlungspläne als auch als Verursacher seines Handelns. Es fühlt sich frei, das heißt von keinerlei Faktoren außer ihm selbst kausal bedingt, und meint in vielen Situationen, auch anders handeln zu können, wenn es nur gewollt hätte. Da aber Bewusstsein unabdingbar an kortikale Aktivitäten gebunden ist, können vom Ich die Einflüsse des subkortikalen limbischen Systems nicht bis zu diesen Zentren zurückverfolgt werden – sie wären sonst nicht unbewusst. Gleichzeitig herrscht der Zwang des Ich zur Rechtfertigung vor sich selbst und vor anderen, was oft zu ausgedehnten »Konfabulationen« führt. Das Ich muss Dinge erklären, die es aus bewusster Erfahrung gar nicht kennt, sondern höchstens ahnt.

Der Bau einer Brücke zwischen Psychotherapie/Psychoanalyse und Hirnforschung steht erst am Anfang. Aufgabe der nächsten Jahre wird es sein, mithilfe bildgebender und neuropharmakologischer Untersuchungen genauer zu bestimmen, was sich während einer Psychotherapie im Gehirn vollzieht und was auf der Ebene der Gehirnfunktionen eine erfolgreiche Therapie von einer erfolglosen unterscheidet. Selbstverständlich wird die Psychotherapie durch die Hirnforschung nicht überflüssig – dies anzunehmen wäre so unsinnig wie die Aussage, dass die Kenntnis der Wirkungsweise eines Medikaments seine Anwendung ersetzt. Vielmehr geht es darum, der Psychotherapie und damit auch der Psychoanalyse die verlässliche naturwissenschaftliche Basis zu verleihen, von der Freud sein Leben lang geträumt hat.

Literatur

Adolphs R, Tranel D, Damasio AR (1998). The human amygdala in social judgement. Nature; 393: 470-4.

Anderson MC, Ochsner KN, Kuhl B, Cooper J, Robertson E, Gabrieli SW, Glover GH, Gabrieli JDE (2004). Neural systems underlying the suppression of unwanted memory. Science; 303: 232-5.

Baker DG, West SA, Nicholson WE, Ekhator NN, Kasckow JW, Hill KK, Bruce AB, Orth DN, Geracioti TD, Jr. (1999). Serial CSF corticotropin-releasing hormone levels and adrenocortical activity in combat veterans with posttraumatic stress disorder. Am J Psychiatry; 156: 585-8.

Bonne O, Brandes D, Gilboa A, Gomori JM, Shenton ME, Pitman RK, Shalev AY (2001). Longitudinal MRI study of hippocampal volume in trauma survivors with PTSD. Am J Psychiatry; 158: 1248-51.

Bremner JD, Randall P, Scott TM, Bronen RA, Seibyl JP, Southwick SM, Delaney RC, McCarthy G, Charney DS, Innis RB (1995). MRI-based measurement of hippocampal volume in patients with combat-related posttraumatic stress disorder. Am J Psychiatry; 152: 973-81.

Bremner JD, Randall P, Vermetten E, Staib L, Bronen RA, Mazure C, Capelli S, McCarthy G, Innis RB, Charney DS (1997). Magnetic resonance imaging-based measurement of hippocampal volume in posttraumatic stress disorder related to childhood physical and sexual abuse – a preliminary report. Biol Psychiatry; 41: 23-32.

Bremner JD, Vythilingam M, Vermetten E, Southwick SM, McGlashan T, Nazeer A, Khan S, Vaccarino LV, Soufer R, Garg PK, Ng CK, Staib LH, Duncan JS, Charney DS (2003). MRI and PET study of deficits in hippocampal structure and function in women with childhood sexual abuse and posttraumatic stress disorder. Am J Psychiatry; 160(5): 924-32.

Canive JM, Lewine JD, Orrison WW, Jr., Edgar CJ, Provencal SL, Davis JT,

Paulson K, Graeber D, Roberts B, Escalona PR, Calais L (1997). MRI reveals gross structural abnormalities in PTSD. Ann NY Acad Sci; 821: 512-5.

Canli T, Sivers H, Whitfield SL, Gotlib IH, Gabrieli JDE (2002). Amygdala responses to happy faces as a function of extraversion. Science; 296: 2191-5.

De Bellis MD, Keshavan MS, Harenski KA (2001a). Anterior cingulate N-acetylaspartate/creatine ratios during clonidine treatment in a maltreated child with posttraumatic stress disorder. J Child Adolesc Psychopharmacol; 11: 311-6.

De Bellis MD, Hall J, Boring AM, Frustaci K, Moritz G (2001b). A pilot longitudinal study of hippocampal volumes in pediatric maltreatment-related posttraumatic stress disorder. Biol Psychiatry; 50: 305-9.

Dolan RJ (2000). Functional neuroimaging on the human amygdala during emotional processing and learning. In: Aggleton JP (ed). The Amygdala. A functional analysis. 2nd ed. New York, Oxford: Oxford University Press; 631-53.

Ellenberger HF (1996). Die Entdeckung des Unbewussten. 2. Aufl. Zürich, Bern: Diogenes/-Huber.

Gilbertson MW, Shenton ME, Ciszewski A, Kasai K, Lasko NB, Orr SP, Pitman RK (2002). Smaller hippocampal volume predicts pathologic vulnerability to psychological trauma. Nature Neuroscience; 5: 1242-7.

Gilboa A, Shalev AY, Laor L, Lester H, Louzoun Y, Chisin R, Bonne O (2004). Functional connectivity of the prefrontal cortex and the amygdala in posttraumatic stress disorder. Biol Psychiatry; 55: 263-72.

Hariri AR, Mattay VS, Tessitore A, Kolachana B, Fera F, Goldman D, Egan MF, Weinberger DR (2002). Serotonin transporter genetic variation and the response of the human amygdala. Science; 297: 400-3.

Hariri AR, Mattay VS, Tessitore A, Kolachana B, Fera F, Weinberger DR (2003). Neocortical modulation of the amygdala response to fearful stimuli. Biol Psychiatry; 53: 494-501.

Herpertz SC, Dietrich TM, Wenning B, Krings T, Erberich SG, Willmes K, Thron A, Sass H (2001). Evidence of abnormal amygdala functioning in borderline personality disorder: a functional MRI study. Biol Psychiatry; 50: 292-8.

Kandel ER (1999). Biology and the future of psychoalanalysis: A new intellectual framework for psychiatry revisited. Am J Psychiatry; 156: 505-24.

LeDoux J (1998). Das Netz der Gefühle. Wie Emotionen entstehen. München, Wien: Hanser.

LeDoux J (2000). Emotion circuits in the brain. Ann Rev Neurosci; 23: 155-84.

LeDoux J (2003). The emotional brain, fear, and the amygdala. Cell Mol Neurobiol; 23: 727-38.

MacLean P (1990). The Triune Brain in Evolution. New York: Plenum.

Nieuwenhuys R (1985). Chemoarchitecture of the Brain. Heidelberg: Springer.

Nieuwenhuys R, Voogd J, van Huijzen C (1991). The Human Central Nervous System. Berlin, Heidelberg, New York: Springer.

Ochsner KN, Bunge SA, Gross JJ, Gabrieli JDE (2002). Rethinking feelings: an fMRI study of the cognitive regulation of emotion. J Cogn Neurosci; 14: 1215-29.

Rauch SL, Whalen PJ, Shin LM, McInerney SC, Macklin ML, Lasko NB, Orr SP, Pitman RK (2000). Exaggerated amygdala response to masked facial stimuli in posttraumatic stress disorder: a functional MRI study. Biol Psychiatry; 47: 769-76.

Roth G, Dicke U (2005). Funktionelle Neuroanatomie des limbischen Systems. In: Förstl H, Hautzinger M, Roth G (Hrsg). Neurobiologie psychischer Störungen. Berlin, Heidelberg, New York: Springer; 1-77.

Roth G, Welzer H (2006). Die Seele gehört nicht mir. Ein Gespräch. DIE ZEIT; 9: 36-7.

Schuff N, Neylan TC, Lenoci MA, Du AT, Weiss DS, Marmar CR, Weiner MW (2001). Decreased hippocampal N-acetylaspartate in the absence of atrophy in posttraumatic stress disorder. Biol Psychiatry; 50: 952-9.

Villarreal G, Hamilton DA, Petropoulos H, Driscoll I, Rowland LM, Griego JA, Kodituwakku PW, Hart BL, Escalona R, Brooks WM (2002). Reduced hippocampal volume and total white matter volume in posttraumatic stress disorder. Biol Psychiatry; 52: 119-25.

Winston JS, Stranger BA, O'Doherty J, Dolan RJ (2002). Automatic and intentional brain responses during evaluation of trustworthiness of faces. Nature Neurosci; 5: 277-92.

Zald DH (2003). The human amygdala and the emotional evaluation of sensory stimuli. Brain Res Rev; 41: 88-123.

Rolf H. Adler

10 Spurensicherung

Sherlock Holmes, Sigmund Freud, Charles S. Peirce, die moderne Neurobiologie und die »Diagnose«

Thure von Uexküll hat die »Diagnose« als Handlungsanweisung bezeichnet (Uexküll u. Wesiack 2003, S. 382). »Hypothese« und »Diagnose« decken sich in ihrer Aufgabe dort, wo Unsicherheit besteht. Die Diagnose fordert vom Arzt, was die Hypothese vom Kriminalisten fordert, nämlich ihre Bestätigung anhand von Beweisstücken. Sie ist nach Sir Isaac Newton eine Causa ficta – eine Annahme, die geeignet ist, Erscheinungen zu erklären, die aber noch nicht als einzig mögliche und gültige Erklärung des Sachverhalts erwiesen ist.

Wie eine Hypothese entsteht, hat der schwäbische Dichter Wilhelm Hauff (1802-1827) in dem Märchen »Abner, der Jude der nichts gesehen hat« dargelegt (Hauff 1907). Das Märchen in seiner Zartheit, verborgenen Tragik und Moral zu erzählen ist hier nicht der Platz. Hingegen möchte ich Züge hervorheben, die mit der Hypothesenentstehung zu tun haben: Abner ergeht sich in einem Gehölz vor den Toren der Königsstadt Marokkos. Ein Haufen königlicher Stallknechte läuft ihm kreischend hinterher. Sie fragen ihn, ob er nicht ein königliches Pferd mit Sattel und Zeug habe vorüberrennen sehen. Abner beschreibt die Größe der Hufe des Pferdes, den Silbergehalt der Hufeisen, die Farbe der Mähne, die Schulterhöhe des Pferdes, die Länge seines Schweifes und den Goldgehalt seiner Gebissstangen. Auf die Frage antwortend, wohin das Pferd enteilt sei, beteuert Abner, das Pferd gar nicht gesehen zu haben. Er wird wegen Verhöhnung des Königs vor diesen gebracht, ausgepeitscht und mit einer Geldstrafe belegt. Der König verlangt von Abner die Klärung des Sachverhalts. Abner schildert, wie er im Sand eines Pfades Hufspuren entdeckt habe und in den den Pfad begrenzenden Zweigen Schweifhaare. Aus dem Abstand der Zweige von der Mitte der Hufspuren habe er die Länge des peitschenden Schweifs ermessen. Am Abrieb eines Hufeisens auf einem Kiesel habe er Metallspuren gesehen.

Deren Silbergehalt zu bestimmen gehöre zu den Fähigkeiten, die er in seinem Geschäft benötige. An einer engen, durch Felsen begrenzten Stelle des Pfades habe er in 15 Fäusten Höhe am Gestein Goldspuren entdeckt. Sie müssen vom Gebissgestänge eines königlichen Pferdes stammen, denn nur das Gestüt des Königs von Marokko trage goldene Gebissstangen. Aus der Höhe der Spuren habe er die Schulterhöhe des galoppierenden Renners geschätzt.

Abner hatte die Hypothese »Hier ist ein Pferd aus dem Stall des Königs durchgekommen« aufgestellt. Er hatte Abweichungen in der Umgebung von der Norm als Unterschiede wahrgenommen, sie auf sich einwirken lassen, ihnen eine Bedeutung aufgeprägt und aus den Bedeutung tragenden Unterschieden auf eine Gestalt und einen Handlungsablauf geschlossen. Damit hatte er eine Causa ficta aufgestellt, eine Hypothese oder Diagnose.

In der Sprache Thure von Uexkülls sind Unterschiede, denen eine Bedeutung aufgeprägt wird, Zeichen. Charles S. Peirce (1839-1914), Begründer der Semiotik, hat die Zeichen in drei Hauptkategorien eingeteilt: ikonische, indexikalische und symbolische (s. Peirce 1931-1958). Ikonische sprechen nur über sich selbst, zum Beispiel: Ein Fleck Farbe ist ein Farbfleck. Das Erleben des Säuglings ist anfänglich vermutlich weitgehend ikonisch. Diese ikonischen Zeichen, zum Beispiel Emotionen, sind eng mit physiologischen Prozessen gekoppelt. Er erkennt noch keine Beziehungen zwischen den auf ihn einwirkenden Zeichen. Indexikalische Zeichen weisen auf etwas hin. Auf der Suche nach dem vermissten Kätzchen weist ein Miauen hinter dem Garagentor des Nachbars auf das vermisste Tierchen hin. Indexikalische Zeichen zu lesen benötigt also Erfahrungen mit dem Zusammenhang von Zeichen. Symbolische Zeichen entsprechen einer Abmachung unter Teilnehmern bestimmter sozialer Gruppen über die Bedeutung eines Zeichens. So ist für Schweizer die kleine Armbrust auf einem Gegenstand ein Zeichen für ein Schweizer Qualitätsprodukt. Aufhorchen lässt die Bemerkung von Peirce, dass das Nachdenken über ein ikonisches Zeichen dieses zerstört bzw. in ein indexikalisches oder symbolisches überführt.

Sebeok und Umiker-Sebeok (1982) haben die Denkweise von Peirce mit derjenigen von Sir Arthur Conan Doyles (1859-1930) Sherlock Holmes bezüglich Hypothesenbildung verglichen. Peirce formulierte: »Entweder erfassen wir die Wahrheit mithilfe von

Annahmen (Hypothesen) oder überhaupt nicht«, und meinte damit, dass unsere Wirklichkeit entsteht, indem wir Unterschieden Bedeutung aufprägen, sie damit zu Zeichen machen, aus der unsere Wirklichkeit besteht; das andere existiert für uns nicht. Peirce entpuppt sich als Konstruktivist. Jeder konstruiert seine eigenen Zeichen, die Wirklichkeit ist individuell. Selbstverständlich sind viele Bedürfnisse, besonders zu Lebensbeginn, artspezifisch und die entsprechenden Zeichen auch. Sie erfahren aber genetisch und frühkindlich-erfahrungsbedingt die individuelle Ausgestaltung. Heinz von Foerster (1999) drückte dies im Titel eines Buchs so aus: »Wahrheit ist die Erfindung eines Lügners.« Die Konstruktion der Annahme oder Hypothese ist bei Peirce nicht Ausfluss kühlen Berechnens, sondern von »Abduktion«. Der menschliche Geist sei unter dem Einfluss der Naturgesetze entstanden und denke deshalb den natürlichen Vorgaben entsprechend, auch bei der Intuition, die zu der Bildung von Hypothesen beiträgt. Mit anderen Worten seien Zentralnervensystem und psychische Fähigkeiten in der Auseinandersetzung des Organismus mit der Umwelt oder im Rahmen der Anpassung an sie entstanden und deshalb in ihrer Funktionsweise auf diese Umwelt bezogen.

Als Peirce ein Kursschiff von Boston nach New York am Ankunftsort eilig verließ, vergaß er in seiner Kabine eine kostbare Golduhr. Er bemerkte sein Versehen bald, lief zum Schiff zurück und musste das Verschwinden seiner Uhr feststellen. Er ließ alle Stewards kommen und bat sie, sich in einer Reihe aufzustellen.

> »Ich ging vom Anfang der Reihe bis zu ihrem Ende und sprach mit jedem von ihnen, und zwar in so unbeteiligter Weise, wie es mir nur möglich war, wobei ich irgendein Thema wählte, über das er mit Interesse sprechen konnte, ohne dass ich auch nur im Geringsten erwarten konnte, dass mich diese Gespräche weiterbrachten; dabei hoffte ich allerdings, dass ich als ein solcher Trottel erscheinen würde, dass es mir möglich würde, irgendein Symptom zu entdecken, dass einer der Dieb ist. Nachdem ich am Ende der Reihe angekommen war, drehte ich mich um und ging ein Stückchen zur Seite, ohne jedoch fortzugehen, und sagte mir: ›Es gibt nicht den geringsten Anhaltspunkt, dem ich nachgehen könnte.‹ (...) Ich machte einen kleinen Schlenker auf meinem Rundgang, der kaum eine Minute gedauert

hatte, und als ich mich ihnen wieder zuwandte, war jeder Anflug von Zweifel verschwunden.« (Sebeok u. Umiker-Sebeok 1982, S. 26)

Peirce kam dann via Umfrage bei den Pfandleihern der Gegend zu seiner Uhr, und beim Versetzer des Pfandes handelte es sich um exakt jenen Steward, auf den er getippt hatte, der aber nicht schon auf dem Schiff verhaftet werden konnte, da Peirce ja noch keine Beweise vorlegen konnte. Dem Detektiv gegenüber, den er aufbot, um den Steward zu beschatten, in der Annahme, dass dieser die Uhr sofort zum Pfandleiher bringen würde, äußerte er: »Ich habe keinen vernünftigen Grund für diese Mutmaßung; trotzdem bin ich fest überzeugt, dass es sich so verhält.« Die Neigung, eine Hypothese zu vertreten, war bei Peirce die »Abduktion«. Die Abduktion, so drückte er sich aus, sei »ein einziger Salat, dessen wichtigste Ingredienzen in seiner Grundlosigkeit, seiner Allgegenwart und seiner Zuverlässigkeit bestehen« (Peirce 1931-1958, Bd. 7, S. 129), und »die Häufigkeit, mit der sich das als eine konkret vorliegende Tatsache herausstellt«, gehöre »mit zu dem Überraschendsten unter allen Wundern des Universums« (ebd., Bd. 8, S. 238). Peirce fügt an, dass jede Hypothese durch den Vergleich mit der Beobachtung geprüft werden muss (ebd., Bd. 1, S. 121).

Solche Voraussetzungen waren auch für Sherlock Holmes' Ermittlungen von Bedeutung:

> »Man muss bereit sein dazu, sich vorzustellen (in sich eine Vorstellung entstehen zu lassen), was geschehen ist, und man muss sich nach diesen Vermutungen richten, und das führt einen ›in den Bereich, in dem wir Wahrscheinlichkeiten gegeneinander abwägen und uns für die annehmbarste entscheiden‹.« (zit. nach Sebeok u. Umiker-Sebeok 1982, S. 20)

Watson beschreibt, wie sein Freund Holmes zwischen Zielstrebigkeit und Träumerei während der Abklärung eines Verbrechens pendeln konnte, und es liegt nahe, dass die träumerische Hingabe dem peirceschen Begriff der »Versenkung« »in den Salat« entspricht.

Ein Zeitgenosse von Peirce und Conan Doyle war Sigmund Freud (1856-1939). Auch er äußerte sich (im Rahmen seines psychoanalytischen Vorgehens) zum Zeichen-Sammeln (Freud 1912, S. 377):

»Indes ist diese Technik eine sehr einfache. Sie lehnt alle Hilfsmittel (...), selbst das Niederschreiben ab und besteht einfach darin, sich nichts besonders merken zu wollen und allem, was man zu hören bekommt, die nämliche ›gleichschwebende Aufmerksamkeit‹ (...) entgegenzubringen. (...) Sowie man nämlich seine Aufmerksamkeit absichtlich zu einer gewissen Höhe anspannt, beginnt man auch unter dem dargebotenen Material auszuwählen; man fixiert das eine Stück besonders scharf, eliminiert dafür ein anderes, und folgt bei dieser Auswahl seinen Erwartungen oder eigenen Neigungen. Gerade dies darf man aber nicht; folgt man bei dieser Auswahl den eigenen Erwartungen, so ist man in Gefahr, niemals etwas anderes zu finden, als was man bereits weiß (...). Man darf ja nicht darauf vergessen, dass man zumeist Dinge zu hören bekommt, deren Bedeutung erst nachträglich erkannt wird.«

Peirce, Conan Doyle und Freud waren Zeitgenossen einer positivistischen Epoche. Ihre Abduktion, Versenkung (in den Salat) und gleichschwebende Aufmerksamkeit sind Konzepte, die dem damaligen wissenschaftlichen Geist widersprachen. Im Rahmen der Medizin ausgedrückt, heißt dies: Subjekt Arzt / Objekt Patient sind streng getrennt; der Arzt verhält sich objektiv; Person und Geschichte des Patienten spielen keine Rolle; Ursache und Wirkung sind linear-kausal verbunden; der Patient ist ein offenes System, also ohne intersubjektive Beziehung behandelbar, und zwar durch die Hand, das Instrument und das Medikament. Nach moderner Medizin-Theorie (Engel 1977) ist die Medizin aber eine biopsychosoziale mit den Merkmalen:

- Subjekt Arzt und Subjekt Patient befinden sich in einer Beziehung.
- Die Person und die Geschichte des Patienten sind am Gleichgewicht zwischen Gesundheit und Krankheit beteiligt.
- Krankwerden geschieht durch multifaktorielle Einflüsse.
- Die Medizin ist eine Indizienwissenschaft (Ginzburg 1983; s. auch die Geschichte von Abner).

Nachdem jeder klinisch tätige Arzt erfahren kann, dass Abduktion, Versenkung oder gleichschwebende Aufmerksamkeit in seiner Arbeit dabei sind und der menschliche Geist unter dem Einfluss der Naturgesetze entstanden ist und den natürlichen Gegebenheiten entsprechend denkt, bietet sich an, in der modernen Neurobiologie entgegenkommende Strukturen und Funktionszusammenhänge zu suchen. Abduktion, Versenkung und gleichschwebende Aufmerksamkeit weisen auf Intuition und Kreativität hin. Diese sind charakterisiert durch Flexibilität des Denkens, Wechselnkönnen der Bezugssysteme, Finden von Alternativen, Um- und Neuinterpretation gewohnter Dinge und Wege, seltene und unkonventionelle Gedankenführungen und Denkresultate (Knight u. Grabowecky 2000).

Kreativität beruht wohl auf Prozessen im präfrontalen Kortex (Roth 2003). Verletzungen dieser Region führen zum Verlust der Fähigkeit, neue Lösungen zu finden. N-Methyl-D-Aspartat-Synapsen sind dabei wichtig. Acetylcholin ist an der Steuerung der kortikalen Vigilanz beteiligt, und auch Dopamin, das in den Bahnen vom mesolimbischen System zum präfrontalen Kortex reichlich vorkommt.

Subkortikale Vorgänge spielen bei der Kreativität mit. Sie steuern die Aktivität des Nucleus reticularis thalami, der das Gleichgewicht zwischen Anregung zur freien Assoziation der Gedanken und deren Einengung beeinflusst.

Das »ziellose« Interviewen der Stewards durch Peirce, das Versunkensein Sherlock Holmes' und die gleichschwebende Aufmerksamkeit Freuds legen nahe, dass alle drei ikonische Zeichen auf sich einwirken lassen, denn jegliche Anspannung und jegliches Suchen nach Zusammenhängen bzw. Hinweisen würden ja ikonische Zeichen in indexikalische verwandeln. Peirce und Freud sprechen deutlich aus, dass eine absichtliche Anspannung der Gedanken das Wahrnehmen stört, was nichts anderes heißt, als dass – in Peirces Worten – das ikonische Zeichen zerstört wird. Peirce, Holmes und Freud lassen die ikonischen Zeichen sich zu einer Gestalt zusammenbrauen, die dann »Hypothese« genannt wird. Bei der Überprüfung der Hypothese gibt es aber kein Raten, sondern nur logisch stringente Deduktion und Induktion, und das prozedurale Gedächtnis und das autobiografische Gedächtnis wirken mit. Das Zusammenbrauenlassen ist emotional eingefärbt. Freud würde es vermutlich mit dem Begriff der Gegenübertragung belegen (s. Laplanche u. Pontalis 1972). Die neurobiologische Beobachtung, dass bei einer Bezugsperson, die Schmerzen eines Menschen miterlebt, in den Strukturen, die zu Schmerzentstehung und zum Schmerzverhalten gehören, eine vermehrte Stoffwechsel-Aktivität gefunden wird, weist auf neurophysiologische Prozesse bei Empathie hin, die ja sicher eine Rolle spielt, wenn sich Peirce und Holmes in Kriminelle und Freud sich in Patienten einfühlen (Singer et al. 2004; Bauer 2005; s. auch Kap. 6 in diesem Buch).

Ein Erlebnis während einer Chefvisite soll diese Gedankengänge illustrieren: Nach dem Betreten eines Zimmers mit vier Kranken werde ich zum ersten Bett rechts geführt. Ein etwa 35-jähriger Mann mit wütendem Gesicht, den ich nicht kenne, sitzt aufrecht darin. Auf etwa drei Meter Abstand fährt er mich an, fordert mich auf, ihn in Ruhe zu lassen und keine Chefshow abzuziehen. Ich erwidere unverzüglich, dass ich ihn nicht mit einer Chefvisite belästigen werde, und sage nur – ohne zu wissen, was die Folgen sein könnten –: »Der Wolfshundkopf auf Ihrem T-Shirt (er nahm die ganze Brust ein) bedeutet etwas.« Der Mann wird unvermittelt ruhig, bittet mich ans Bett und sagt: »Ich habe meinen besten Freund verloren. Mein Hund war mir so nahe wie nie ein Mensch zuvor.« Er berichtete dann über traurige Beziehungen in seiner Kindheit. Dann besprachen wir sein Leiden. Anschließend verabschiedeten wir uns würdig.

Das Bild des Hundekopfes auf der Brust des Patienten weckte in mir Gefühle von Wärme, Geborgenheit, Trost und Trauer. Autobiografisch hatte ich keinen Grund dafür. Mit acht Jahren biss mich ein Wolfshund ohne mein Verschulden heftig in den Oberschenkel. Tetanus-Antiserum erzeugte eine Serumkrankheit, und die Unsicherheit gegenüber Wolfshunden hat mich nie verlassen. Die Empathie mit dem Träger des Wolfshundkopf-T-Shirts hat diese Unsicherheit unterlaufen, den Patienten emotional erreicht, und zwar dort, wo uns der Wunsch nach dem tröstenden und Geborgenheit spendenden Objekt verband. Das voreilige Nachdenken – autobiografisch – über das Zeichen hätte dessen Ikonizität zerstört, und ich hätte dem Patienten Aggressivität unterstellt.

Das angesprochene Gedächtnis ist der Neuropsychologie und der Neurobiologie als das emotional-implizite Gedächtnis bekannt, das neben dem prozeduralen Arbeitsgedächtnis und dem autobiografischen Gedächtnis als die dritte Gedächtnisform betrachtet wird (Roth 2003). Das prozedurale Gedächtnis umfasst alle Fertigkeiten, über die wir verfügen (kognitive, motorische), sowie Gewohnheiten, Klassifizierung anhand von Prototypen, klassische Konditionierung, Gewöhnung, operantes Lernen und Sensitivierung. Diese Prozesse gehen ohne unser Denken vor sich, und waren beim Erlerntwerden zum Teil bewusst. Das autobiografische Gedächtnis umfasst Erinnern an erlebte Episoden, unser Wissen und unser Faktengedächtnis.

Ein Beispiel für die Funktion des impliziten Gedächtnisses liefert das Mädchen Monica (vgl. Engel et al. 1974). Es kam mit einer Ösophagus-Atresie zur Welt, erhielt sofort eine epigastrische Fistel mit Tubus und Trichter, durch den die Mutter den Säugling ernähren musste. Aus Angst, den Trichter, den Tubus und die Fistel zu beschädigen, hielt sie das Kleine zum Ernähren so auf ihren Oberschenkeln, dass der Kopf des Kindes auf ihren Knien lag, Gesäß und Beinchen auf ihrem Schoß. Diese Szenen wurden gefilmt, als Monica 15 Monate alt war, und ohne dass Monica sie später je sah, aufbewahrt. Als Monica 19-jährig heiratete und selbst eine Tochter gebar, hielt sie diese zum Verabreichen der Milchflasche in exakt der Stellung, in der sie von der Mutter gehalten worden war. Auf die Frage, warum sie es so mache, antwortete sie: »That's natural.«

Das implizit-emotionale Gedächtnis umfasst Funktionsbereiche, wo Affekte entstehen – positive/negative Gefühle (Nucleus accumbens, ventrales tegmentales Areal), negative Gefühle (Amygdala) –, die Gedächtnisorganisation (Hippocampus), die Aufmerksamkeits- und Bewusstseinssteuerung (basales Vorderhirn, Locus coeruleus, Thalamus) und die Kontrolle vegetativer Funktionen (Hypothalamus) (Roth 2003). Freuds Urverdrängtes, also Erfahrenes, das nie bewusst wird, entspricht dem impliziten Gedächtnis in der Terminologie moderner Neurobiologie (s. Kap. 9); wo das im neurotischen Prozess sekundär Verdrängte festgehalten wird und wie es dorthin gelangt, ist noch nicht bekannt.

Die Technik der Hypothesenbildung von Peirce, Conan Doyle und Freud wird vermutlich neurobiologisch immer verständlicher werden. Sie bewährt sich auch in der klinischen somatischen Medizin, beispielsweise, wenn der interviewende Arzt seine Gegenübertragung bei der Hypothesenbildung respektiert (Goetz et al. 2005). Eine Gesprächsführung, die dies erlaubt, steht für die somatische Medizin schon seit 1969 (Morgan u. Engel 1969) zur Verfügung. Selbstverständlich gibt es Situationen, wo es von Vorteil ist, wenn der Arzt schon mit einer fertigen Theorie an den Patienten herantritt. Dies sind die Notfälle, bei denen es um die vitalen Funktionen wie Atmung, Blutdruck und Herzfunktion geht. Hier bewähren sich fertige Handlungsanweisungen, heute Algorithmen genannt. Sobald die Notfalllage überwunden ist und die vitalen Funktionen wieder stabil sind, wird Harvey Cushings (1869-1939) Forderung zum Leitstern: »Der Arzt ist nicht nur geheißen, die Krankheit zu erfassen, sondern den Kranken mit seiner Krankheit, und nicht nur diese; er hat den Kranken mit seiner Krankheit in seiner Umwelt zu verstehen.« Und hier kommt wieder die Peirce-Holmes-Freud-Art der Hypothesenbildung zum Zuge.

Literatur

Bauer J (2005). Warum ich fühle, was du fühlst. Intuitive Kommunikation und das Geheimnis der Spiegelneurone. Hamburg: Hoffmann und Campe.

Engel GL (1977). The need for a new medical model: a challenge for biomedicine. Science; 196: 129-36.

Engel GL, Reichsman F, Harway V, Hess DW (1974). Follow-up of an infant with a gastric fistula and depression. IV. Infant feeding and behavior as a mother 19 years later. Psychsom Med; 36: 459.

Foerster H v (1999). »Wahrheit ist die Erfindung eines Lügners«. 3. Aufl. Heidelberg: Carl Auer Systeme.

Freud S (1912). Ratschläge für den Arzt bei der psychoanalytischen Behandlung. GW VIII. 6. Aufl. Frankfurt a. M.: Fischer 1973; 376-87.

Ginzburg C (1983). Spurensicherung. Berlin: Wagenbach.

Goetz SM, Koch T, Hahr M, Beer C, Minder CE, Adler RH (2005). Toward an understanding of different manifestations of fatigue. J Psychosom Res; 58: 179-82.

Hauff W (1907). Abner, der Jude, der nichts gesehen hat. In: Drescher M (Hrsg). Hauffs Werke. Bde. 1-3. Berlin, Leipzig, Wien, Stuttgart: Deutsches Verlagshaus Bong & Co.; 192-8.

Knight RT, Grabowecky M (2000). Prefrontal cortex, time and consciousness. In: Gazzaniga MA et al. (eds). The New Cognitive Neurosciences. 2nd ed. Cambridge, MA: MIT Press; 1319-39.

Laplanche J, Pontalis JB (1972). Gegenübertragung. In: Das Wörterbuch der Psychoanalyse. 5. Aufl. Frankfurt a. M.: Suhrkamp; 164-5.

Morgan WL, Engel GL (1969). The Clinical Approach to the Patient. Philadelphia, London, Toronto: WB Saunders.

Peirce CS (1931-1958). Collected Papers of Charles Sanders Peirce. Editors: Hartshorne C, Weiss P, Burks AW. 8 Volumes. Cambridge: Harvard University Press.

Roth G (2003). Fühlen, Denken, Handeln. Frankfurt a. M.: Suhrkamp.

Sebeok T, Umiker-Sebeok J (1982). »Du kennst meine Methode«. Charles S. Peirce und Sherlock Holmes. Frankfurt a. M.: Edition Suhrkamp.

Singer T, Seymour B, O'Doherty J, Kaube H, Dolan RJ, Frith CD (2004). Empathy for pain involves the affective but not sensory components of pain. Science; 303: 1157-62.

Uexküll T v, Wesiack W (2003). Theorie des diagnostischen Prozesses. In: Adler RH, Herrmann JM, Köhle K, Schonecke OW, Uexküll T v, Wesiack (Hrsg). Psychosomatische Medizin. 6. Aufl. München, Jena: Urban und Fischer; 382-87.

Jakob von Engelhardt, Dragos Joan Inta und Hannah Monyer

11 Im Dschungel der Düfte

Geruchssinn und Gehirn

Der Duft

Wer bist du, Unbegreiflicher; du Geist,
wie weißt du mich von wo und wann zu finden,
der du das Innere (wie ein Erblinden)
so innig machst, dass es sich schließt und kreist.
Der Liebende, der eine an sich reißt,
hat sie nicht nah; nur du allein bist Nähe.
Wen hast du nicht durchtränkt als ob du jähe
die Farben seiner Augen seist.

Ach, wer Musik in einem Spiegel sähe,
der sähe dich und wüßte, wie du heißt.

Rainer Maria Rilke

Der Geruchssinn zählt seit dem Altertum zu den so genannten »niederen« Sinnen. Platon und Aristoteles stellten den »niederen« Sinnen Riechen und Schmecken die »höheren« Sinne Sehen und Hören gegenüber. Schon die Philosophen des Altertums beschäftigten sich ausgiebig mit der Frage, wie die fünf Sinne bei Wahrnehmungsprozessen funktionieren. Sie betrachteten auch schon, welche Rolle die Sinne für das Erkennen der Wahrheit haben. Während Sehen und Hören eine wichtige Funktion bei kognitiven Prozessen zugesprochen wird, werden der Geruchs- und Geschmackssinn nicht nur als unwichtig, sondern geradezu als hinderlich angesehen, da sie einer körperlichen Transzendenz entgegenwirken. Die »niederen« Sinne sind nach Platon und Aristoteles nicht dazu geeignet, Erkenntnis zu erlangen, da sie im Unterschied zum Sehen und Hören nicht auf Distanz funktionieren, sondern den direkten Kontakt zwischen Objekt und Körper erfordern. Trotz unterschiedlicher Positionen, auf die hier nicht eingegangen werden kann, stimmen Platon und Aristoteles darin überein, dass nur Sehen und Hören »philosophische Sinne« und dem Intellekt förderlich sind. Diese Erhebung des Sehens und Hörens über die anderen Sinne muss vor dem Hintergrund der philosophischen Anschauungen der beiden Philosophen verstanden werden. In den Gegensatzpaaren Geist/Körper, Verstand/Gefühl, Kultur/Natur und Mann/Frau (bei Aristoteles) wird jeweils Ersterem der höhere Stellenwert zugeschrieben.

Die Hierarchisierung der Sinne blieb über die Jahrhunderte unverändert. Differenzen in der Bedeutung, die dem Geruchssinn und dem Geschmackssinn beigemessen werden, müssen auf der Basis des philosophischen Gesamtkonzepts der jeweiligen Geisteswissenschaft betrachtet werden. Zahlreiche Stellungnahmen zur Funktion der Sinne finden sich vor allem in philosophischen Schriften zur Ästhetik, die sich im 18. Jahrhundert zu einer eigenen philosophischen Disziplin entwickelte. Für Immanuel Kant ist der Geruch allen anderen Sinnen unterlegen. Wie Platon und Aristoteles befindet auch Kant, dass die Abhängigkeit des körperlichen Wohlbefindens von den »niederen« Sinnen diese untauglich machen für kognitive Erkenntnisse und ästhetische Urteile. Auch für Friedrich Hegel sind nur die »theoretischen« Sinne Sehen und Hören geeignet, ein Kunstobjekt zu beurteilen. Der direkte körperliche Bezug der »praktischen« Sinne hingegen mache ein objektives Urteil über ein Kunstwerk unmöglich.

Die Thematisierung des Geruchssinns in der schönen Literatur erfolgt im Zusammenhang mit Situationen, die jenseits naturwissenschaftlich-empirischer Analyse liegen. Ganz verschieden ist das Interesse der jeweiligen Schriftsteller an den »niederen« Sinnen. Aus den meisten Werken ist aber ersichtlich, dass ihnen keineswegs ein so niederer Rang zugeschrieben wird, wie wir es aus den philosophischen Schriften kennen. Dies mag vor allem mit dieser speziellen Form von Kunst zusammenhängen: Schriftsteller interessierten sich schon immer für das Sinnliche, Irrationale und Emotionale. Geruch und Geschmack sind daher für Schriftsteller ausgezeichnete Auslöser von Zuständen, die in die subjektive Befindlichkeit und in das Seelenleben der Romanhelden hineinblicken lassen.

Ins Blickfeld der Forschung ist der Geruchssinn erst in den letzten Jahrzehnten gelangt. Die zunehmende Beachtung, die man ihm zollt, spiegelt sich u. a. in der Verleihung des Medizin-Nobelpreises im Jahre 2004 an die Geruchsforscher Linda Buck und Richard Axel wider. Die Forschung der beiden amerikanischen Wissenschaftler über Geruchsrezeptoren trug wesentlich dazu bei, dass anatomische und physiologische Grundlagen des Geruchssinns heute gut verstanden werden.

Die Geruchswahrnehmung beginnt im Dach der Nasenhöhle, in der Riechschleimhaut. Hier binden sich die Moleküle der Duftstoffe an Duftrezeptoren. Diese sitzen auf der Oberfläche der Riechsinneszellen, deren Zellfortsätze sich in der Nasenschleimhaut befinden. Je nach Spezies gibt es mehrere hundert bis mehrere tausend unterschiedliche Duftrezeptoren. Bei Wirbeltieren bilden sie die größte Familie der Kanalproteine; beim Menschen machen die Gene für Duftrezeptoren 3 % des menschlichen Erbguts aus. Die etwa 1000 Gene, die für Duftrezeptoren kodieren, werden allerdings teilweise nicht verwendet, nur etwa 350 unterschiedliche Duftrezeptoren findet man auf Riechsinneszellen. Eine Besonderheit der Duftrezeptoren ist, dass eine Riechsinneszelle im Allgemeinen nur eine Art von Duftrezeptoren erzeugt und somit nur von bestimmten Düften aktiviert werden kann.

Sobald sich die Geruchsmoleküle an Rezeptoren auf den Riechsinneszellen binden, wird eine ganze Kaskade an intrazellulären Molekülen aktiviert, mit dem Resultat einer Depolarisation der Zelle und – bei ausreichender Signalstärke – einem Aktionspotenzial. Die Fortsätze (Axone) der Riechsinneszellen leiten die Erregung weiter und übertragen sie auf die Fortsätze (Dendriten) nachgeschalteter Mitralzellen im Riechhirn. Die Reizübertragung erfolgt in Strukturen, die anatomisch gut zu erkennen sind. Es handelt sich dabei um die so genannten Glomeruli. In ihnen enden alle Fortsätze von Riechsinneszellen, welche die gleichen Duftrezeptoren tragen. In Experimenten mit transgenen Mäusen konnte die Gruppe um Mombaerts (Mombaerts et al. 1996) zeigen, dass die Fortsätze von Riechsinneszellen, deren Rezeptortyp mit gentechnischen Methoden verändert worden war, in einem anderen Glomerulus enden. Das bedeutet: Es ist genetisch determiniert, welche nachgeschalteten Nervenzellen bei der Präsentation eines Duftes angeregt werden. Die Mitralzellen leiten nun die Geruchsinformation in unterschiedliche Gehirnregionen. Dabei spielt die thalamo-kortikale Projektion bei der Verarbeitung eher eine untergeordnete Rolle. Für alle anderen Sinne gilt, dass die Information den Kortex (Großhirnrinde) über eine Verschaltung im Thalamus, einem Teil des Zwischenhirns, erreicht. Nur im olfaktorischen System gibt es neben dieser üblichen thalamo-kortikalen Projektion einen direkten Informationsfluss, der vom Bulbus olfactorius zum limbischen System führt, also zu denjenigen Hirnstrukturen, die für Emotionen, Motivation und bestimmte Formen des Gedächtnisses zuständig sind. Es gibt also eindeutig eine anatomische Basis für die Äußerung des englischen Schriftstellers Rudyard Kipling, der in seinem Gedicht »Lichtenberg« schreibt: »Smells are surer than sounds or sights to make your heartstrings crack.«

Beim Riechen ist im Übrigen der Weg, den die Geruchsmoleküle nehmen, von Bedeutung. Zum einen ermöglicht die Trennung von rechtem und linkem Nasenloch das Stereoriechen (Porter et al. 2005), und zum anderen wurde gezeigt, dass unterschiedliche Hirnregionen aktiviert werden, je nachdem, ob der Geruch über die Nasenöffnung oder über den Mundraum die Riechschleimhaut erreicht (Small et al. 2005). Der über die Nase wahrgenommene Essensgeruch spielt eine Rolle für die Entscheidung, ob überhaupt gegessen werden soll, während der Geruch der Nahrung, sobald diese im Munde ist, schon Gehirnregionen der Belohnungsverarbeitung aktivieren kann.

Elektrophysiologische Messungen an einzelnen Sinnesnervenzellen ließen manche Wissenschaftler schlussfolgern, dass Objekte der Umwelt im Gehirn durch die Aktivität einzelner Nervenzellen (single neuron coding) repräsentiert werden. Theoretische Überlegungen und empirische Daten veranlassten andere Wissenschaftler, das Modell der »Populationskodierung« (ensemble coding) vorzuschlagen. Dabei repräsentiert die neuronale Aktivität eines Nervenzellverbands ein Objekt. Die Aktivität einer einzelnen Nervenzelle ist nur Träger einer Teilinformation. Ein solches Modell bietet mehr Stabilität, vor allem aber mehr Flexibilität: Ein bestimmtes Neuron kann an unterschiedlichen Nervenzellverbänden teilhaben und wird so zu einem Teil diverser Repräsentationen. Bei der Riechwahrnehmung heißt »Populationskodierung«, dass ein Duft nicht eine, sondern viele hundert Sinneszellen aktiviert. Untersuchungen aus unserer Gruppe zeigten, dass für eine zeitliche Koordinierung der Aktivierung der

Sinneszellen neben der chemischen eine elektrische Zellkommunikation notwendig ist. Insbesondere die elektrische Verbindung mittels Gap junctions scheint für die synchrone Aktivität von Mitralzellen und die nachgeschaltete Signalverarbeitung eine große Rolle zu spielen (Christie et al. 2005). Dabei war lange Zeit umstritten, ob eine direkte elektrische Zell-Zell-Verbindung im erwachsenen Gehirn existiert und für die Kommunikation zwischen Neuronen eine Rolle spielt. Die wissenschaftliche Auseinandersetzung von Golgi und Ramon y Cajal, ob im Gehirn ein Synzytium mit elektrischer Kontinuität oder doch einzelne Zellen vorhanden sind, glaubte man schon zugunsten Cajals entschieden. Die Entdeckung der chemischen Kommunikation an Synapsen festigte dieses Bild. Zunehmend gibt es nun Erkenntnisse, dass nicht nur im Riechkolben, sondern auch in anderen Hirnregionen neben der chemischen eben auch eine elektrische Kommunikation zwischen Neuronen von Bedeutung ist.

Wie viele Sinneszellen angeregt werden, hängt von der Komplexität des Duftes ab. Nur die einfachsten Düfte aktivieren lediglich Riechsinneszellen einer Art, also solche, auf deren Oberflächen sich die gleiche Art von Riechrezeptoren befinden. Die meisten Düfte sind jedoch komplex und aktivieren diverse Riechrezeptoren. Der Vorteil der Populationskodierung gegenüber der Kodierung einzelner Nervenzellen ist am Beispiel des Riechens leicht zu erkennen: Die Anzahl der Duftrepräsentationen ist nicht auf die Anzahl der Gene für Riechrezeptoren beschränkt, sondern wird durch zahlreiche kombinatorische Möglichkeiten um ein Vielfaches gesteigert. Das Gehirn hat dabei aber auch die Möglichkeit, sich die unvollständigen Gerüche zusammenzudenken, selbst wenn nur einzelne Schlüsselmoleküle vorhanden sind. Dies macht sich die Aromaindustrie zunutze, die uns unter Verwendung von einzelnen Molekülen zum Beispiel den Geruch von Bananen (Amylacetat), Ananas (Methylbutyrat) oder Grapefruit (para-Menthen-8-thiol) vorgaukelt. Der künstliche Duft von frischen Backwaren lässt uns in Bäckereien glauben, hier würde noch selbst gebacken, und der Duft von Neuwagen täuscht uns über das wahre Alter des Gebrauchtwagens.

Die große Anzahl der möglichen Kombinationen an Geruchsmolekülen mit entsprechend vielen ähnlichen Gerüchen macht ihre Klassifizierung besonders schwierig. Anders als beim Sehen

(»rot«, »grün«), Schmecken (»süß«, »salzig«), Hören (»tief«, »hoch«) und Fühlen (»weich«, »rau«) werden Gerüche meist mit Vergleichen beschrieben (»Geruch wie ...«). Der Geruchshistoriker Alain Corbin (1992, S. 15) bemerkte dazu:

> »Die sprachliche Unfähigkeit, Geruchsempfindungen auszudrücken, würde den Menschen, wenn dieser Sinn vorherrschte, zu einem an die Außenwelt gefesselten Wesen machen.«

Ohne befriedigendes Ergebnis versuchten Forscher immer wieder eine Klassifizierung der Gerüche vorzunehmen. Während zum Beispiel 1756 Linné sieben Grundgerüche beschrieb (aromatisch, blumig, ambrosisch, lauchartig, bocksartig, widerwärtig, ekelerregend), fand Amoore 1952 nur sechs verschiedene (ätherisch, kampferartig, minzig, blumig, moschusartig, faulig).

Eine Besonderheit des Geruchsorgans ist seine Fähigkeit zur Zellerneuerung. Dabei werden die Riechsinneszellen etwa alle 60 Tage erneuert. Beim Nachwachsen der Riechsinneszellen ist von besonderem Interesse, dass die Axone nach der Geburt der Zelle ihren Weg bis in den Riechkolben (Bulbus olfactorius) und dort in den für sie spezifischen Glomerulus finden. Von der genauen Erforschung dieses Prozesses erhofft man sich u. a. Erkenntnisse für neue Heilansätze nach Nervenverletzungen. Obwohl dabei die Zellen häufig nicht absterben, bleiben sie doch funktionslos, da nach Durchtrennung der Axone nachwachsende Axone im Allgemeinen das ursprüngliche Zielorgan (z. B. einen Muskel) schwer finden können. Während im peripheren Nervensystem eine Teilheilung noch möglich ist, finden die Axone im Rückenmark bei Querschnittsverletzten ihren Weg nicht mehr. Die herausragende Bedeutung der Hilfe von Hüllzellen bei der Wegfindung der Riechsinneszellen erhofft man sich bei solchen Patienten zunutze machen zu können. Erste Versuche eines chinesischen Arztes mit Injektionen von Hüllzellen von Föten bei Querschnittsverletzten zeigten bisher allerdings nur sehr zweifelhafte Ergebnisse.

Neben der Erneuerung der Riechsinneszellen werden auch im Riechkolben ständig Zellen nachgebildet (Neurogenese). Lange Zeit nahm man an, dass im erwachsenen Gehirn keine Neurogenese erfolgt. In den 80er-Jahren beobachtete Nottebohm, dass im Singzentrum erwachsener Singvögel lebenslang und saisonabhängig Neurone generiert werden. Später wurde gezeigt, dass Neurogenese bei erwachsenen Säugetieren, einschließlich des

Menschen, in spezifischen Hirnregionen wie dem Hippocampus ebenfalls stattfindet. Der Prozess der Neurogenese im erwachsenen Riechkolben ist auch deshalb bemerkenswert, weil die Zellen in einer vom Riechkolben weit entfernten Hirnregion generiert werden (Subventrikulärzone) und von dort mehrere Zentimeter bis in die Zielregion wandern müssen, wo sie sich in vorhandene Netzwerke integrieren. Mittels molekularbiologischer Techniken ist es uns gelungen, diese neu geborenen Nervenzellen im erwachsenen Gehirn mit einem fluoreszierenden Protein zu markieren. Das Sichtbarmachen dieser neu geborenen Nervenzellen im nichtfixierten Gewebe (z. B. im akuten Hirnschnitt) wird es erleichtern, viele noch offene Fragen zu beantworten. So sind etwa die Informationen über Nachbarzellen, die »Wegweiser« für neu gebildete Nervenzellen im adulten Gehirn sind, sowie über intrazelluläre Prozesse, die maßgeblich sind für ihre gezielte Bewegung, lückenhaft. Des Weiteren ist auch nicht bekannt, wie neu geborene Nervenzellen in ein bereits etabliertes Netzwerk im adulten Bulbus olfactorius integriert werden und welche Rolle dieser Prozess für die Plastizität/Lernfähigkeit und Adaptation spielt. Bekannt ist allerdings, dass Neurogenese angeregt wird, wenn man Mäuse in Umgebungen setzt, wo sie viele Gerüche wahrnehmen – eine Prozedur, die das Geruchsvermögen und insbesondere die Merkfähigkeit für neue Gerüche verbessert (Rochefort et al. 2002). In den letzten Jahren wurden zahlreiche Faktoren identifiziert, welche die Neurogenese im Riechkolben beeinflussen. Ein interessantes Beispiel ist die ausgeprägte Stimulierung der Neurogenese in der Subventrikulärzone schwangerer Mäuse durch das Hormon Prolaktin, das eine Verdoppelung der Anzahl neu gebildeter Neurone im Riechkolben bewirkt (Shingo et al. 2003). Das kann eine wichtige funktionelle Bedeutung haben, da der Geruchssinn eine kritische Rolle bei der Erkennung des Nachwuchses und der Einstellung eines normalen mütterlichen Verhaltens hat.

Gerochen wird im Übrigen nicht nur mit der Nase. Riechrezeptoren konnten auch in anderen Geweben wie der Haut oder der Lunge nachgewiesen werden. Wofür man diese Rezeptoren braucht, ist allerdings noch nicht bekannt. Arbeiten aus dem Labor des Bochumer Wissenschaftlers Hanns Hatt halfen aber, die Bedeutung von Riechrezeptoren auf Spermien besser zu verstehen. Spermien werden nach Rezeptorbinden der Moleküle Bourgeonal und Lilial, die einen maiglöckchenähnlichen Geruch produzieren, aktiviert, und ihre darauf folgende Bewegung geht in Richtung der Duftmolekülerzeuger. Sie haben damit die Möglichkeit, sich den Weg zur Eizelle zu erriechen. Das könnte für die Empfängnisverhütung interessant sein, da bereits ein Molekül bekannt ist, das an den Rezeptor bindet, ohne ihn zu aktivieren. Es ist also denkbar, dass man in Zukunft durch Blockieren der Geruchsrezeptoren auf Spermien deren Weg zur Eizelle verhindern könnte. Genauso wird man in der Zukunft Geruchsneutralisatoren herstellen können, wenn weitere Moleküle bekannt sind, die Geruchsrezeptoren blockieren.

Der Verlust des Geruchssinns (Anosmie) wird im Allgemeinen im Vergleich zum Verlust anderer Sinne wie dem Hören oder Sehen als leichter verschmerzbar angesehen, ist aber für die Leidtragenden sehr unangenehm. Während dem Gesunden häufig nur die unangenehmen Gerüche bewusst werden, bemerkt der Anosmiker insbesondere das Fehlen der schönen Düfte. Der Geruchssinn ist auch essenziell wichtig für die komplexe Geschmackswahrnehmung. Leidet man unter Anosmie, ist das Essen furchtbar fad, denn über die Zunge kann lediglich salzig, süß, bitter und sauer geschmeckt werden. Noch unangenehmer ist es, wenn der Geruchssinn nur teilweise wegfällt und nur wenige und unangenehme Gerüche wahrgenommen werden können. Die häufigsten Ursachen für eine Anosmie, die bei etwa 3 % der Bevölkerung vorkommt, sind chronische Entzündungen der Riechschleimhaut, Virusinfekte, anatomische Veränderungen im Nasenraum wie Polypen und Kopfverletzungen mit Durchtrennung der Axone der Riechsinneszellen. Aber auch Erkrankungen des Gehirns wie die Alzheimer-Erkrankung und die Parkinson-Erkrankung gehen häufig mit einem Nachlassen des Geruchssinns einher. Da dies auch schon vor anderen auffälligen Symptomen geschehen kann, wird eine Geruchsprüfung bereits zur Diagnosefindung herangezogen. Nicht nur die Anosmie, sondern auch die Hyperosmie, also der gesteigerte Geruchssinn, hat einen Krankheitswert (z. B. als Medikamentennebenwirkung). Häufig werden dabei insbesondere unangenehme Gerüche verstärkt wahrgenommen, bei der Kakosmie sogar eigentlich schöne Düfte als »ekelerregend« empfunden. Schließlich kann das Gehirn auch

Gerüche vorgaukeln, zum Beispiel bei Epileptikern und Schizophrenen, bei Letzteren meist mit krankheitswertigen Deutungen (Brandgeruch).

Der Mensch mit seinem nicht besonders herausragenden Geruchssinn ist ein Mikrosmatiker, wobei Frauen im Allgemeinen besser riechen können als Männer. Der Hund (Makrosmatiker) kann mit einer etwa 20-mal so großen Riechschleimhaut (Mensch: 5 cm^2) und etwa 40-mal so vielen Riechsinneszellen (Mensch: 5 Millionen) eine Million Mal besser riechen als der Mensch. Mit seinem guten Riechvermögen kann der Hund selbst auf einen Geruch, der in geringsten Konzentrationen in der Luft vorhanden ist, trainiert werden, sodass man ihn zur Suche von verschütteten Menschen, bei der Auffindung von Drogen oder Sprengstoffen wie TNT verwendet. Das Geruchsvermögen von Hunden ist so gut, dass sie sogar Krebs bei Menschen erriechen können. Einer amerikanischen Studie zufolge ist es trainierten Hunden möglich, mit 90%iger Wahrscheinlichkeit zu erkennen, ob ein Mensch an bestimmten Krebsarten erkrankt war. Bisher weiß man noch nicht, welche Geruchsmoleküle produziert werden, wenn Krebszellen im Körper vorhanden sind. Man erhofft sich, dass die Kenntnis über die Identität dieser Moleküle zu der Entwicklung neuer Diagnoseapparate beitragen wird.

Der Hund ist aber nicht das Tier mit dem besten Riechvermögen. Aale gehören mit einer Milliarde Riechsinneszellen zu den Hochleistungsriechern. Es werden auch nicht nur Hunde wegen ihres guten Geruchssinns als Arbeitstiere verwendet. Zum Trüffelfinden machen wir uns das hervorragende Riechorgan des Schweins zunutze (auch wenn hier meist der Hund bevorzugt wird, da er die Trüffel seltener selbst frisst). Und da man vermeiden möchte, dass Hunde bei der Sprengstoffsuche verletzt werden, hat man bereits Bienen auf den Sprengstoffgeruch abgerichtet.

Die ursprüngliche Funktion des Geruchssinns ist die eines Warnsystems. Der Organismus soll insbesondere vor dem Essen von verdorbenen Speisen geschützt werden. Gerüche wie bei einem Waldbrand können ebenfalls Gefahren anzeigen. Der Geruch des Essens klärt nicht nur über die Qualität auf, sondern bereitet den Körper auch auf die Nahrungsaufnahme vor, beispielsweise wird die Speichelsekretion in Gang gesetzt. Düfte geben uns nicht nur Informationen über die Qualität des Essens, sondern auch über die eines potenziellen Partners. Bei den Tieren ist dafür insbesondere das vomeronasale Organ (oder Jacobson'sche Organ) verantwortlich. Ebenfalls in der Nasenschleimhaut gelegen, werden hier die Pheromone wahrgenommen. Diese sind aber nicht nur Sexuallockstoffe, es gibt auch Alarmpheromone und Markierungspheromone. Die Existenz und Bedeutung des vomeronasalen Organs beim Menschen ist jedoch eher umstritten. Unstrittig ist, dass Düfte das Sexualverhalten beeinflussen können. So setzen sich Frauen bevorzugt auf Stühle, die vorher mit Androstenon, das zum Beispiel in männlichem Schweiß vorhanden ist, besprüht wurden. Männer vermeiden solche Stühle eher. Die Wahl der Stühle ist dabei völlig unbewusst. Der Geruchssinn der Frauen ist dabei aber noch weitaus raffinierter als zunächst angenommen. Besonders aufregend und anziehend empfinden Frauen den Geruch von verschwitzten T-Shirts, wenn diese vorher von Männern getragen wurden, die nach genetischen Gesichtspunkten gut zu ihnen passen (große Unterschiede in den MHC-Molekülen zu denen der Frauen), bzw. wenn potenzielle Nachkommen von einer Verbindung mit diesen Männern einen genetischen Vorteil hätten (Wedekind u. Penn 2000). Das Vermögen, den »richtigen« Partner herausriechen zu können, ist hormonell reguliert: Während der fruchtbaren Tage ist die Frau am empfindlichsten für den Geruch von Männerschweiß, während der Schwangerschaft am unempfindlichsten. Dafür haben Frauen in der Schwangerschaft eine besonders gute Nase für Umgebungsgerüche, wie sie etwa im Essen vorkommen (Lundstrom et al. 2006). Spannend ist es, darüber nachzudenken, ob die Erfindung der Pille zu vermehrten Missgriffen bei der Partnerwahl geführt hat, da gezeigt werden konnte, dass Frauen, die mit der Pille verhüten, die Fähigkeit verlieren, das »richtige« T-Shirt herauszuriechen. Im gleichen Kontext kann man über den exzessiven Gebrauch von Parfüms und Deodorants nachdenken, die ja verwendet werden, um den eigenen Körpergeruch zu übertünchen. Für den Körpergeruch ist neben der Ernährung insbesondere die Sekretproduktion der apokrinen Drüsen verantwortlich. Die geringe Anzahl dieser Drüsen bei Asiaten macht man verantwortlich für deren schwach ausgebildeten Körpergeruch, die ihrerseits den Körpergeruch der Europäer als streng empfinden

(Stoddart 1990). Der Körpergeruch des Menschen wird im Übrigen bei dem Versuch, Geruchsintensitäten zu normieren, verwendet. Als Maßeinheit für die Geruchsstärke wurde das »Olf« eingeführt, das definiert ist als der Geruch, den eine Person mit 1,8 m^2 Körperoberfläche in sitzender Tätigkeit mit einem Hygienezustand von 0,7 Bädern (alle 36 Stunden eine Dusche/ein Bad) pro Tag erzeugt. Der Körpergeruch von Kindern, die sich meist mehr bewegen, hat eine Stärke von 2 Olf, Raucher riechen nach 25 und Sportler sogar nach 30 Olf.

Keinen Körpergeruch hat Jean-Baptiste Grenouille, der Held in Patrick Süskinds Roman »Das Parfüm« (1985). Schnell wird er dadurch zum Außenseiter. Schon seine Amme Jeanne Bussie weigert sich, das Kind zu stillen, da es ihr vor diesem geruchslosen Wesen graut. Auch im Kloster, in das Jean-Baptiste gegeben wird, hält man es nicht lange mit ihm aus. Erst bei Madame Gaillard, die bar jeglichen Gefühls für menschliche Wärme und Leidenschaft ist und insbesondere auch ihr Geruchsvermögen verloren hat, findet Jean-Baptiste gegen Unterhaltszahlung des Klosters Unterschlupf. Er selbst hat ein hervorragend ausgebildetes Geruchsvermögen, und die Reaktionen auf seinen fehlenden Körpergeruch lassen ihn bald die Macht der Düfte erahnen. Als genialer Parfümeur sucht er ein Parfüm, das ihn zu einem Menschen in einer sozialen Gemeinschaft macht und ihm gleichzeitig Macht über seine Mitmenschen verleiht. Die Düfte für dieses Parfüm findet er bei jungen Frauen, die er für die Gewinnung der Ingredienzen umbringen muss. Tatsächlich gelingt es ihm, dieses machtvolle Parfüm herzustellen. Der Morde an den Frauen überführt, gibt er seine Verbrechen zu. Als die Menschen aber das Parfüm an ihm wahrnehmen, halten sie ihn solcher Schandtaten nicht für fähig und lassen ihn frei. Das Parfüm macht Jean-Baptiste Grenouille so anziehend, dass er vom Pariser Gesindel nicht nur für einen Engel gehalten wird, sondern schließlich auch verspeist wird.

Auch der englische Schriftsteller Roald Dahl war fasziniert von der Vorstellung, dass Düfte eine Macht über den Menschen haben können. In seiner Erzählung »Bitch« sucht ein Wissenschaftler erfolgreich nach den Molekülen, die Einfluss auf unser Sexualverhalten haben. Das von ihm hergestellte Parfüm ist so machtvoll, dass Männer, die es an Frauen riechen, ihre Kontrolle vollständig verlieren. Unglücklicherweise führt dieser Kontrollverlust aufgrund eines Herzleidens zum Tod des Wissenschaftlers, als er versehentlich das Parfüm an seiner Assistentin wahrnimmt. Der wissenschaftlich sehr interessierte Roald Dahl liefert in dieser Erzählung von 1974 im Übrigen mit wenigen Fehlern eine sehr genaue Beschreibung des Geruchsorgans.

Die nahe Verbindung von Gerüchen und Sinnlichkeit finden wir auch bei Giuseppe Tomasi di Lampedusa. Großartig und symbolisch ist eines der ersten Bilder im Roman »Der Leopard« (1958), das einen Gang des Fürsten in seinem Garten beschreibt. Es ist ein Garten, der nicht das Auge, sondern den Geruchssinn anspricht, ein »Garten für Blinde«, wie es im Roman heißt. Der Fürst wird beschrieben als »umgetrieben, hier von dem Stolz und dem Intellektualismus der Mutter, dort von der Sinnlichkeit des Vaters«. Es ist Letzteres, was den Fürsten, ein Patriarch und ein Sinnbild von Männlichkeit, empfänglich macht für das Schöne, Emotionale, Sinnliche. An mehreren Stellen des Romans ruft ein Duft in dem Protagonisten Erinnerungen hervor, die alle sinnlicher Natur sind und mit dem sexuellen Verlangen des Fürsten in Zusammenhang stehen. Der »dichte, fast schamlose« Duft der Rosen in seinem Garten erinnert ihn an die Schenkel einer Tänzerin. Auf der nächtlichen Fahrt nach Palermo wird der Geruch der blühenden Orangengärten mit »Huris und sinnlichen Orgien nach dem Tode« assoziiert. Dabei ist es nicht ohne Belang, dass der Zweck dieser Reise ein ehelicher Seitensprung ist und diktiert wurde vom »Stachel in seinem Fleisch, der ihn dazu drängte, sich gegen den Zwang und den Druck zu empören«. Und nicht zuletzt seien die berühmte Ballszene erwähnt und der Tanz des nicht mehr jungen Fürsten mit der bezaubernden Angelica. Es ist der Geruch ihres Parfüms, aber vor allem der ihrer jungen, glatten Haut, der dem Fürsten den Satz in den Sinn kommen lässt: »Ihre Bettlaken haben sicher den Duft des Paradieses.«

Von jeher versuchte man den Einfluss der Düfte auf das Wohlbefinden und die Stimmung des Menschen zu nutzen. Diesem Ziel widmet sich heute mit der Aromatherapie ein ganzer Industriezweig. Dabei gibt es für jede erwünsche Stimmungslage den entsprechenden Duft. Beruhigung verspricht man sich beispielsweise vom Lavendelduft in Beruhigungsbädern, und die anregende Wirkung des Thymians sollte schon Rittern vor Kämpfen

Mut verleihen. Düfte können zugleich natürlich auch ein Genuss sein und der Unterhaltung dienen. Während man früher in Kinos Wohlgerüche mit Eau de Cologne oder Orangenblüten verbreitete, wird man heute leider meist nur vom Popcorn-Gestank belästigt. Es gibt aber auch schon Versuche, die Düfte in das Geschehen eines Films einzubeziehen und somit die Rezeption eines Films nicht nur auf das Hören und Sehen zu beschränken. Im kürzlich eröffneten »Prime Cinema 5D« in Berlin werden 3-D-Filme noch realistischer, und zwar durch Bewegungen der Sitze, Vibrationen der Rückenlehne, Wind und Sprühnebel sowie durch Duftstoffe, die passend zum filmischen Geschehen eingesetzt werden. Dies ist im Übrigen keine neue Idee. Aldous Huxley beschreibt 1932 in dem Roman »Schöne neue Welt« ein Kino mit einer Duftorgel. Ähnlich wie im modernen Kino in Berlin werden bei dem »Super-Stereo-Ton-Farben-und-Fühlfilm« alle Sinne angesprochen:

> »Die Duftorgel spielte ein köstliches erfrischendes Kräutercapriccio – kleine Arpeggiowellen von Thymian und Lavendel, Rosmarin, Basilikum, Myrte und Schlangenkraut, eine Folge kühner Modulationen durch die Aromen der Gewürze bis zu Ambra, dann langsam zurück über Sandelholz, Kampfer, Zedernholz und frisch gemähtes Heu (mit gelegentlichen, angedeuteten Dissonanzen – einer Nasevoll Sauerkraut und einem leisen diskreten Geruch nach Rossäpfeln) zu den schlichten Duftweisen, mit denen das Stück begonnen hatte.« (Huxley 1932, S. 168f)

In »pneumatischen Sesseln« sitzend, hört man dann Musik, und am Schluss wird ein Film mit eher schlichter Handlung gezeigt. Über Metallknöpfe in den Armlehnen der Sessel werden einem die zur Handlung passenden Gefühle übermittelt. Während der Liebesszene werden die Küsse und das Bärenfell, auf dem das Liebespaar liegt, so lebendig gespürt (mit Moschusgeruch aus der Duftorgel), dass »die erogenen Gesichtszonen« der Besucher »in fast unerträglicher galvanischer Verzückung« beben (ebd., S. 170).

Dass auch Gerüche als Baustoffe zu kreativem Schaffen geeignet sind, finden wir in dem Roman »Gegen den Strich« von Joris-Karl Huysman (1884) beschrieben. Ein langes Kapitel beschäftigt sich mit dem Riechen. Der Held Des Esseintes lebt abgeschlossen von der Welt in einem Haus, das alle Sinne anregt. Diese ästhetische Dekadenz hat zum Ziel, die Wahrnehmung zu steigern und neue, ungeahnte Sinneserfahrungen hervorzurufen. Neben einer Geschmacksorgel kreiert Des Esseintes auch Geruchslandschaften. Er kombiniert beispielsweise Düfte, um bestimmte Bilder aus der Erinnerung hervorzurufen, lässt auf diese Weise aber neue Landschaften und Bilder entstehen. Des Esseintes konkurriert mit der Natur und ist Schöpfer von imaginierten Duftlandschaften. Das Exzessive an Des Esseintes' kreativem Prozess bei der Gestaltung seiner Duftbilder wird deutlich an den Ohnmachtsanfällen, mit denen der Schöpfungsakt nicht selten endet.

Das Relative und die Subjektivität der Riechwahrnehmung ist in der Erzählung »Die Betrogene« von Thomas Mann hervorgehoben. Der alternden Protagonistin Rosalie wird ihre Tochter Anna gegenübergestellt. Die beiden Frauen verkörpern zwei Extreme weiblicher Lebensformen: die Mutter »gesellig von Anlage«, von heiterer Gemütsart, die Tochter rational, »von ungewöhnlicher Intelligenz«. Am deutlichsten manifestiert sich der Unterschied der beiden Frauen in ihrer Einstellung zum eigenen Körper, zur Weiblichkeit sowie zur Natur. Bei der konträren Einstellung zur Weiblichkeit beider Frauen – ein zentrales Thema der Erzählung – verwundert die entgegengesetzte Einstellung zur Natur nicht. Rosalie ist eine »Naturfreundin«, von der Tochter hingegen heißt es, sie sei »mit der Natur nicht auf bestem Fuß, sondern muss sie ins Geistige übertragen«. Die Wahrnehmung der Natur und ihr Effekt auf die Protagonisten erfolgen vor allem über den Geruchssinn. Thomas Mann beschreibt eindrucksvoll, wie gegensätzlich die beiden Frauen auf ein komplexes Duftgemisch in der Natur reagieren:

> »Fabrizierte Riechstoffe, Parfüms gebrauchte Rosalie nicht (…). Aber was die Natur unserem Geruchssensorium als Holdheit, Süßigkeit, würziger Bitternis, auch an Schwülem, Berauschendem zu bieten hat, das liebte sie und nahm es tief und dankbar, mit der sinnlichsten Andacht auf. An einem ihrer Spaziergänge gab es einen Abhang, eine gestreckte Bodenfalte und untiefe Schlucht, auf ihrem Grunde tief bewachsen mit Jasmin- und Faulbaumgesträuch, von dem an feucht-warmen, zum Gewitter neigenden Junitagen ganze Schwaden, Wolken erwärmten Wohlgeruchs beinahe betäubend emporquollen.

> (...) Rosalie atmete den schwer aufwallenden Brodem mit bewunderndem Genuss, blieb stehen, ging weiter, verweilte wieder, beugte sich über den Hang und seufzte: ›Kind, Kind, wie wundervoll! Das ist der Atem der Natur, das ist er, ihr süßer Lebenshauch, sonnerhitzt und getränkt mit Feuchte, so weht er uns wonnig aus ihrem Schoße zu. Genießen wir ihn in Verehrung, die wir auch ihre lieben Kinder sind.‹« (Mann 1953, S. 369)

Von Anna heißt es, dass diese Düfte bei ihr Kopfschmerzen hervorriefen, und auf die schwärmerischen Äußerungen Rosalies entgegnet sie: »Mich mag sie (die Natur) weniger und verursacht mir diesen Druck in den Schläfen mit ihrem Duftgebräu.« Rosalie hingegen genießt die Natur, etwa die »Zeit der Lindenblüte«, in der »das entzückte Lächeln überhaupt nicht von Rosaliens Lippen wich« (S. 370). Und ebendiese Lindenblüte spielt bei dem wohl berühmtesten Roman, in dem der Geruchssinn bedeutungstragend ist, eine herausragende Rolle. Spricht man über den Geruchssinn, darf der Jahrhundertroman »Auf der Suche nach der verlorenen Zeit« von Marcel Proust nicht fehlen. Hier erfahren die eingangs erwähnten, von Platon und Aristoteles verachteten »niederen« Sinne die Rehabilitation, die sie eigentlich verdienen: Der Geschmack eines in eine Tasse Lindenblütentee eingetauchten Gebäckstücks, einer Madeleine, lässt in Prousts Erzähler die Erinnerungen an seine Kindheit und Jugend aufkommen. Er hatte den Geschmack der in seiner Kindheit jeden Sonntagmorgen genossenen Madeleine plötzlich und unerwartet wiedererkannt, und mit ihm wurden die Erinnerungen »deutlich und greifbar«, sie tauchten »auf aus meiner Tasse Tee« (Proust 1909, S. 67).

Es sind die »niederen« Sinne, die Erinnerungen ungewollt heraufbeschwören. Der hohe Stellenwert, der den sinnlichen Erfahrungen dabei zugeschrieben wird, hängt mit Prousts Interesse an der inneren Wirklichkeit seiner Protagonisten zusammen. Mit dem Gedanken, dass nicht Ratio, sondern Intuition, Traum und Leiden den Zugang zur Wirklichkeit ermöglichen, knüpft Proust an die romantische Tradition an. Proust zufolge sind Geruch und Geschmack Initiatoren von Erinnerungen, die den Zugang zur inneren Wirklichkeit ermöglichen. Es ist die innere Wirklichkeit und nicht die uns umgebende physische Außenwelt, die für das

Schaffen eines Kunstwerks entscheidend ist. Da Proust der Kunst die höchste Wirklichkeit zuspricht, sind für ihn Geruch und Geschmack Initiatoren von Prozessen, die über Erinnerung mit Kognition auf höchster Ebene – dem kreativen Schaffen – verbunden sind. Die in dem Roman beschriebene besonders enge Verbindung von Geruch und Erinnerung, also die Fähigkeit der Gerüche, Erinnerungen hervorzurufen, wurde von dem Psychologen John Downes als »Proust-Phänomen« bezeichnet. Erst lange nach dieser sehr exakten Beobachtung von Marcel Proust fand man das morphologische Korrelat für das Phänomen: die direkte Verbindung des Riechkolbens mit dem Hippocampus.

Die genaue Beobachtungsgabe der Schriftsteller verleiht ihren Werken über das literarische Vergnügen hinaus so auch einen wissenschaftlichen Wert, indem Zusammenhänge erkannt werden, deren anatomische und physiologische Grundlagen erst nach der Entwicklung neuer, modernerer Techniken nachweisbar sind.

Literatur

Corbin A (1992). Pesthauch und Blütenduft. Eine Geschichte des Geruchs. Frankfurt a. M.: Fischer.

Christie JM, Bark C, Hormuzdi SG, Helbig I, Monyer H, Westbrook GL (2005). Connexin 36 mediates spike synchrony in olfactory bulb glomeruli. Neuron; 46(5): 761-72.

Dahl R (1974). Bitch. In: Kuschelmuschel. Hamburg: Rowohlt 1978; 99-124.

Huxley A (1932). Schöne neue Welt (Brave New World). Frankfurt a. M.: Fischer 1999.

Huysman (1884). Gegen den Strich (A rebours). München: dtv 1995.

Kipling R (1903). The Five Nations. Leipzig: Tauchnitz.

Lampedusa T de (1958). Der Leopard (Il gattopardo). München: Piper 1999.

Lundstrom JN, McClintock MK, Olsson MJ (2006). Effects of reproductive state on olfactory sensitivity suggest odor specificity. Biol Psychol; 71(3): 244-7.

Mann T (1953). Die Betrogene. In: Der Tod in Venedig. Erzählungen. 2. Aufl. Berlin, Weimar: Aufbau-Verlag 1989; 361-429.

Mombaerts P, Wang F, Dulac C, Chao SK, Nemes A, Mendelsohn M, Edmondson J, Axel R (1996). Visualizing an olfactory sensory map. Cell; 87(4): 675-86.

Porter J, Anand T, Johnson B, Khan RM, Sobel N (2005). Brain mechanisms for extracting spatial information from smell. Neuron; 47(4): 581-92.

Proust M (1909). Auf der Suche nach der verlorenen Zeit (A la recherche du temps perdu). Erster Band. Frankfurt a. M.: Suhrkamp 1981.

Rilke RM (1908). Der Duft. In: Die Gedichte. 1906-1926. 6. Aufl. Frankfurt a. M.: Insel 1993; 815.

Rochefort C, Gheusi G, Vincent JD, Lledo PM (2002). Enriched odor exposure increases the number of newborn neurons in the adult olfactory bulb and improves odor memory. J Neurosci; 22(7): 2679-89.

Shingo T, Gregg C, Enwere E, Fujikawa H, Hassam R, Geary C, Cross JC, Weiss S (2003). Pregnancy-stimulated neurogenesis in the adult female forebrain mediated by prolactin. Science; 299(5603): 117-20.

Small DM, Gerber JC, Mak YE, Hummel T (2005). Differential neural responses evoked by orthonasal versus retronasal odorant perception in humans. Neuron; 47(4): 593-605.

Stoddart DM (1990). The Scented Ape. The biology and culture of human adour. New York: Cambridge University Press.

Süskind P (1985). Das Parfüm. Zürich: Diogenes.

Wedekind C, Penn D (2000). MHC genes, body odours, and odour preferences. Nephrol Dial Transplant; 15(9): 1269-71.

Robert Gernhardt und F.-K. Waechter

12 Du und dein Auge[1]

Vorsicht vor Augenzeugen!

Vier Organe sind es, die dem Menschen helfen, die Außenwelt zu erleben: das Ohr, der Geruchs- und der Tastsinn und das Auge. Von diesen Organen wiederum ist das Auge zweifellos das wichtigste. Alles, was wir sehen – und das sind sämtliche Erscheinungen, die visuell erfasst werden! –, nehmen wir mit dem Auge wahr. Umso betrüblicher ist es, dass dieses Organ zugleich dasjenige ist, das sich am leichtesten täuschen lässt. Das werden viele Leser sicher in Abrede stellen. »Was denn«, hören wir sie schon entrüstet rufen, »das Auge, der beste Freund des Menschen, soll unzuverlässig sein? Das mag für alte Leute gelten – mein Auge jedenfalls lässt mich nicht im Stich.« Und doch ist es so. Den besten Beweis liefern die so genannten optischen Täuschungen.

Die Preller'sche Täuschung

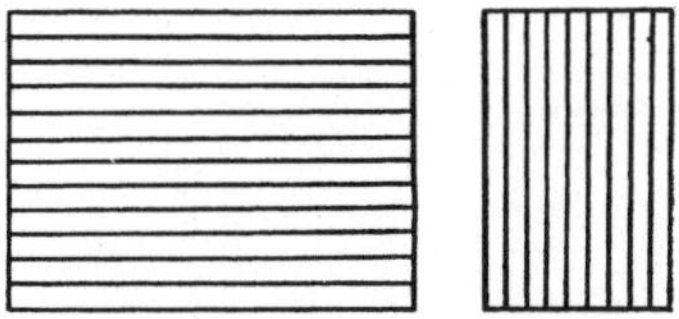

Die Quadrate sind gleich groß, doch das Auge meint ein hoch- und ein breitformatiges Rechteck zu sehen. Es sind die Streifen, die ihm diesen Schabernack spielen.

Die Müller-Lyer'sche Täuschung

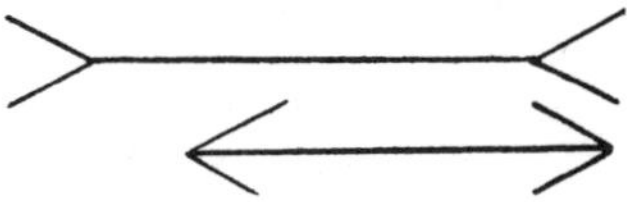

Die Linien sind gleich lang. Diese erstaunliche Tatsache wurde selbst von der Fachwissenschaft so lange bezweifelt, bis Müller und Lyer, zwei blutjunge Assistenzärzte, mithilfe eines Zentimetermaßes die Richtigkeit der Behauptung bewiesen. Seitdem trägt die Täuschung ihrer beider Namen.

1 Aktualisiert aus »pardon« Juli 1965, mit freundl. Genehmigung von Robert Gernhardt

Die Geiger'sche Täuschung

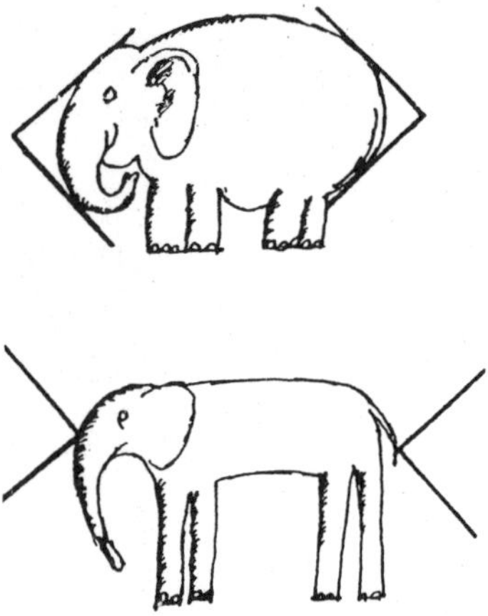

Derselbe Elefant wirkt einmal breit und gedrungen, das andere Mal lang und gestreckt.

Die Kehlmann'sche Täuschung

Personen, die vorne im Raum stehen, wirken mächtiger, größer – Personen im Hintergrund klein, nichtig.

Die Pak-Son-Ding'sche Täuschung

Diese Täuschungen sind besonders gefährlich, gerade vor der zweiten kann nicht nachdrücklich genug gewarnt werden. Seitdem der Globalisierungs-Pionier Pak Son Ding II solche Kisten in den Tigerstaaten auf den Markt brachte, häufen sich Depressionen und Wahnsinnsanfälle im fernöstlichen Pack- und Transportgewerbe.

Die Waechter'sche Täuschung

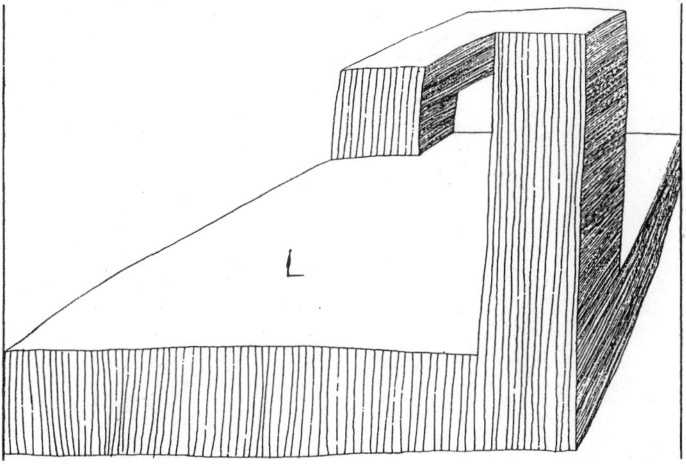

Mit diesem Blatt beweist F.-K. Waechter den Aphorismus von Albert Einstein: »Raum und Zeit sind relativ.« Zugleich enthält es eine warnende Mahnung: Wir stehen an der Schwelle des Atomzeitalters. Neue und unbekannte Dimensionen werden auf uns zukommen. Sind unsere Augen, die schon in der dreidimensionalen Welt immer wieder versagen, für diese Anforderungen auch nur annähernd gerüstet?

Optische Täuschungen waren zum Teil schon bekannt, bevor sie wissenschaftlich erfasst wurden. Bereits in Ovids »Ars amandi« beispielsweise findet sich der Rat an die Damenwelt:

»Bist du ein mageres Ding, so rat ich dir, trag eine Toga,
Die in die Quere gestreift. Dann wirst du stattlicher wirken.
Hast du zu viel des Fleisches, so wähle eine Längsstreifentoga.
Schlank erscheinst du in ihr, da sie das Auge betört.«

In der Sprache der Wissenschaft, im berühmten Preller'schen Gesetz von 1912, klingt Ovids Beobachtung zwar ganz anders, meint jedoch den gleichen Sachverhalt: »Ein mit Längsstreifen versehenes Quadrat wird dem Auge als hochformatiges Rechteck erscheinen, ein quergestreiftes gaukelt ihm ein breitformatiges vor.«

Ähnlich verwirrend ist die Müller-Lyer'sche Täuschung. Beide Linien sind tatsächlich gleich lang, was noch unglaubhafter wird,

Die McKinsey'sche Täuschung

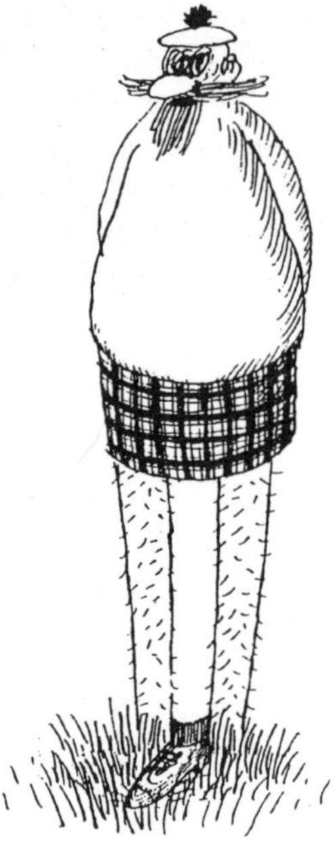

Sie heißt so, da ihr Entdecker, Sean McKinsey, ihr besonders häufig erlag (z. B. beim Zählen der Füße, auf denen ein Unternehmen ruht).

Die Donald-Rumsfeld'sche Täuschung

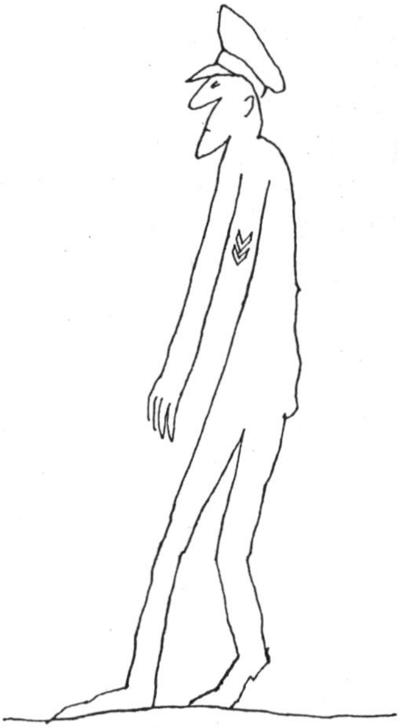

Eine Variante der McKinsey'schen Täuschung, die Militärmedizinern in aller Welt Kopfzerbrechen bereitet, weil sie zu disziplinarischen Problemen infolge Dienstgradkonfusionen führt.

wenn man diese Täuschung nicht durch Linien, sondern durch Lebewesen veranschaulicht, wie es Geiger tut.

Fügen wir als weiteres Beispiel noch die Kehlmann'sche Täuschung hinzu.

Doch nicht nur wir Deutschen, nicht nur die Bewohner des alten Erdteils sind überall von optischen Täuschungen bedroht. Das Problem ist international. Die in den Vereinigten Staaten erscheinende »Monatsschrift für Augendiagnostik« (MAD) brachte vor kurzem einen aufsehenerregenden Artikel, der das Überhandnehmen von optischen Täuschungen beklagt und rasche Abhilfe fordert. Hier zwei Bildbeispiele aus dem Aufsatz. Auch sie beweisen, wie unzulänglich das menschliche Auge oft arbeitet. Wie oft genügt die Aussage eines »Augenzeugen« vor Gericht, um einen anderen Menschen hinter Kerkermauern zu bringen. Doch wie weit können wir uns auf den Augenschein verlassen? Für diejenigen, die immer noch zweifeln, haben wir auf dieser Seite zwei weitere Täuschungen zusammengestellt. Auf manchen allzu Selbstsicheren wird ihr Anblick vielleicht schockierend wirken. Möge es ein heilsamer Schock sein!

Michael Freund

13 There's someone in my head ...[1]

Hirn und Grips in der Popkultur

Der neuseeländische Bergsteiger Sir Edmund Hillary antwortete bekanntlich auf die Frage, warum er den Mount Everest bezwingen wollte, mit den mittlerweile geflügelten Worten: »Weil er da ist.« Sein Kollege Reinhold Messner begann, so will es der österreichische Unterhalter Josef Hader in der australischen Wüste beobachtet haben, in der Nase zu bohren, um auf diese Weise zu seinem Hirn vorzudringen, und begründete dieses Vorhaben mit der Feststellung: »Do wor i no nie, in mein eigenen Hirn, da muass i hin.« (Hader 1997)

In der Tat traf sich wissenschaftliche Neugierde selten so schön mit persönlichem Extremeinsatz wie im Falle dieser beiden Kletterer. Was bei Messner noch dazukommt und sein Vorhaben für das vorliegende Thema besonders interessant macht, ist das sozusagen selbstreflexive Moment der Erkundung, was den Ursprung seiner Gedanken ausmacht. Diese »Selbst-Wahrnehmung« im phänomenologischen Sinn ging er – typisch Routen-Einzelgänger – nun nicht wie üblich visuell oder akustisch an, sondern er nahm den taktilen Weg (vgl. Diaconu 2005). Er wollte also den Gedanken »Ich werde in der Nase bohren« an seiner Quelle untersuchen. Möglicherweise hoffte er, durch Erkunden seiner Ganglien Informationen über oder Einfluss auf weitere Expeditionen ins Innere nehmen zu können. Aussagen darüber sind nicht gesichert. Dem Augenzeugen Hader zufolge verschwanden nach dem Zeigefinger die ganze Hand, Unter- und Oberarm und schließlich der Rest des Südtirolers im Nasenloch, was Hader zur Beobachtung veranlasste: »Weg war er.« (Hader 1997)

Die weniger eigenwilligen Routen, um sich ein Bild vom Hirn zu machen, sind zweifellos die bekannteren. Gemeinhin denken wir an die Kartografien der medizinischen Wissenschaft, von frü-

1 Brain Damage, in: Pink Floyd: Dark Side of the Moon (Abbey Road Studios 1973)

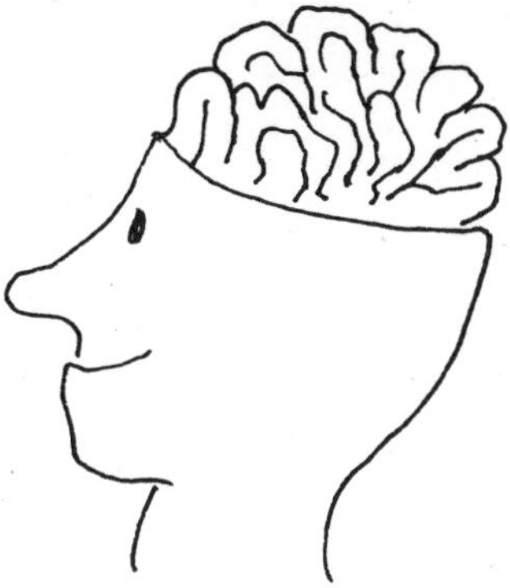

Abb. 1

hen Einteilungen in Hirnzonen bis zu Magnetresonanz-Images und ähnlichen bildgebenden Verfahren.

Auffallend ist allerdings, dass diese Vorstellungen vom Sitz unserer Gedanken, obwohl »Bilder« im Wortsinn, über die Epochen immer unanschaulicher geworden sind. Ein Krieger im Altertum konnte, bevor er den Siegestrank aus dem Kelch, nämlich der Schädeldecke des Besiegten, zu sich nahm[1], auf ebendiesen hinweisen und den Umstehenden erklären: »Seht den Sitz der Gedanken des Ungläubigen: wie eine große Walnuss.« (s. Abb. 1)[2] »Gut gesagt«, mögen seine Soldaten, folgt man den zeitgenössischen historiografischen Zeugnissen, ihm beigepflichtet haben, und: »Unsere Walnüsse sind aber viel größer.«

Da jedoch der unmittelbare Anblick der Gehirnwindungen wenig Aufschluss über ihre Funktionen gab, wurde er sukzessive durch eine verwissenschaftlichte Anschauung ersetzt. Dabei nahm und nimmt die Medizin, genauer: das, was wir als westliche Schulmedizin bezeichnen, eine führende Rolle ein. Ihr zufolge löst sich der konkrete Ort des Denkens auf in Netzwerke, Schaltkreise, Vielfachverbindungen und winzige chemische Keulen, die an Kontrollstellen einen Impuls passieren lassen oder unschädlich machen. »Bildgebende« Techniken können zwar immer genauer in dieses Gewirr eindringen, doch nur um den Preis noch größerer Abstraktion. Wo Homunculi waren, herrscht nun das Flimmern eines Fernsehkanals, auf dem gerade kein Programm läuft (falls sich noch jemand an solche Momente erinnern kann).

1 Ein Bild, das Kurt Tucholsky gut gefiel. Er sah die Verleger Champagner aus Hirnschalen trinken – aus denen ihrer Autoren. In der Tat eine lebhafte Vorstellung, wobei am vorliegenden Buch beteiligte Verleger selbstverständlich ausgenommen sind.

2 Die Zeichnungen stammen – wenn nicht anders angegeben – von Michael Freund, mit Dank und in Anlehnung an Matt Groening, Milo Manara, Tom Ruegger und Peter Hastings.

Kulturwissenschaftliche Bereicherung

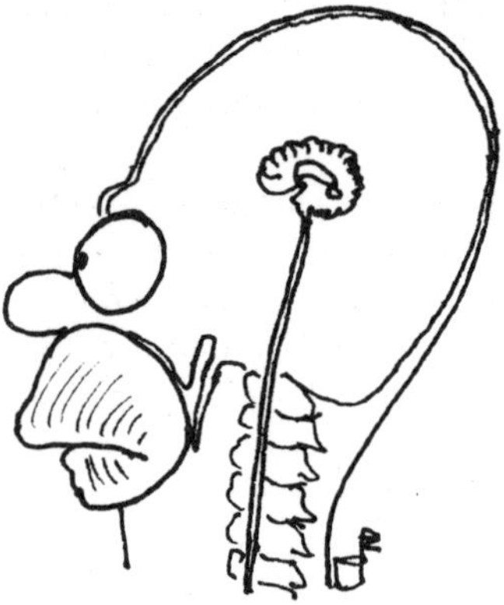

Abb. 2

Es geht aber auch anders. Neben der offiziellen naturwissenschaftlichen Betrachtungsweise haben sich Vorstellungen vom Humangehirn entwickelt, die unserem Bedürfnis nach Anschaulichkeit stärker entgegenkommen. Unter kulturwissenschaftlichem Gesichtspunkt findet hier eine Bereicherung statt, die man gar nicht hoch genug einschätzen kann. Die folgenden Beispiele sollen die Bandbreite solcher Imaginationen zeigen. Sie erheben keinen Anspruch auf Vollständigkeit, machen vielmehr klar, auf wie vielfältige Weise sich der ewig forschende Mensch dem Sitz seiner eigenen Gedanken nähert.

Die frühen Analogien mit organischer Materie sind uns schon begegnet (siehe Walnuss) und auch nicht zufällig. Die gewachsenen Ausstülpungen lassen die Komplexität der darin enthaltenen Vorgänge erahnen. Ob diese ebenso komplex in einem bestimmten menschlichen Hirn sind, das nicht nur in der Form, sondern auch in der Größe einer Walnuss gleicht, dieser Frage ist Matt Groening nachgegangen. Die Antwort, so viel sei vorweggenommen, ist negativ.

Im Detail hat Groening gezeigt, dass das Gehirn des Patienten Homer Simpson ungefähr so groß ist wie eine Nuss und mitten im Schädel in einer Flüssigkeit schwimmt (s. Groening, passim, u. Abb. 2). Aus der Anamnese geht hervor, dass der Patient mit seinem Körperteil gut zu Rande kommt.

Eine Komplikation ergab sich jedoch aus der Tatsache, dass Simpson als Kind die Angewohnheit hatte, sich Wachskreide, so genannte Crayons, in die Nase zu schieben. Sie kamen, seinen eigenen Angaben zufolge, wieder bei den Ohren heraus.

Ein Crayon jedoch blieb in Mr. Simpsons Schrumpfhirn stecken. Es wurde auf einer Röntgenaufnahme zunächst nicht entdeckt, da der behandelnde Radiologe seinen Finger genau auf dem Umriss der Kreide hatte. Als der Fremdkörper schließlich entfernt wurde, wirkte sich das positiv auf die intellektuellen, aber negativ auf die sozialen Fähigkeiten des Patienten aus, sodass schließlich wieder eine Wachskreide durch die Nase eingeführt wurde.

Das Gehirn von Mr. Simpson besteht im Übrigen aus sieben Nervenzellen, von denen eine durch Alkohol zerstört wurde, was sich laut Patientenprotokoll weiterhin nachteilig auf die Kommunikation zwischen seinen Wahrnehmungsorganen und der Reizverarbeitung im Gehirn auswirkt. Im Folgenden ein Auszug aus einer Mitschrift:

Homer: »Och, 20 $! Ich wollte eine Erdnuss haben!«
Homers Hirn: »Mit 20 $ kannst du viele Erdnüsse kaufen.«
Homer: »Erklär mir das mal!«
Homers Hirn: »Geld kann man gegen Waren und Dienstleistungen eintauschen.«
Homer: »Ach!«[1]

Das kursorische Beispiel, das durch viele weitere ergänzt werden könnte, belegt, warum das Dummheits-Gen, dem die Molekularbiologen laut Matt Groening auf der Spur sind, in Fachkreisen auch »Simpson-Gen« genannt wird. Doch zurück zu den Visualisierungen. Wie manche Gehirne für einen *homo sapiens* ungewöhnlich klein geraten sein mögen, so kann umgekehrt ein menschlicher Denkapparat einem Tier eine ungewöhnlich große Last aufbürden.

Dies wurde eindringlich von dem Amerikaner Gary Larson dargestellt. Er dokumentiert den Versuch eines bovinen Forschers, einer Kuh ein Großhirn aufzupflanzen. Die neuralen Verbindungen zum Schädel der Wiederkäuerin sind offenbar schon hergestellt, das Hirn bleibt aufgrund seines Volumens extern und thront kronenartig auf dem Schädel. Larson hält den Augenblick fest, da der Forscher – vermutlich ein Stier – einen Hebel betätigt, um mittels Strom das hochgezüchtete Versuchsob-

1 ⟨www.piczo.com/jimangi?g=12032657&cr=1&rfm=y⟩

jekt zu starten (vgl. Larson 1985 sowie ⟨www.lastgasp.com/d/730/⟩[1]).

Über den Erfolg des Eingriffs liegen keine Angaben vor. Allerdings hielt Larson in einer seiner späteren Arbeiten eine Begebenheit fest, die möglicherweise Aufschluss über das weitere Schicksal der Probandin gibt: Er sichtete in einer Rinderherde, die gerade zum Schlachthof bzw. zu Viehwaggons getrieben wurde (die genauen Umstände sind zurzeit nicht rekonstruierbar), eine Kuh mit auffallend großem Hirn, die als einzige eine misstrauische Miene machte. Es scheint angebracht, hier einen Zusammenhang zwischen der Mimik und einem ausgeprägten Sinn für schlussfolgernde Logik zu sehen.

In ethischen Kategorien analysiert, zeigt sich anhand Larsons Beispiel die Unzulänglichkeit eines hochentwickelten Zerebrums, aus einem erkannten Unrecht praktische Konsequenzen zu ziehen. Zu weniger düsteren Schlussfolgerungen kommen die beiden Autoren Tom Ruegger und Peter Hastings. Sie legten die Resultate einer Serie teilnehmender Beobachtungen vor, die die Interaktion zweier Mäuse zum Thema haben.[2] Eine der beiden, namens Pinky, hat ein für Nagetiere durchschnittlich entwickeltes Gehirn, während die andere einen besonders kleinen Körperwuchs aufweist, dafür aber eine disproportional hohe Stirn mit offenbar ebenso unverhältnismäßig entwickeltem Denkapparat; daher heißt diese Maus auch »The Brain« (s. Abb. 3).

Was die Aufzeichnungen über mehrere Monate gerade für Menschen besonders interessant macht, ist die Häufigkeit ganz bestimmter Überlegungen. Regelmäßig wird »The Brain« von seinem Artgenossen gefragt, was er vorhat, und jedes Mal lautet die Antwort, er wolle die Weltherrschaft übernehmen. Zwar zeigen Ruegger und Hastings keine Details seines Gehirns. Doch alleine dessen Größe lässt auf eine gewisse Verwandtschaft mit human-

1 Anmerkung der Herausgeber: An dieser Stelle sollten Sie eigentlich eine Reproduktion des Buchcovers mit Stier und Versuchsobjekt finden. Da der amerikanische Rechteinhaber Far Works die Genehmigung zu einer Schwarz-Weiß-Reproduktion, die sowohl der Orientierung als auch der Erbauung genüge getan hätte, verweigerte, der Vierfarbdruck eines ganzen Bogens wegen dieses einen Bildes aber ein teurer Spaß geworden wäre, müssen wir interessierte Leserinnen und Leser leider bitten, die Website anzuklicken.

2 ⟨http://en.wikipedia.org/wiki/Pinky_And_The_Brain⟩

Abb. 3

biologischen Gegebenheiten schließen. Sie schließt den Drang zu globaler Dominanz ein.

Daraus lassen sich zwei Schlüsse ziehen. Der eine ist spekulativ und dahingehend, dass Menschen mit ähnlichem Appetenzverhalten gehirnmäßig auf dem Niveau avancierterer Mäuse stehen. Der andere Schluss ist durch naturwissenschaftliche Forschung gut untermauert und lautet sinngemäß, dass im Fall eines Größten Anzunehmenden Unfalls Nagetiere tatsächlich gute Chancen haben, die Welt zu dominieren – wenn auch nicht so gute wie Kakerlaken.

Ausgesetztes Organ

Dass externe Gehirne unerwünschte Nebenwirkungen zeitigen, ist bekannt. Noch problematischer wird dieser Zustand, wenn es zu dem externen Organ keinen Restkörper mehr gibt, der Mensch also nur mehr aus Gehirn besteht. Roald Dahl hat in einem kurzen Abriss festgehalten, welche unangenehmen Folgen für eine Hirn-Auge-Kombination entstehen können, die wehrlos in einer Nährsalzlösung liegt; insbesondere, wenn der ihr vorangegangene Mensch ein militanter Nichtraucher war und nun von seiner Gattin – oder sollte man sie doch eher als Witwe bezeichnen? – ständig Rauch ins Auge geblasen bekommt (Dahl 1979).[1]

Dass ein Nur-Hirn (cerebrum exclusivum) für den Partner nicht immer ein Gewinn ist, hat der Cartoonist Gahan Wilson vor kurzem festgehalten. Man kann es zwar, mit Verstärker und Fernglas versehen, überallhin mitnehmen und im konkreten Fall

1 Siehe dazu auch die Zusammenfassung: »After his death from cancer, William's brain was hooked up to an artificial heart machine and removed from his skull. It now resides in a basin of cerebrospinal fluid and only exists because the machines keep pumping it full of oxygenated blood. The doctor, Landy, has even managed to save one of William's eyes, which is connected to his brain by the optic nerve and floats on top of the fluid in a plastic case.« ⟨www.roalddahlfans.com/shortstories/will.php⟩

"You're certainly a lot less fun since the operation."

Abb. 4

auch auf den Tisch des Restaurants stellen, doch, wie die Begleiterin bemerkt: »You're certainly a lot less fun since the operation.« (vgl. Abb. 4)

Ferngesteuerte Neuronen

Bislang haben wir uns mit der äußeren Form des Denkorgans beschäftigt und mit seiner Lokalisierung in und über dem Kopf (bzw. statt eines Kopfs). Was aber geht in den anatomischen Details vor? Welche Funktionen des Denkens sind welchen Regionen zugeordnet? Kann man sie überhaupt zuordnen? Die Geschichte der Schulmedizin zeigt, dass man sich hier durchaus nicht einig war bzw. dass widersprechende Modelle einander abgelöst haben.

Und wieder erweisen sich Autoren und Denker, die vom Mainstream vernachlässigt wurden, als wertvolle Ergänzung. Sie drücken die Resultate ihrer Arbeit in schematischen Darstellungen

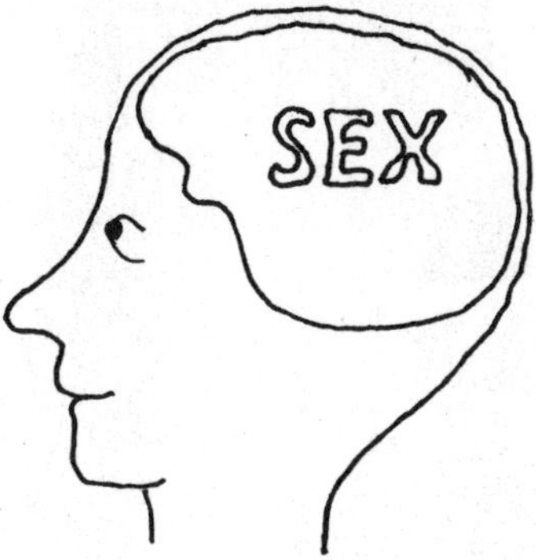

Abb. 5

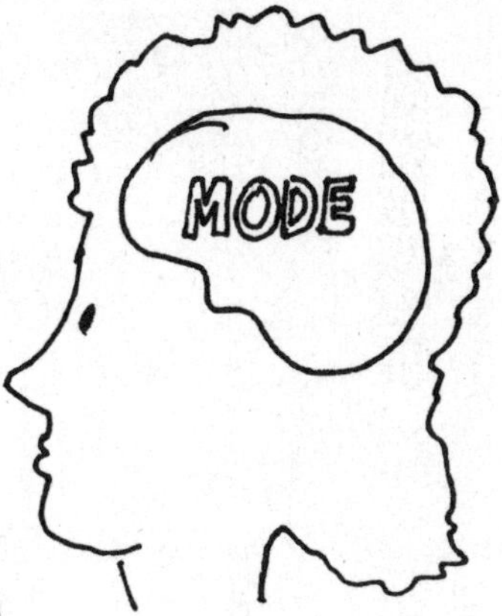

Abb. 6

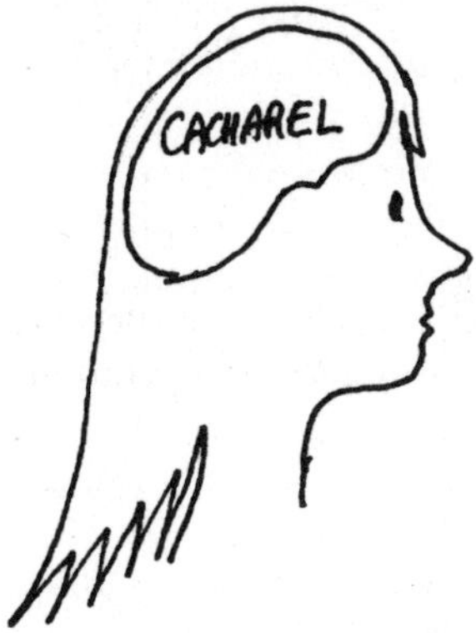

Abb. 7 a

Abb. 7 b

aus, die sich zwar an großen Vorbildern wie Bourgerys »Anatomischem Atlas« orientieren, aber zu ganz eigenen Interpretationen greifen.

Grundsätzlich gilt es zwischen mono- und multifunktionalen Hirnschemata zu unterscheiden. Zu ersteren zählt zweifellos eine Darstellung des männlichen Gehirns, die dem Fundus der Tradition entstammt und keinem bestimmten Forscher bzw. keiner Forscherin zugeschrieben wird (s. Abb. 5).

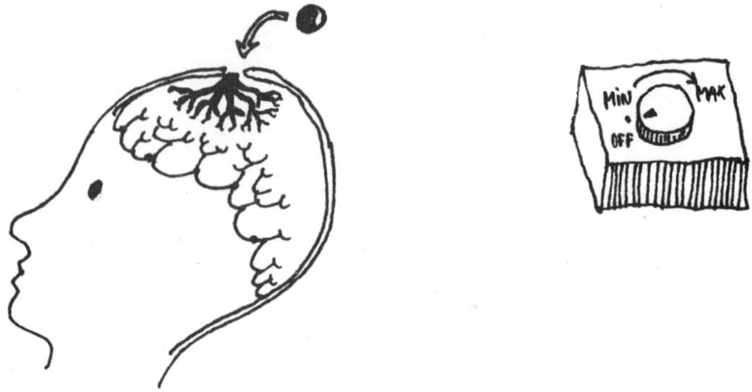

Abb. 8

Dieses – wie früher üblich – auf den Mann maßgeschneiderte Ergebnis langer Beobachtungsreihen wurde in jüngeren Jahren durch den Versuch einer monokausalen Illustration der weiblichen Gehirnfunktionen ergänzt. Das Beispiel in der Abbildung 6 stammt aus den 50er-Jahren des 20. Jahrhunderts und wurde infolge des zunehmenden Branding-Bewusstseins vor allem in der westlichen Öffentlichkeit spezifiziert (s. dazu die Abbildungen 7a, ca. 1968, und 7b, ca. 1998).

Von einer Reihe ungewöhnlicher Experimente berichtet der Italiener Milo Manara in seinem Werk »Il Gioco« (Manara 1979). Er zitiert darin Berichte aus der Fachzeitschrift »Esculapio«, die von Professor Kranz (Vorname nicht genannt) aus Genf verfasst wurden. Dieser Veröffentlichung zufolge ist es dem Fachmediziner und seinem Team gelungen, eine Kombination von Sender und Empfänger zur Beeinflussung von Hirnfunktionen zu entwickeln. Der Empfänger ist pillenförmig, hat einen Durchmesser von ca. zwei Millimetern und wird unter die Schädeldecke implantiert. Dort diffundiert er und amalgamiert sich, so Manara, »mit den Nervenzellen des Gehirns, und zwar so gründlich, dass er nicht einmal mit der genauesten Zerebroskopie erkannt werden kann« (ebd., S. 8).

Mit dem Sender, ungefähr so groß wie eine Zigarettenschachtel, können die so erfassten Neuronen stimuliert werden, auf einer stufenlosen Skala von »Min.« bis »Max.«, wie auf Illustrationen bei Manara ersichtlich (vgl. Abb. 8). Die Kombination, so heißt es

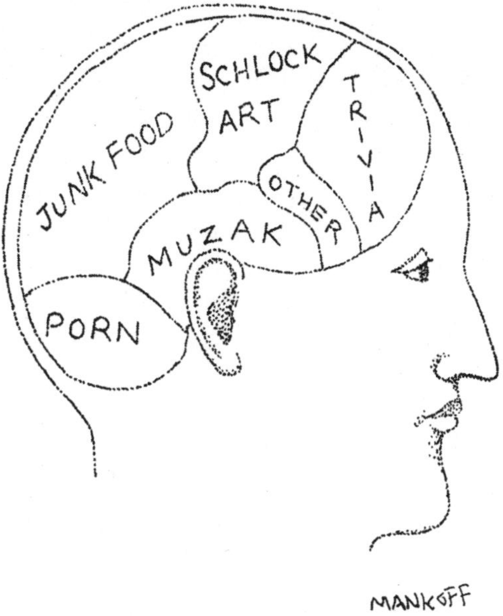

Abb. 9

weiter, sei speziell für die Steigerung des Lustempfindens gedacht gewesen, die auf diese Weise das gesamte Gehirn ergreift, und sie sei geschlechtsunabhängig entwickelt worden. Tatsächlich aber, so viel geht aus den Unterlagen hervor, wurde die Apparatur von Männern jenseits der 50 bedient, wohingegen als Versuchspersonen vor allem junge weibliche Personen mit besonders langen Fortbewegungsorganen und auffällig entwickelten sekundären Geschlechtsmerkmalen herangezogen worden waren. Das mag ein Grund dafür gewesen sein, dass nach einem zunächst sehr erfolgreichen, letztlich aber missglückten Pilotexperiment, das Manara ausführlich dargestellt hat, von weiteren Versuchen offenbar Abstand genommen worden ist.

Ebenfalls in den späten 70er-Jahren unternahm Robert Mankoff, der lange Jahre als behavioristischer Psychologe geforscht hatte, den Versuch einer multifunktionalen Deskription zeitgenössischer US-amerikanischer, vermutlich vor allem männlicher Hirnfunktionen (s. Abb. 9). Die grundsätzlichen Bedürfnisse

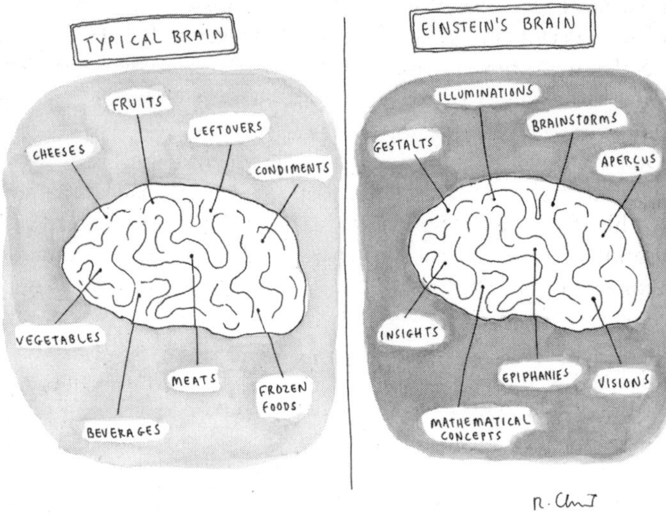

Abb. 10

menschlichen Daseins – nämlich Nahrung und Reproduktion – sowie die sekundäre Bedürfnisse nach Kunst und Musik haben hier eine bemerkenswerte Verwandlung erfahren. Von der zehn Jahre zuvor erhobenen Aufforderung des Unterhaltungskonzerns CBS an alle Bürger, nämlich »Fill your head with rock!«, ist lediglich eine Unterabteilung für die Aufzugsmelodienkonserven Muzak übrig geblieben.

Der multifunktionalen Schule ist auch Roz Chast verpflichtet. Sie hat zudem den Versuch unternommen, hinter der vergleichbaren »Walnuss«-Oberfläche des Denkapparats funktionale Unterschiede aufzuspüren. Im Dienste einer differenziellen Hirnphysiologie verglich sie ein durchschnittliches mit einem außergewöhnlichen Hirn. Der Spender des ersteren ist anonym geblieben. Wie sie an die Detaildaten des Hirns von Albert Einstein gelangt ist, geht aus ihrer Darstellung nicht hervor; es dürfte späteren Veröffentlichungen vorbehalten bleiben. Aufschlussreich sind jedenfalls die Unterschiede, die Chast veröffentlicht hat (Abb. 10a und 10b). Die funktionale Ausdifferenziertheit des normalen Hirns beschränkt sich offenbar auf eine Verzweigung des Hauptinhalts »Nahrung«, einer reproduktionsmäßig äquivalenten Variante der monofunktionalen Visualisierung »Sex« (vgl. Abb. 5, S. 235). Beim großen Physiker hingegen nahm das Thema der Nahrungsaufnahme nur einen kleinen Platz ein, hatte er doch bekanntlich immer Ehefrauen oder Freundinnen um sich, die sich um das tägliche Brot für ihn kümmerten.

Den Platz von Essen und Trinken nahmen in Einsteins Windungen abstrakte Konzepte und Fähigkeiten ein. Sieht man genauer hin, fallen einige Substitute besonders auf. Statt des Obstes, das landläufig und sprichwörtlich belebt, hat sich bei Einstein die Region der Erleuchtungen etabliert. Wo beim Durchschnittsbürger Gemüse war, waren bei Einstein Einsichten – nicht zufällig denken wir an Popeye bzw. an die Kraft des Spinats, auch wenn das diesbezügliche Forschungsergebnis um eine Kommastelle und damit eine Zehnerpotenz nach unten korrigiert werden musste.

Und was dem typischen Hirn die Gewürze sind, waren für Einstein Aperçus – tatsächlich sind die kleinen weisen Aussprüche des Physikers so etwas wie die Würze seines Werkes, die es jedem schmackhaft erscheinen lassen. Auch wer von der speziellen Relativitätstheorie nicht die geringste Ahnung hat, denkt gerne an den Ausspruch, dass Gott nicht würfelt, und fühlt sich unbeschwert in den Stand eines Theologen erhoben.

Roz Chasts Ergebnisse werfen somit ein neues Licht auf bestimmte Äquivalente, denen man bisher bloß eine impressionistische oder feuilletonistische Bedeutung zuerkannt hat. Die Frage, ob der Mensch ist, was er isst, lässt sich nunmehr unter Umständen genauer beantworten. Wenn auch die Stichprobe von einem Genie nichts beweist, legt sie doch die Hypothese nahe, dass unter gewissen Lebensumständen der Mensch ist, was er gerade nicht isst bzw. was er an Essverstand durch andere Denkinhalte ersetzt hat. (Spannend wäre im konkreten Zusammenhang mit Albert Einstein auch die Frage, ob die Ess-Substitute in seinen Ganglien Ursache oder Folge seiner Bemutterung durch mehrere Frauen oder überhaupt angeboren waren. Das Einstein-Jahr ist zwar schon wieder vergangen, doch das nächste runde Jubiläum, in 99 Jahren, bietet sich zur Lösung dieses Problems durchaus an.)

Wüstenlandschaft Zerebrum

In den letzten Jahrzehnten sind enorme Forschritte in der Gehirnforschung gemacht worden. Doch auch hier nimmt die Anschaulichkeit ab, je weiter die Grenzen verschoben werden. Die biomedizinischen Institute gehen ihren eigenen, wie immer streng verwissenschaftlichten Weg – mit Resultaten, die kaum mehr im Wortsinn einsichtig sind.

Auf eine Alternative – noch dazu im Humanbereich – verwies der New Yorker Kulturschaffende Garry Trudeau bereits in den 80er Jahren. Seine weit gefasste Erkenntnisweise zeigte Möglichkeiten auf, das Geschehen im Inneren eines Gehirns im Wortsinn begreifbar zu machen. Noch dazu hatte Trudeau ein ganz besonderes Untersuchungsobjekt vor sich, nämlich den Sitz der Gedanken des damaligen US-Präsidenten Ronald Reagan. Genauer gesagt, war es der TV-Reporter Roland Hedley, dessen Berichte Trudeau einer großen Leserschaft zugänglich machte. Im Oktober 1980 berichtete Hedley laut Trudeau erstmals für ABC-TV/Channel 7 über »Die mysteriöse Welt in Reagans Hirn« ⟨www.doonesbury.com/strip/retro/timeline/timeline.html⟩. Er sprach live über die »Wunder, die uns erwarten: der Panzerschrank der Erinnerungen, Bilder eines idyllischen Amerikas«, mit Coca-Cola für 5 Cent, Werbung für Aftershave, das es längst nicht mehr gab, und vielen weißen Menschen, die hart und tüchtig arbeiteten.

Das war noch vor der Wahl, die Ronald Reagan eine achtjährige Amtszeit bescheren sollte. Umso bemerkenswerter ist die Tatsache, dass sich das Erkenntnisinteresse des Forscherduos Hedley/Trudeau bereits damals auf die idiosynkratischen Gedächtnisleistungen des Kandidaten konzentrierte.

Knapp sieben Jahre später, im März 1987, geht Hedley auf eine zweite, noch gründlichere Expedition ins Innere des Präsidentenkopfes. Der Grund: Reagan kann sich nicht an seine Rolle im Iran-Contra-Skandal erinnern – ein aufgelegter Fall für nähere Recherche. Bedingt wahrscheinlich durch die Fortschritte der Neurophysiologie, kann der Reporter diesmal viel genauer berichten (ebd.; Trudeau 1995; s. auch Trudeau 1987). Er spricht vor Ort von einer »leeren, zerstörten Landschaft, in der kraniale

Windungen leblos durcheinandergehen. Neuronen liegen zerdehnt und abgenutzt herum, ihre dendritischen Verästelungen ausgemergelt – kurz: Es hat sich (seit seiner ersten Reise sieben Jahre zuvor) nichts geändert.«

Mit einer Machete kämpfen Reporter Hedley und seine Träger sich durch Schlamm und erhitzte Neuronen zu einer stillen Gegend vor, die der erste Sherpa als Zerebrum identifiziert, »wo alles kritische Denken des Präsidenten stattfindet«. An diesem friedlichen Ort schlagen sie ihr Basislager auf. Am nächsten Tag, so hält Trudeau minutiös fest, geht es weiter zum Gedächtnisschrank Reagans, vorbei an platzenden Synapsen und an durch langen Nichtgebrauch verkalkten neuralen Passagen (s. Abb. 11[1]).

Am dritten Tag verwehrt ihnen eine weibliche Mumie den Weg. Es handelt sich um die First Lady. Die Träger verweigern die Gefolgschaft (»Wir haben gehört, dass sie halb Drache, halb Huhn ist!«), und Hedley muss alleine weiterziehen.

Vom wissenschaftlichen Standpunkt aus kommen nun die interessantesten Ergebnisse. Hedley befindet sich zufällig in der Nähe der beteiligten Neuronen, als Reagan zwischen verschiedenen »photo opportunities« (Gelegenheiten, fotografiert zu werden) auswählen soll. Die Zusatzbemerkung seiner Berater: »Denken Sie daran, dass wir die Anlässe begrenzt halten wollen« wird vom Präsidenten hinterfragt: »Sie meinen, gleichzeitig?« Bei dem Versuch, dies durchzuführen, brennen vor den Augen des Reporters etliche Verbindungen im Gehirn durch (s. Abb. 12[2]).

Einige Tage später – er isst bereits seinen Gürtel vor Hunger – entdeckt Hedley eine Ader unbewusster Gedanken. Er könnte sie, so seine Überlegung, vorsichtig freilegen und zugänglich machen. Unter weniger dramatischen, weniger politischen Umständen hätte diese Perspektive zu einer triumphalen Neueinschätzung der freudschen Theorie des Unbewussten beitragen können – bekanntlich war es immer schon ein Traum des Gründers der Psychoanalyse gewesen, die neurologische Basis unbewusster Gedanken zu präzisieren und zum Fundament seiner Arbeit zu machen (s. Kap. 9). Doch Hedley ist von praktischerem Erkennt-

1 DOONESBURY © 1987 G.B. Trudeau. Abgedruckt mit freundlicher Genehmigung von UNIVERSAL PRESS SYNDICATE. Alle Rechte vorbehalten.

2 DOONESBURY © 1987 G.B. Trudeau. Abgedruckt mit freundlicher Genehmigung von UNIVERSAL PRESS SYNDICATE. Alle Rechte vorbehalten.

Abb. 11

nisinteresse getrieben. Am 6. April 1987 fasst er den Entschluss, die verschüttete Ader mit einem primitiven, selbst gebastelten Molotow-Cocktail zu exponieren.

Tatsächlich hat Reagan, wie Trudeau festhält, im Weißen Haus gleichzeitig einen »rush of memory«. Von seinen Beratern gefragt, wes Inhalts er gewesen sei, antwortet der Präsident aller-

Abb. 12

dings: »Hab' ich vergessen.« Die Explosion hat dann zwar doch eine Flut von Erinnerungen losgetreten, allerdings nicht an die Details des Iran-Contra-Skandals, sondern an Baseball-Ergebnisse der 30er-Jahre.

Dunkle Seite des Mondes

An die Detailfreudigkeit und Plastizität der Schilderungen Trudeaus ist kein Forscher in den letzten Jahren herangekommen. Ein verwandtes Phänomen, nämlich das der Hypermnesie, findet sich in den Schilderungen des Kanadiers Jeffrey Moore. In seinem Buch »Der Gedächtniskünstler« (2006) beschreibt er die enormen, um nicht zu sagen: abnormen Gedächtnisleistungen von Noel, einem Synästheten mit einem besorgniserregend genauen Gedächtnis. Seine Schilderungen sind, wenn auch in der Erlebnisform der ersten Person dargestellt, ähnlich plastisch wie die des Hirnreporters Hedley. Moore vergleicht Noels Schicksal mit dem seiner Mutter, die an Gedächtnisschwund leidet. Leider ist dem Autor dieser Zeilen der Name der Mutter entfallen, so wie er sich auch nicht daran erinnert, wo er über Moores Buch gelesen hat und wie die Geschichte weitergeht. »Reden wir lieber nicht mehr darüber.« (Charms 1969)

Abschließend seien noch vier englische Autoren zitiert, die u. a. durch eine schriftliche wie auch mündlich vorgetragene Zusammenfassung des Phänomens »Gehirnschaden« bekannt wurden (Pink Floyd, passim). Die diesbezüglichen Dysfunktionen werden von George Roger Waters, Richard William Wright, Nicholas Berkeley Mason und David Jon Gilmour als Dammbrüche, Versperren von Türen und Wiedersehen auf der dunklen Seite des Mondes beschrieben. Und sie enden mit einer Beobachtung, die auch die vorliegende Arbeit beschließen möge: »I can't think of anything to say except ... I think it's marvellous! HaHaHa!«

Literatur

Charms D (1969). Fälle. Frankfurt a. M.: Fischer.

Dahl R (1979). William and Mary. In: Tales of the Unexpected. London: Chivers Press 1997.

Diaconu M (2005). Tasten – Riechen – Schmecken. Eine Ästhetik der anästhesierten Sinne. Würzburg: Königshausen & Neumann.

Hader J (1997). Hader privat. Vortrag im Auditorium Maximum der Universität Wien. 2 CDs. Geco/Indigo.

Larson G (1985). Bride of the Far Side. Kansas City, New York: Andrews, McMeel & Parker.

Manara M (1979). Il gioco. Rom: Edizioni nuova frontiera.

Moore J (2006). Die Gedächtniskünstler. Frankfurt a. M.: Eichborn.

Trudeau GB (1987). Doonesbury Deluxe. Selected glances askance. Mit einem Vorwort von Studs Terkel. New York: Henry Holt & Co.

Trudeau GB (1995). Flashbacks. Twenty-five years of Doonesbury. Kansas City: Andrews & McMeel.

Manfred Spitzer

Prolog zu Kapitel 14

Varianz als Problem, knappes Gut und sozialverträgliche Absicherung nichtempirischer Forscher

Die Varianzanalyse ist eines der am häufigsten in der empirischen Wissenschaft angewendeten Verfahren. Man misst eine Variable und bedient sich der Variabilität der Messungen, um etwas über die Zuverlässigkeit von Unterschieden auszusagen. Wegen ihrer grundlegenden Bedeutung haben sich die Herausgeber daher entschlossen, den Beitrag von Brendan Maher, Prof. emeritus für Klinische Psychologie an der Harvard University und früherer Mentor von einem der beiden Herausgeber (M. Spitzer), hier erstmals in deutscher Übersetzung abzudrucken. Er war vor Jahren schon zur Publikation im »Journal of Irreproducible Results« eingereicht worden, wurde von dessen Herausgebern jedoch als zu speziell abgelehnt.

In dieser Hinsicht sind wir anderer Meinung: Wenn Wissenschaftler bei ihren entsprechenden Analysen weltweit zu hunderttausenden beständig Varianz zuweisen, also verteilen, liegt die Vermutung nahe, dass sie irgendwann aufgebraucht sein könnte. Die Konsequenzen dieses ebenso radikalen wie für die Forschung richtungsweisenden Gedankens werden von Maher souverän und methodenkompetent ausgeleuchtet.

Man kann noch weiter gehen: Wenn Varianz begrenzt und als Ressource für Forschung unabdingbar ist, könnte man einen Handel mit unverbrauchter Varianz – ähnlich dem Handel mit Emissionsrechten – einführen: ein Forscher, der wegen anderer Aufgaben keine Daten sammeln und Varianz zuweisen konnte, könnte die ihm zur Verfügung stehende Varianz verkaufen. Auf diese Weise würde ein weltweiter fruchtbarer Handel einsetzen, der diejenigen begünstigt, die eher qualitativ forschen und bei Drittmitteln und Impact-Punkten sonst immer den Kürzeren ziehen. Selbst manche Hirnforscher, die funktionelle Bildgebung betreiben, es bei acht Versuchspersonen bewenden lassen und mit ihren geringen Fallzahlen nur wenig Varianz verbrauchen, könnten sich an diesem Deal mit Gewinn beteiligen. Ein solcher Handel mit unverbrauchter Varianz hätte also ganz eindeutig eine soziale Komponente und würde dem ansonsten in der Wissenschaft vorherrschenden Wildwestkapitalismus mit härtesten Bandagen eine soziale Komponente beifügen, die längst überfällig ist, bedenkt man die starken sozialen Züge unserer sonstigen Gesellschaft.

Die gesellschaftlichen und vor allem wissenschaftspolitischen Auswirkungen des hier vorgestellten neuen Ansatzes zum Verständnis von Varianz sind also kaum zu unterschätzen und rechtfertigen allemal dessen Publikation in einem gleichermaßen bedeutungsschweren wie zukunftsorientierten Sammelband wie dem vorliegenden.

Brendan Maher

14 Der CHARIVARI-Effekt[1]

Über die Erhaltung der finiten Varianz und die Replikation von Experimenten

Alle empirischen Sozialwissenschaftler kennen das bedauerliche Phänomen, dass Forschungsergebnisse, die bei der ersten Publikation hochinteressant sind, sich nicht von anderen Wissenschaftlern replizieren lassen. In Extremfällen lassen sie sich nicht einmal von den Erstbeschreibern selbst replizieren.[2] Bisher ist das Phänomen in der Regel fallweise erklärt worden mit den jeweils speziellen Bedingungen in der Replikation. Unterschiede in der Stichprobe, den eingesetzten Methoden und Unterschiede in der Auswahl von Datenanalyse-Verfahren sind die üblichen Verdächtigen in diesen Erklärungen. Diese kurze Abhandlung soll demonstrieren, dass das Phänomen der fehlgeschlagenen Replikation am besten erklärt werden kann mithilfe eines Modells der finiten Varianz, das hier eingesetzt wird im Sinne von Behutsamkeit mit Varianz (»chariness with variance«) oder CHARIVARI-Effekt.

In einer wissenschaftlichen Publikation beschreiben die Forscher üblicherweise die Verfahren, mit denen die Varianz, die mit spezifischen Faktoren assoziiert ist, »alloziert« oder, anders ausgedrückt, zugewiesen wird. Sobald ein Teil der Varianz alloziert ist, steht er definitionsgemäß für anderweitige Allokationen (Zuweisungen) nicht mehr zur Verfügung. In diesem Sinne kann er gekoppelt sein an Steuern, Ackerboden, Zeit in einer Besprechung, Fördermenge einer Ölbohrung, Geduld der Wählerschaft oder irgendeiner anderen Quelle, die, einmal genutzt, nie mehr zur Verfügung steht. Die Tatsache, dass Forscher Teile der Varianz bestimmten Quellen zuweisen, begründet die Gültigkeit der

1 Eine ausführlichere Literaturliste kann bei der Autorin angefordert werden.

2 Die tatsächliche Häufigkeit dieses Tatbestands ist unbekannt; Publikationen von Forschern über fehlgeschlagene Versuche, eigene Ergebnisse zu replizieren, wurden mit einer Häufigkeit beobachtet, die etwas unter der Rate von gesichteten Ballerinas auf den Bahamas liegt.

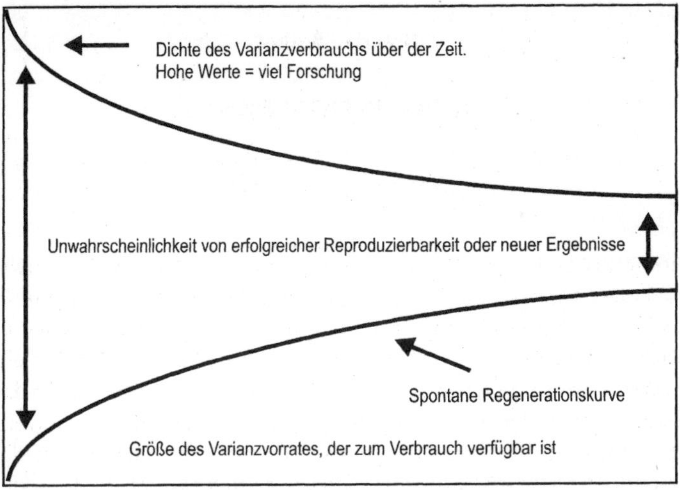

Abb. 1 Zunehmende Wahrscheinlichkeit für Replikationen und neue Ergebnisse als eine Funktion der reduzierten aktuellen Dichte an Forschungsaktivität plus Regeneration des Varianzvorrats.

Annahme, dass Varianz endlich ist. Wenn Varianz unendlich zur Verfügung stünde, wäre es logisch unmöglich, Teile von ihr zuzuweisen, da das Konzept »Teil« im Zusammenhang mit einer unendlichen Menge von etwas sinnlos ist.

Die Hypothese der finiten Varianz beinhaltet, dass der Gesamtvorrat an Varianz, der einem Wissenschaftler zur Verfügung steht, endlich ist, obwohl dem Verbrauch durch Allokation möglicherweise eine langsame spontane Regeneration gegenübersteht, genauso wie bei Socken im Waschsalon oder den Haarballen im Verdauungstrakt von Katzen. Unter der Annahme einer entsprechend langsamen Regeneration bleibt der Gesamtvorrat an Varianz in erster Näherung stabil (s. Abb. 1). Jeder Anstieg in der Zuweisungsrate (z. B. bei Anstieg der Forschungsressourcen, Postdoc-Stipendien, Publikationen, Doktorarbeiten usw.) wird den Gesamtvorrat dezimieren. Ebenso erlauben lange Zeitabstände zwischen Studien die Zunahme durch Regeneration, die eine erfolgreiche Replikation wahrscheinlich werden lassen. Tatsächlich finden erfolgreiche Replikationen bekanntermaßen ungeplant statt. Wir können dies deutlich erkennen bei der aufsehenerregenden Entdeckung eines wichtigen Phänomens, welches unter einem anderen Namen bereits einige Jahrzehnte früher gezeigt und dann wieder vergessen wurde.

Eine eingängige Demonstration des CHARIVARI-Effektes zeigt eine Serie von Replikationsstudien, in denen eine signifikante Abnahme in der statistischen Signifikanz und Größe des Korrelationskoeffizienten rho von initial signifikanten +0,65 hin zu einer Serie von abnehmenden unsignifikanten Werten gezeigt wird. Der Autor zieht die Möglichkeit in Betracht, dass diese zufälligen Fluktuationen um einen wahren Wert von Null liegen könnten. Jedoch verwirft er diese Interpretation aufgrund des Befundes, dass trotz der tatsächlich vorhandenen Fluktuation die Beträge der Korrelationskoeffizienten in der zeitlichen Folge, in der das Experiment durchgeführt worden war, abnahmen. Im Zeitverlauf des Experimentes passierte etwas. Da der CHARIVARI-Effekt noch nicht entdeckt war, entwickelte der Autor eine überzeugende alternative Erklärung, die in der vorliegenden Diskussion nicht direkt relevant ist. Mittlerweile ist klar, dass mit jeder erneuten Varianzzuweisung weniger Varianz zur Verfügung stand, die in den nachfolgenden Experimenten alloziert werden konnte. Die hohe Wiederholrate der Experimente überschritt die Rate der Spontanregeneration, mit dem voraussagbaren Ergebnis, dass der initiale Befund nicht repliziert werden konnte. Nachfolgende Replikationsversuche waren erfolgreich, da genug Zeit verstrichen war, damit die Varianzregeneration ihre angenehme Arbeit verrichten konnte.

Varianz wird in strenger Beziehung zur geforderten statistisch-quantitativen oder wissenschaftlichen Signifikanz der Ergebnisse verbraucht. Der Verbrauch ist unabhängig von der intrinsischen Bedeutung oder Bedeutungslosigkeit des untersuchten Themas. So verbraucht die Entdeckung, dass Einkommen hoch mit dem aktuellen Kontostand korreliert, mehr Varianz als die Entdeckung, dass Einkommen etwas mit der Qualität der Verteidigung korreliert, die ein Angeklagter in einem Strafverfahren erhält, oder dass intellektuelle Fähigkeit nicht mit dem Geschlecht korreliert. Die Größe der Koeffizienten zählt, nicht die Schlichtheit der zu testenden Idee.

Nach dem CHARIVARI-Prinzip ist der Gesamtvorrat an Varianz jedes einzelnen Forschers einheitlich. Jedoch ist er durch semipermeable Grenzen in Bereiche segmentiert. Es handelt sich um ausgedehnte Bereiche, sodass exzessive Aktivität in einem Bereich dieses wissenschaftliche Feld zuerst entleert, während direkt benachbarte Bereiche im Anschluss daran und weiter entfernte Felder erst zum Schluss entleert werden. Somit folgt einem außerordentlichen Anstieg an Aktivität auf dem Feld der literarischen Dekonstruktion meist zunächst eine Abnahme der Bedeutung der Veröffentlichungen auf dem Feld. Kurz darauf schließt sich eine Abnahme der wissenschaftlich verwertbaren Produktion auch auf benachbarten philologischen Feldern an.

Mindestens zwei Probleme bleiben im Modell bestehen. Zum einen ist unklar, ob die vollständige Entleerung des Varianzvorrates die Möglichkeit der spontanen Regeneration zerstört – vergleichbar mit den Folgen des Verspeisens von Saatgut. Trifft dies zu, so sind wir gezwungen, anzunehmen, dass ansteigende wissenschaftliche Produktivität kontinuierlich zu einem Zustand der terminalen benignen Blödheit führt, in dem alles zu jedem in Beziehung gesetzt werden kann.

Das andere Problem ist das der so genannten Fehlervarianz. Wird Varianz dem Fehler zugeordnet, ist sie verbraucht – eine Situation, die zum Entleeren des Varianzvorrates beiträgt. Andererseits, falls Fehlervarianz nur ein Euphemismus für die Unfähigkeit des Untersuchers ist, zu entscheiden, wie sie zuzuweisen ist, verbleibt sie möglicherweise treuhänderisch – akut nicht verfügbar, aber möglicherweise in späteren Experimenten wieder zuweisbar. Angesichts der immensen Menge von Varianz, die bereits als Fehlervarianz zugewiesen und damit treuhänderisch reserviert ist für einen zukünftigen, nicht spezifizierten Verbrauch, können wir ein Szenario erwarten, in dem wir schließlich diese Varianz etwas zuordnen, was wir bisher nicht ermitteln konnten. In diesem Szenario wissen wir mehr und mehr über weniger und weniger und bewegen uns hin zu einem Zustand, in dem wir absolut alles über etwas wissen, was wir noch gar nicht entdeckt haben.

Voraussagen, die sich vom CHARIVARI-Prinzip ableiten lassen:

- Mit dem kontinuierlichen Zuwachs an Forschern, Gelehrten, Zeitschriften und anderen bestimmenden Variablen steigt die Abnahmerate der Varianz höchstwahrscheinlich schneller als die Rate der spontanen Regeneration. Damit wird die Anzahl der fehlgeschlagenen Replikationen ebenso ansteigen wie die Schwierigkeit, in ersten Experimenten ein signifikantes Ergebnis zu erzielen. Dass diese Voraussage bereits eingetroffen ist, wird jeder Leser einschlägiger Zeitschriften bestätigen.

- Der zunehmende Einsatz von Computern bei der Analyse von Ergebnissen führt zu der beklagenswerten Tendenz, alle nur denkbaren Beziehungen zwischen einzelnen Variablen zu berechnen. Dies schließt den großen Teil der Beziehungen mit ein, an denen der Untersucher nicht das leiseste Interesse hat und die extrem schwierig zu erklären wären, würden sie signifikant. Dennoch, Varianz wird damit zugewiesen, und die Abnahmerate wird auf einem Wert erhöht, der in etwa der Fahrtgeschwindigkeit der »Titanic« beim Überqueren des Atlantiks entspricht.

- Der Umfang und die Rate des wissenschaftlichen Ertrags folgen nicht einer Gauß-Verteilung. Ebenso wie bei Unfallneigung und Graffiti produziert eine kleine Anzahl von Individuen einen großen Anteil des Ertrags. Die Variablen, die den Ertrag beeinflussen, spielen multiplikativ zusammen. Forscher und Gelehrte, die niemals etwas publiziert haben, werden daher weiterhin einen Ertragswert von Null erreichen. Diejenigen, die sehr produktiv sind, werden ihren Ertragswert mindestens verdoppeln, und die Indifferenzeffekte zum CHARIVARI-Effekt sind am deutlichsten in dieser Gruppe zu finden.

Das Problem wird zunehmend akut, und es fallen einem einige Lösungen dazu ein:

- Die Gründung einer Varianz-Bank, nach dem Vorbild der erfolgreichen EU-Flächenstilllegungsprogramme und Milchquoten. Besonders produktiven Wissenschaftlern würden nennenswerte Geldbeträge gezahlt, damit sie brachliegen, also aufhören zu forschen. Damit die Varianz, die so erhalten würde, dann verfügbar ist, wenn sie am dringendsten gebraucht wird, müsste die Summe des Geldbetrags, der von der Bank an die Wissenschaftler ausgezahlt wird, in Relation zu dem Umfang und der Trivialität der von jedem einzelnen bisher veröffentlichten Ergebnisse stehen. Ein einfacher Koeffizient könnte berechnet werden, bei dem die kumulative Summe aller bisher allozierter Varianz durch die Gesamtzahl der Zitationen der zugrunde liegenden Veröffentlichungen geteilt wird.

- Die Zuweisung einer festen jährlichen Varianzmenge für Forscher, die Ergebnisse publizieren, mit der Bedingung, dass bei Verbrauch der zugewiesenen Menge weitere Publikationen gesperrt sind bis zum Zeitpunkt der nächsten Zuweisung. Dieses Prinzip ist gut bekannt im Zusammenhang mit Quoten bei Angel- und Jagdlizenzen.

- Ein Preisgeld, vergleichbar mit dem Preis der Längenkommission der Britischen Admiralität für die Erfindung eines exakten Chronometers, könnte für die Person ausgelobt werden, die als erste ein Computerprogramm für statistische Analysen entwickelt, welches einen Wissenschaftler dazu zwingt, von vornherein die Art der Berechnungen zu definieren, die den formulierten Hypothesen entsprechen. Der Computer wird dann ausschließlich jene Berechnungen durchführen. Jeder Versuch, weitere Tests zu berechnen, führt zu einem Absturz des Computers.

Diese Lösungsvorschläge sind von White (persönl. Mitteilung) mit den Argumenten kritisiert worden, dass sie eine zentrale Verwaltung erfordern und auf einer Erfindung beruhen, die noch nicht erfunden sei. Als Alternative schlägt er einen Rettungsweg hin zur unsichtbaren Hand des Marktes vor. Bestimmte Stückzahlen an frischer, noch nicht zugewiesener Varianz (er schlägt Bündel mit jeweils 1000 Freiheitsgraden vor) würden als »futures« am Rohstoffmarkt gekauft und verkauft wie Schweinebacken und Schweinebauch. Positiv daran wäre, dass die dadurch eingeführte ökonomische Disziplin zu einer größeren Sorgfalt bei der Auswahl der Themen führen würde, für die allozierbare Varianz gekauft würde. Negativ wäre, dass der Überschuss an Varianz, der dann anfällt, wenn Forschungsförderungen gestrichen und Untersuchungen weniger werden, zu einer Verbilligung der Varianz führen und damit eine Bereitschaft geschaffen würde, die Varianz für Trivialitäten zu verbrauchen. Wie die Abbildung 1 (s. S. 249) zeigt, ist diese Konstellation auch verbunden mit einem Anstieg der Wahrscheinlichkeit, dass diese Studien statistisch signifikant werden.

Jüngste Prognosen zur Reduktion von Forschungsförderung weisen darauf hin, dass wir bald die Möglichkeit haben, diese Voraussage zu testen.

Manfred Spitzer

15 Hirndruck

Drucken, bis der Arzt kommt[1]

Als Gutenberg das Drucken erfand, hätte er sich sicherlich nie träumen lassen, was einige Jahrhunderte später mit Drucktechnik so alles möglich wird. Wer heute seinen Briefkasten leert, wird zwar das überbordende Druckereiwesen nicht in jedem Fall begrüßen, muss jedoch zugeben, dass sich bedrucktes Papier als überaus zählebiges Medium der Speicherung und Präsentation von Information erweist. Und selbst dann, wenn das Papier irgendwann einmal ausgedient haben sollte, befinden sich Gutenberg und das Drucken noch lange nicht beim alten Eisen: Man druckt nicht nur auf Papier, sondern auch auf Siliziumscheiben und stellt so Chips für die Computer her, die das Papier ersetzen sollen.

Aber dies sind erst die Anfänge einer vom Druckereihandwerk ausgehenden technischen Revolution, deren rasante Entwicklung sich aufgrund einiger kürzlich erschienener Publikationen wenigstens in ihren Grundzügen erahnen lässt. Drei wesentliche Stationen seien hier kurz nachgezeichnet.

»Print your own pizza« war schon vor einigen Jahren im New Scientist zu lesen. Man nehme einen ganz normalen Tintenstrahldrucker, eine Art essbarer Pappe und Druckerpatronen, die mit jeweils unterschiedlichen Geschmacksrichtungen gefüllt sind: Salami-Geschmack, Paprika-Geschmack, Käse-Geschmack, Pilz-Geschmack etc. Mittels geeigneter Software kann sich dann jeder seine Pizza nach Lust und Laune zusammenstellen und dann ausdrucken. Die vertreibende Firma, TriSenx in Savannah im US-Bundesstaat Georgia, verkauft den Drucker für 269 $ und sorgt sogar dafür, dass die Druckerpatronen nicht ausgehen. Wenn sie leer sind, melden sie dies Infrarot-Sensoren und bestellen gleich neue über das Internet (Anonymus 2000, S. 23):

»The $269 printer is loaded with a cartridge containing more than 200 water-based flavours that are deposited in varying

1 Dieter Bergemann gewidmet.

combinations by a print head onto fibre-based cardboard to make over a thousand different smells. The company is adapting the device to print on an edible paper-like wafer, allowing it to print out tastes, too. Included in the price is software to help you avoid combinations that don't smell or taste too good.«

Ob man diese Software auch als so genannte Stand Alone Application für den ganz normalen Hausgebrauch – zur Eindämmung größerer Schäden durch experimentierfreudige Jugendköche – käuflich erwerben kann, ließ sich vom Autor nicht in Erfahrung bringen. Interessierte Leser seien auf die Updates zu diesem Buch auf der Webseite des Verlags verwiesen.

Wenn Sie glauben, die Firma im verträumten US-Südstaat sei die einzige, die sich mit gedrucktem Essen beschäftigt, sind Sie auf dem Holzweg: Celeste Biever (2005) berichtet über einen Chefkoch in Chicago, der Blätter aus Soja und Kartoffelstärke mit allem Möglichen bedruckt, was essbar ist, und sie damit wahlweise nach Geburtstagskuchen oder Sushi schmecken lässt: »You can make an ink-jet printer do just about anything«, sagt Cantu, der optimistische Chefkoch des Moto-Restaurants in Chicago, bei dem es sich ganz offenbar um einen Fan von Hightech-Cuisine handelt. Selbst seine Speisekarte ist essbar, sodass jeder, dem sein Mahl zu langweilig ist, die Karte zerreißen und in die Suppe bröseln kann. Cantu plant, in Zukunft Steaks mit Lasern zu braten, sodass sie innen durch und außen noch roh und zart sind. Auch denkt er an laserunterstütztes Backen von Brot – mit der Kruste innen. Doch damit nicht genug: Eine der Anwendungen seiner Ideen ist eine ungewöhnliche Art von Werbung. »Just imagine going through a magazine and looking at an ad for pizza. You wonder what it tastes like, so you rip a page out and eat it«, meint er.

Dies ist kein Witz, und wenn Sie dann ihre frisch ausgedruckte Pizza gegessen haben und nicht wissen, was Sie dann tun können, drucken Sie sich doch ein paar Schuhe (vgl. Graham-Rowe 2006). Auch dies ist kein Witz. Lange schon kann man mit Lasern und Polymeren, die bei Licht härten, sozusagen dreidimensional drucken. Mit einem bestimmten nylonbasierten Stoff wird dies von der britischen Firma Prior 2 Lever (P2L) seit April 2006 auf Schuhsohlen angewendet. Zunächst ist das Verfahren sehr teuer und dürfte nur den Fußballweltstars oder Sportskanonen ähnlichen Kalibers zur Verfügung stehen: Man scannt die Füße des künftigen Hightech-Schuhträgers – nicht mit einem Magnetresonanztomographen, sondern mit einem ganz gewöhnlichen Laser-Scanner, und erstellt so einen D-Fuß. Neben diesem digitalen Fußmodell werden auch dynamische Daten erhoben: Der künftig Beschuhte muss mit seinen Füßen eine Reihe von Bewegungen vornehmen, wobei gleichzeitig die auf den Fuß wirkenden Kräfte mittels einer speziellen Schuheinlage mit Kraftsensoren gemessen werden, während der Mensch läuft oder seine Füße anderweitig verwendet. Aus der Größe und Verteilung der Kräfte sowie dem digitalen Fußmodell errechnet ein Computer die Form der Sohle sowie die Stollen und deren Arrangement. »Das Resultat ist nicht nur ein Design, das besser passt, sondern das den Fuß auch besser vor Unfällen schützt«, sagt Greg Lever-O'Keefe, der Direktor der Firma. Die Engländer gehen offenbar davon aus, dass es einen Markt für solche Schuhe geben könnte. Sind erst einmal die Kinderkrankheiten des Systems beseitigt, kann jeder ins Fachgeschäft gehen, sich scannen und vermessen lassen und dann ein paar Stunden später die frisch ausgedruckten Schuhe abholen.

Wenn Sie weder Hunger haben noch gerade Schuhe brauchen, dann könnte es immerhin noch sein, dass Sie momentan nicht wissen, was Sie tun sollen. Dies wiederum könnte mit Ihrem Gehirn zu tun haben; um genauer zu sein, damit, dass dort wieder einmal ein paar kleine graue Zellen fehlen, weil sie gestorben sind. Es ist zwar nicht richtig, dass jeden Tag 10 000 Neuronen sterben (und wenn: Schon vor Jahren habe ich berechnet, dass man dann mit 70 noch immer nur 1,3 % seiner Neuronen verloren hätte; vgl. Spitzer 1996, S. 10), und es stimmt auch nicht, dass Neuronen nur sterben und nicht neu entstehen können, aber dennoch hat man ja bekanntlich nie genug davon.

Wieder war es der New Scientist, der am 30.1.2006 für alle, die sich für »neuronally challenged« halten, die rettende Meldung brachte (Knight 2006): Wenn es an Neuronen fehlt, drucken Sie sich doch welche! Erstmals gelang es britischen Wissenschaftlern, mittels eines neuen Verfahrens lebende Zellen in ultrafeinen Tröpfchen zu drucken, sodass man letztlich jedes Arrangement dieser Zellen vorfertigen kann. Gerade bei sehr strukturierten Geweben wie dem Gehirn ist dies wichtig, denn ein Haufen Neuronen lässt sich nicht – wie etwa ein Haufen pankreatische Inselzellen – unter die Bauchhaut spritzen. Das heißt, injizieren ließen sich die Neuronen schon, nur den Gefallen des Denkens würden sie uns – locker verstreut in der Bauchdecke oder dem Glutäus – wohl kaum tun. Wenn man aber die Struktur vorgeben – eben drucken – kann, ist das etwas anderes.

Daher ist der von Suwan Jayasinghe vom University College in London zusammen mit Peter Eagles und Amer Qureshi vom Londoner King's College berichtete technische Fortschritt so bedeutsam. Tintenstrahldrucker können nur Tröpfchen bis zu einer minimalen Größe von 20 Mikrometern Durchmesser produzieren, die zu viele Neuronen enthalten, um sie gleichsam einzeln zu platzieren. Mit ihrer neuen »Elektrospray-Technik« gelang es den Forschern, die Tropfengröße auf wenige Mikrometer zu reduzieren, sodass wirklich nur wenige lebendige Zellen pro Tropfen enthalten sind. »The technique could open up the possibility of building replacement tissue cell by cell, giving doctors complete control over the tissue they graft«, kommentiert Knight (2006, S. 26) die neue Entwicklung. Unklar ist noch, ob die eingesetzten hohen Potenzialdifferenzen von 30 Kilovolt über Distanzen von 15 Millimeter den ausgedruckten Zellen langfristig Schaden zufügen. Brian Derby von der Universität von Manchester kommentierte entsprechend: »A key issue is whether any technique can print three-dimensional structures containing cells that survive for useful periods of time.«

Das wäre zu hoffen. Denn wenn auch die Frage der Haltbarkeit bei frisch gedruckten Nahrungsmitteln keine und bei gedruckten Kleidungsstücken in Anbetracht der schnelllebigen Mode nur eine geringe Rolle spielt, sollte man sie bei Gehirnen schon etwas ernster nehmen. Wenn Sie dann in naher Zukunft trendy in die City gehen, dann drucken Sie sich zunächst die Pizza und dann ein paar neue Schuhe. Und wenn Sie dann vergessen haben, was Sie eigentlich in der Stadt tun wollten, dann drucken Sie sich einfach ein Gehirn – sofern Ihr letzter Ausdruck lange genug gehalten hat, um zu wissen, was Sie tun wollten. Sonst kann am Ende nur noch der Arzt feststellen, dass Sie ausgedruckt haben.

Literatur

Anonymus (2000). In the best possible taste. Personal Computer World ⟨www.sean.co.uk/a/-science/trisenx.shtm⟩.

Anonymus (2001). Print a pizza. New Scientist; 2286: 23 (14.4.2001).

Biever C (2005). Forget takeout, eat a print-out. New Scientist; 2486 (12.2.05).

Graham-Rowe D (2006). Tailor-printed shoes will offer a perfect fit. New Scientist; 2538: 30 (11.2.06).

Knight W (2006). Missing a few brain cells? Print new ones. New Scientist; 2536: 26 (30.1.06).

Spitzer M (1996). Geist im Netz. Heidelberg: Spektrum Akademischer Verlag.

Wulf Bertram

16 Transkranielle Mandelkern-Massage

Wie ich eine neue Körperpsychotherapie erfand

Andreas, Lutz und ich hatten zusammen studiert, danach noch eine Weile am gleichen Institut gearbeitet, dann hatten sich unsere Wege getrennt. Andreas hatte ein paar Jahre in einer sozialpsychiatrischen Beratungsstelle gejobbt, war anschließend nach Kalifornien gegangen, wo er eine Ausbildung in Humanistischer Physiotherapie absolvierte, und hatte sich dann mit einer eigenen Praxis in Düsseldorf niedergelassen. Meist war er allerdings mit seinen Klienten unterwegs, Toskana, Korsika und so, wo er sie an Seilen zwischen Baumkronen und Felsklippen baumeln, in eigenhändig ausgehobenen Erdmulden übernachten und in Bergdörfern um etwas zu Essen betteln ließ. Er selbst fuhr ab und zu mit dem Landrover an den Mulden vorbei, pöbelte die Karstadt-Manager oder Ver.di-Funktionäre an, was deren Durchhaltewillen festigen sollte, schlief seinerseits in Fünfsternehotels und verdiente sich dabei eine goldene Nase. Lutz hingegen war erst in einem Ashram in Bengalen gewesen und hatte zu Hause dann die Ur-Ei-Therapie entwickelt: Er steckte seine vorzugsweise sozialphobischen Patienten in eiförmige, schalldichte Kabinen mit körperwarmem Salzwasser, ließ sie abwechselnd mit Mozart und Peristaltikgeräuschen beschallen und die Eier auf einem hydraulischen Hebewerk sanft wiegen und kreiseln. Die Dinger waren eine erhebliche Investition gewesen, hatten sich aber inzwischen nicht nur bezahlt gemacht (die Stunde im Ei war eine IGeL-Leistung und kostete so an die 300 €), sondern sie wurden mittlerweile sogar als patentierte Lizenzprodukte in Tschechien hergestellt, womit Lutz noch einmal eine Stange Geld verdiente.

Nicht dass ich neidisch war. Ich konnte mich nicht beklagen, hatte mit meiner Praxis ein wirklich gutes Auskommen und eine stattliche Warteliste, auch weil in meiner Gegend viele Lehrer wohnten. Ich wurde weiterempfohlen, hatte ein paar Arbeiten über meinen Übertragungsansatz veröffentlicht, spielte mit unserem Bürgermeister Golf und wann immer ich mich im Vesuvio blicken ließ, brachte mir Luigi sofort, unaufgefordert und mit einem fröhlichen »Buon giorno, dottore!« meinen Ramazotti. Aber irgendwie fing die Sache an, langweilig zu werden. Ich hatte eine krisenfeste Therapieroutine, musste keine Sekunde mehr überlegen, wann ich zu schweigen, zu deuten oder lieber behutsam zu spiegeln hatte und wann verhaltenstherapeutische Übungen sinnvoll einzubauen waren, ertappte mich aber manchmal dabei, dass ich über längere Strecken Gefühle verbalisiert hatte, ohne anschließend zu wissen, worum es eigentlich gegangen war. Die Patienten waren freilich durchweg zufrieden und kamen gerne wieder. Aber, wie gesagt, mein therapeutischer Alltag war alles andere als aufregend. Ich bekam zunehmend Lust, neue Wege zu gehen, wusste nur nicht, wohin und wie.

Wie alle meine Kollegen fuhr ich jedes Jahr Ende April nach Bad Eichwiesen. Das war selbstverständlich. Man traf sich dort. Weniger, weil man nach all den Jahren von den Vorträgen, Seminaren und Workshops noch sonderlich profitierte oder auf profunde Erkenntnisse hoffte, sondern eher, weil Eichwiesen einfach eine Institution war, ein Mekka, ein Santiago de Compostela der Psychotherapie. Außerdem lag es sehr hübsch in einem von dichten Wäldern umgebenen, überschaubaren sanften Tal, hatte komfortable Hotels, die dicht beieinanderlagen, sodass man anderen Teilnehmern auf Schritt und Tritt begegnete. Man fuhr ja auch nicht nach Eichwiesen, um sich gegenseitig aus dem Weg zu gehen. Bei gutem Wetter saß man beim Weißbier unter blühenden Japankirschen, manchmal gar am Nebentisch von Fritz Stadelman aus La Jolla oder Jan Nixmaa aus Antwerpen. Leider blieben die Referenten allerdings meist unter sich. Man erkannte sie von weitem an kleinen Messingschildchen mit dem Logo der Eichwiesener Psychotherapietage (EPT) und ihrem Namen am Revers oder der handgewebten Rohseidenbluse. Sie trugen es alle, auch die, die alle kannten, weil sie seit mindestens 20 Jahren zu den EPT kamen und ihr Konterfei wiederholt von den Titelseiten des Eichwiesner Kuriers strahlte. Im sehr komfortablen Wellnessbereich des Eichwiesner Hofes begegnete man ihnen allerdings so gut wie nie, vermutlich weil man sich in der Sauna das Messingschildchen so schlecht anheften konnte.

Zu den Vorträgen am frühen Morgen ging ich inzwischen nicht mehr, zumal ich es kaum vermisste, den Tag mit gemeinsamem Summen zu beginnen. Am späteren Vormittag liefen dann die Vorlesungen mit den Großen Müttern, Tiefen Meeren und Hohen Türmen, die ich gerne besuchte, auch wenn ich in meiner Praxis nicht viel damit anfangen konnte. Aber es hatte Stil.

Angenehm war zudem, dass man das ganze Eichwiesen inklusive Archetypen, Wellness, Prominentenbegegnung, Weißbier und Japankirschen von der Steuer absetzen konnte.

In jenem Jahr hatten mir meine Freunde empfohlen, ja nachgerade aufgetragen, mir die Vortragsreihe eines berühmten Neurobiologen anzuhören, der ein didaktisches Genie sei. An sich lag mir nichts an Neurobiologie. Ich hielt nicht viel davon, diesen modischen Trend mitzumachen, der ohnehin in ein paar Jahren wohl wieder abgeflaut sein würde – so wie seinerzeit die Sozialpsychiatrie. Mir war das alles zu technisch, zu mechanistisch, positivistisch. Während des Studiums hatte ich mal versucht, ein Hirnmodell aus Pappe auszuschneiden und zusammenzukleben. Als mir nach ein paar Stunden immer noch das Kleinhirn aus der Halterung fiel, hatte ich den ganzen Krempel wütend in den Papierkorb geschmissen und wollte seitdem nichts mehr von Gyri, Sulci oder Lobi wissen. In der therapeutischen Praxis kam man ohne dieses Zeug ohnehin genauso gut aus wie ohne die Großen Mütter, Tiefen Meere und Hohen Türme, Letztere regten zumindest noch die Phantasie an und förderten in ihrem Bezug zu alten Märchen und zur klassischen Mythologie immerhin die Allgemeinbildung.

Man ging also auch in Eichwiesen neue Wege zu innovativen Themen. Ich hatte mich für die Vorlesung des prominenten Neurowissenschaftlers registrieren lassen, saß nun in der Eichwiesner Mehrzweckhalle zwischen Hunderten von Kollegen und ließ ohne große Begeisterung den Reigen von Hippocampus, Gyrus postcentralis, Kortex, Amygdala, Nucleus accumbens usw. an mir vorüberziehen. Im Gegensatz zu den meisten Zuhörern, die an den Lippen des Professors hingen und bei seinen zahlreichen Neurowitzchen bereitwillig lachten, verfolgte ich den Vortrag aus den geschilderten biografischen Gründen eher widerwillig und abwesend, war ich doch eigentlich hauptsächlich da, weil ich mir von meiner progressiven Kollegin Gabi, die ich jedes Jahr in Eichwiesen traf, nicht wieder vorhalten lassen wollte, ich ginge nicht mit der Zeit. Ich hing also in meinem Sessel und begann zu dissoziieren. Vor meinem inneren Auge erschien das Bild einer feuchten, warmen, eher schwabbeligen rosa Masse, durch die ich mich vom verlängerten Rückenmark bis zum Riechkolben mühsam durchkämpfen musste. Irgendwie unappetitlich. Ich erinnerte mich, dass ich vor BSE-Zeiten in Italien mal Hirn mit Erbsen gegessen und mich danach fast übergeben hatte.

Inzwischen war der Professor zur Höchstform aufgelaufen, immer mehr unterdrückte erstaunte Lautäußerungen flackerten aus dem gespannt lauschenden Auditorium auf. So ähnlich muss es geklungen haben, als Old Shatterhand den Apachen erstmals seinen Henrystutzen vorführte.

Schon sah ich auf die Uhr und überlegte, wie wohl die sechs Kollegen reagieren würden, die zwischen mir und dem Gang saßen, wenn ich sie jetzt bitten würde, aufzustehen. Außerdem jagte mir der Gedanke durch den Kopf, der Professor, dem so was zuzutrauen wäre, könnte seinen Vortrag unterbrechen und in den Saal rufen: »Sie dahinten, warum laufen Sie weg? Wir sind ja gerade erst beim limbischen System angekommen und haben noch den ganzen Kortex vor uns!« Mir wäre schon was eingefallen, dringender Anruf aus der Praxis oder so, aber es wäre schon irgendwie peinlich gewesen, und ich will nicht wissen, was Gabi anschließend beim Weißbier dazu gesagt hätte.

Ich blieb also sitzen und versank wieder in meine Halbtrance, als mich plötzlich ein einziges Wort, fast schon ein Klang, ein terminologischer Akkord, hellwach werden ließ. Ich fuhr geradezu aus meinem Sessel hoch, nahm plötzlich das Powerpoint-Slide an der Leinwand, die Gestalt des Professors auf dem Großbildschirm, den Blumenschmuck auf der Bühne und das Meer von Hinterköpfen vor mir in schon fast unerträglicher Schärfe wahr. Mein Herz klopfte heftig, meine Stimmung wurde schlagartig und ohne dass mir ein konkreter Anlass dafür bewusst wurde, hypomanisch, und ich spürte instinktiv, dass sich soeben etwas ereignet hatte, was vermutlich mein Leben verändern würde. Eine Kaskade überaus angenehmer, anregender, freundlicher Assoziationen sprudelte mir durch das Organ, welches Gegenstand des Vortrags des prominenten Professors war: von exotisch geschnittenen, dunklen Mädchenaugen zum Marzipan, vom knusprigen Weihnachtsplätzchen zur bunten fraktalen Grafik, vom Jahrmarktduft bis zu der erotischen Variante im kürzlich erschienenen Roman von Nedjma. Sie erraten vielleicht, welches Wort, welche verbale Harmonie, mich nicht nur geweckt, sondern in einen Zustand subeuphorischer Schwärmerei versetzt hatte: Es lautet MAN-DEL-KERN. Mandelkern.

Mandelsplitter, Mandelbrot, gebrannte Mandeln, Mandelaugen, Mandelblüten, Salzmandeln, Mandelmilch, biologische Kosmetika auf Mandelölbasis, ja selbst die Mandala, von denen nach dem gemeinsamen Summen in den frühmorgendlichen Vorträgen so viel die Rede gewesen war, all diese schönen Dinge imaginierte ich heftig und in rascher Folge.

Der Professor war inzwischen mit dem präfrontalen Kortex fertig geworden und der Vortrag also beendet, mit dem Strom der heftig diskutierenden Zuhörer ließ ich mich dem Ausgang mehr entgegentreiben, als dass ich meine Schritte selbst lenkte. Es hätte nicht viel gefehlt und ich wäre in die entgegengesetzte Richtung abgedriftet, mit dem Strom von Zuhörern, die den Professor vor dem Podium belagerten und der vor allem aus jungen Kolleginnen bestand. Vor der Halle traf ich Gabi. Meine glänzenden Augen veranlassten sie zu der Frage, ob sie mir zu viel versprochen hätte. Ich versicherte ihr, dass das keineswegs der Fall und ich ihr sehr dankbar für den Tipp sei. Danach suchte ich unverzüglich den Bücherstand im Foyer der Mehrzweckhalle auf, auf dessen Tischen in bunter Reihe die Bücher über Aromatherapie neben denen über DSM-IV, die Werke einer singenden Nonne neben denen von Otto Kernberg lagen. Ich suchte, bis ich das Buch des prominenten Neuroprofessors unter einem Stapel von Werken zur Kristall-Homöopathie fand, wohin es von einem achtlosen Standbesucher offenbar disloziert worden war, und erstand es sofort. Dann setzte ich mich auf eine Bank im Kurpark und vertiefte mich in die Publikation. Natürlich schlug ich im Sachwortverzeichnis gleich als Erstes »Mandelkern« auf und ärgerte mich prompt, als ich »siehe Amygdala« fand. Wieder einmal fragte ich mich, warum wir diesen Hang zur fremdsprachlichen Terminologie haben – und warum der Verlagslektor nicht wenigstens die Fundstellen auch beim Mandelkern angegeben hatte. Amygdala klang ja auch recht schön, aber die profunden, kreativen Assoziationen erschließen sich nur beim Mandelkern. Atemlos las ich über das kleine Organ nach, das mich so sehr fesselte. Ich erfuhr, dass es assoziative Verknüpfungen vereint, die uns helfen, bei Gefahr mit rettender Angst zu reagieren und rasch das Weite suchen zu können, auch wenn das Beispiel mit der Klapperschlange, das der Professor zur Illustration dieses Sachverhalts gewählt hatte, in unseren Breiten etwas ungewöhnlich war. Aber mir fiel ein, dass ich mich manchmal reflektorisch und blitzartig hinter eine Trauerweide verdrückt hatte, wenn ich Gabi auf der Kurpromenade begegnet war – noch bevor ich sie eigentlich erkannt hatte. Ich las, dass Inhalte, die im Mandelkern gespeichert sind, bei ihrem Abruf automatisch zu körperlichen Reaktionen des Angstaffekts führen und dass eine Hyperaktivierung des Mandelkerns eine permanente Angstreaktion bewirkt, die mit allen einschlägigen unangenehmen körperlichen Sensationen verbunden ist.

Aha. Ich hatte viele Patienten mit einer Angstsymptomatik. Meist war auch bei tiefer Exploration nicht zu ergründen, woher diese Angst eigentlich kam: Angst, vor Zuschauern irgendwas zu unterschreiben, Angst vor den eigenen Schülern oder Lehrern, vor Brücken, Tunneln, Spinnen, Flugzeugreisen, Geschlechtsverkehr, Kernkraftwerken, Lösungsmittelausdünstungen, Prüfungen, Aufzügen, Prionen oder Beziehungen. Ich begriff, dass es – mit Verlaub – völlig wurscht war, woher diese Angst kam, welche Konflikte, nach denen ich immer akribisch und vor allem auch für den Erstantrag geforscht hatte, dieser Symptombildung zugrunde oder welche strukturellen Defizite vorlagen. Da war etwas im Mandelkern gespeichert, das da nicht reingehörte, und wenn ein solcher Reiz auftauchte, sprang das Ding an und machte Ärger. Bei manchen Leuten hörte es offensichtlich erst gar nicht mehr auf zu rotieren. Fertig.

Nun wissen wir längst, dass Organe, in denen sich zu viel Energie anreichert, nicht nur schädliche Reaktionen hervorrufen, sondern durch geeignete Interventionen gewissermaßen entladen werden können: verspannte Muskeln, hypersekretorische Mägen, Überlaufblasen. Wenn man nun den Blutzufluss zu solchen Organen verstärkt, fördert das natürlich auch den Abtransport schädlicher Stoffwechselprodukte, die die Überaktivität unterhalten. Also lag es doch nahe, dem Mandelkern zu helfen, seine Spannung loszuwerden, und das konnte, wie mir sofort klar wurde, nur durch eine Förderung seiner Durchblutung und damit seines Stoffwechsels geschehen. Angsterkrankungen waren somit nichts anderes als ein Mandelkernstau, und den galt es zu beseitigen!

Ich merkte mir die Bank, auf der mir diese Erkenntnis gekommen war. Sie würde später vielleicht noch eine Rolle spielen.

Doch wie an den kleinen Kern tief im Schädel herankommen? Bei meinen Recherchen, die ich nach den Eichwiesner Psychotagen per Google und Medline zu Hause fortsetzte, erfuhr ich, dass es bereits Überlegungen gegeben hatte, die in meine Richtung gingen. Die Versuche, den Mandelkern mit Magnetfeldern zu stimulieren, mussten allerdings abgebrochen werden, weil sie zu schmerzhaft waren. Es sollte also eine weiche, sanfte, ganzheitliche Methode gefunden werden, meinen kleinen Neurofavoriten zu erreichen und ihm dazu zu verhelfen, seinen Übereifer abzulegen – aber es lagen halt so verdammt viele rosa und graue Zellen um ihn herum. Ich war in eine Sackgasse meiner Überlegungen geraten, an deren grundsätzlicher Richtigkeit ich allerdings keinerlei Zweifel mehr hatte.

Die Lösung kam mir sozusagen im Traum. Ich träumte wieder einmal was aus dem Mandelbereich, namentlich von einem Paar gütiger, diesmal freilich betagter Mandelaugen, die über mir leuchteten, und vermeinte, einen sanften Druck auf dem Schädel und ein warmes Fließen im Hinterkopf zu spüren. Das war es: Traditionelle Chinesische Medizin, kombiniert mit moderner Neurowissenschaft!

Fiebrig studierte ich die Standardwerke der TCM und war erschlagen von der Stofffülle, die sich mir darbot. Unzählige Meridiane und Akupunkturpunkte, teils in chinesischer, in einigen Werken gar in lateinischer Terminologie, ließen mich regelrecht schwindlig werden. Bis ich das gelernt hätte, war Neurobiologie längst wieder passé. Vermutlich blieb mir doch nichts anderes übrig, als bis zu meiner Pensionierung weiter an den richtigen Stellen zu schweigen, zu deuten, behutsam zu spiegeln und ab und zu verhaltenstherapeutische Übungen einzubauen.

Da stieß ich auf eine Untersuchung, die eindeutig belegte, dass Akupunktur zwar hilft, dass es aber relativ gleichgültig ist, wohin man die Nadeln piekt. Wunderbar. Das war die Lösung, und was für das Stechen gilt, dürfte wohl auch fürs Drücken, also für die Akupressur gelten. Ich spürte, dass der Augenblick gekommen war, meine Überlegungen in die Praxis umzusetzen. Es war die Geburtsstunde der Transkraniellen Mandelkern-Massage (TMM).

Entsprechend aufgeregt war ich an dem Nachmittag, für den ich meine erste Mandelkern-Massage vorgesehen hatte. Mit Bedacht hatte ich eine Patientin ausgewählt, die nicht nur vielfältige Ängste, sondern sich auch oft über meine in ihren Augen allzu große Abstinenz beklagt hatte. Sie war erstaunt, als sie das gedämpfte Licht in meiner Praxis und die Moxibustionsstäbchen bemerkte, die ich zur Unterstützung des chinesischen Ambiente angezündet hatte. Ich erklärte ihr kurz den Mandelkern und seine Funktion, machte ihr deutlich, dass er einer Überaktivierung unterworfen war, die ich durch die Anregung seines Stoffwechsels und die Förderung seiner Durchblutung zu normalisieren gedachte. Ich würde sie jetzt um Erlaubnis bitten, hinter sie zu treten und durch behutsame Kompression des Höckers hinter dem Ohr, dessen deutscher Name so hässlich »Warzenfortsatz« lautet, weshalb ich ihn lieber mit seinem wohlklingenden lateinischen Terminus Processus mastoideus titulierte, eine sanfte Druckwelle auszulösen, die den Mandelkern erreichen und dort ihre segensreiche Wirkung entfalten sollte. Wenn sie wollte, könnte ich dabei auch eine Arzthelferin hinzuziehen (man sollte hier immer vorsichtig sein!). Sie lehnte die Herbeibemühung einer dritten Person vehement ab, äußerte leicht vorwurfsvoll, dass ich jetzt endlich begriffen hätte, was sie brauche, und forderte mich auf, unverzüglich mit der Massage zu beginnen. So begab ich mich denn hinter sie, lockerte meine Hände, legte die Zeigefinger auf den Warzenfortsatz, die Daumen auf die Muskulatur längs der Halswirbelsäule und begann sanft, aber unnachgiebig zu drücken. Die Wirkung war nicht unerwartet, dennoch verblüffend: Meine Patientin stöhnte leicht auf, schloss die Augen, sank tiefer in den Patientenstuhl, atmete beschleunigt und verkündete dann, sie habe jetzt zum ersten Mal überhaupt keine Angst mehr verspürt und es sei schon sehr verwunderlich, dass ich ihr diese Behandlung erst heute zuteil werden ließ. Ich erklärte ihr, dass die neurobiologischen Erkenntnisse noch sehr jung seien, machte sie vorsorglich darauf aufmerksam, dass sich das Verfahren noch in der Erprobungsphase befand und die Langzeitwirkung ungewiss sei. Sie entgegnete fröhlich, dann käme sie eben jetzt zweimal die Woche zur Mandelkern-Massage, wenn die Kasse das nicht übernehme, würde sie es halt selbst zahlen, ihr Hausarzt IGeLe schließlich auch. Wenige Tage später kam eine Bekannte jener Patientin in die Praxis und sagte, sie habe gehört, hier könne man irgendwie mit Nüssen massiert werden und das sei offenbar ganz außergewöhnlich wirksam. Als ich sie fragte, worunter sie denn leide, entgegnete sie, das sei egal, sie wolle jedenfalls die gleiche Behandlung wie ihre Freundin, der es seit kurzer Zeit blendend gehe und die sogar einen neuen Lover habe. Ich war etwas unsicher, da ich aber Erfahrungen sammeln musste, begann ich meine zweite Mandelkern-Massage ohne spezifische Indikation. Wieder war der Erfolg eindrucksvoll. Zwar konnte ich nicht recht erkennen, was sich bei der zweiten Patientin gebessert hatte, sie selbst war jedenfalls begeistert und kündigte an, mich mit meinen Kernen, wie sie sich ausdrückte, weiterzuempfehlen. In der Tat kamen bald fast täglich neue Patientinnen, allmählich auch Männer, die von der neuen Behandlung gehört hatten. Ich fuhr meine 50-minütigen Einzeltherapiesitzungen fast völlig zurück und behandelte schließlich nur noch mandelkerntherapeutisch. Nach drei Monaten war ich genötigt, einen jungen Physiotherapeuten einzustellen, den ich anlernte und der dann einen Teil der Massagen übernahm.

Als ich Gabi von meinen Erfolgen erzählte, tat sie entsetzt. Ich solle damit sofort aufhören, das sei Scharlatanerie, empirisch völlig unbewiesen und grenze an Missbrauch. Wenn überhaupt, solle ich meine Fälle dokumentieren, publizieren und mich der wissenschaftlichen Diskussion und Überprüfung stellen. Besser noch solle ich mit einer Universitätsklinik zusammenarbeiten und eine multizentrische randomisierte Doppelblindstudie mit Mandelkern-Massage gegen tiefenpsychologisch fundierte Psychotherapie und Wartegruppe anlaufen lassen. Ich bedankte mich vielmals, bot aber an, ihr eine kostenlose probatorische Behandlung zu verpassen, woraufhin sie schnaufend auflegte.

So weit käme es noch. Ich dachte nicht im Traum daran, mir meine eindrucksvollen therapeutischen Erfolge von den phantasielosen Lebenszeitbeamten an unseren Universitäten madig machen zu lassen. Waren nicht die größten Fortschritte der Wissenschaft ohne empirischen Firlefanz und langweilige Studien entstanden? Denken wir an August Friedrich Kekulé, der den Benzolring entdeckte, als er von einer Schlange träumte, die sich selbst in den Schwanz biss! An Freud, der die unbewusste Wunscherfüllung im Traum erkannte, als er träumte, er wäre schon in die Klinik gegangen, obwohl er in der Berggasse noch gemütlich im Bett lag! Und welche randomisierten Doppelblindstudien hatte bitte schön Samuel Hahnemann unternommen, als er seine homöopathische Therapie erfand, die inzwischen stolz auf ungezählte Erfolge blicken kann, auch wenn jüngst im Lancet wieder mal behauptet wurde, das sei alles nur Plazebo? Ganz abgesehen davon, dass ich die Ethikkommission sehen möchte, die eine Population von Patienten zur Wartegruppe verdonnern und ihr eine inzwischen an mehr als 20 Fällen – so viele waren es in der Tat bislang! – erfolgreich durchgeführte Therapie vorenthalten würde. Nein, die Mandelkern-Massage würde auch ohne solche akademischen Pflichtübungen ihren Siegeszug antreten, dessen war ich mir immer sicherer.

Irgendwann wurde meine Praxis zu klein. Mein Vermögensberater, der sich jetzt häufiger meldete, fragte mich eines Tages, ob ich nicht schon mal daran gedacht hatte, eine Privatklinik zu eröffnen. Mich schauderte ein wenig, aber der Gedanke leuchtete mir durchaus ein. Ich beauftragte ihn, nach einer geeigneten Location zu suchen. Nach drei Wochen meldete er sich aufgeregt. Er habe ein ehemaliges Lungensanatorium gefunden, das jetzt keine Funktion mehr habe, weil es die Tuberkulose praktisch nur noch im Roman und in der Oper gebe. Es liege sehr schön im Vorgebirge, übrigens gar nicht so weit von Eichwiesen entfernt. Ich könnte das Personal weitgehend übernehmen, wo früher die Liegekuren stattgefunden hätten, könne man jetzt simultane Gruppenmandelkern-Massagen durchführen. Einen günstigen Kredit habe er schon besorgt. Ich entschloss mich rasch, denn ich sah ein, dass es unethisch gewesen wäre, einer zunehmend größeren Anhängerschaft der TMM eine gegebenenfalls auch stationäre, intensive Behandlung vorzuenthalten.

Die Klinik wurde ein Juwel. Das Tal, in dem sie lag, hieß zwar eigentlich Rebenthal, ich nannte die Klinik aber Mandelthal-Klinik, und entsprechend war sie auch ausgestattet. Die Mandel – die Namensgeberin des kleinen Kerns, der uns so viel Ärger bereitet, wenn er zu aktiv ist – wurde gewissermaßen zum allgegenwärtigen, alles bestimmenden Symbol der Heilung und der energetischen Kanalisierung. Ich ließ mich nicht nur von Feng-Shui-Spezialisten beraten, sondern auch von einem anthroposophischen Innenarchitekten, der mir als Grundfarbe für die

Gemeinschaftsräume »mandelblüt« empfahl, die Oberlichter zu spitzovalen Fenster umbauen und die tristen Lorbeerbäume in den Bottichen vor der Rezeption durch zarte Mandelbäumchen ersetzen ließ. Bildliche Darstellungen der Mandel in verschiedenen Kulturen und Epochen zierten die Einzelzimmer der Patienten und unser Sterne-Koch gab sich alle nur erdenkliche Mühe, täglich neue Kreationen auf Mandelbasis zu servieren: Zanderfilet an Mandelschaum, Mandelsplitter-Sorbet, Jakobsmuscheln in leichtem Mandelsüppchen, Lammfilet im Mandelmantel, um nur einige zu nennen. Für die Eingangshalle schlug der Innenarchitekt ein im Andy-Warhol-Stil gestaltetes, 2×3 Meter großes Porträt von Nelson Mandela vor, was mir dann aber doch zu weit ging, weshalb ich lieber auf einen nicht ganz billigen Baselitz zurückkam, der für die Hirndurchblutung und damit als Vorbereitung zur Mandelkern-Massage übrigens recht vorteilhaft ist, weil er die meisten Patienten veranlasst, ihn kopfüber zu betrachten.

In den Park vor der Mandelthal-Klinik ließ ich die rote Bank aufstellen, auf der sich mir in Eichwiesen offenbart hatte, welche Rolle der Mandelkern spielt und dass es in der Therapie darum ging, ihn von schädlichen Aktivitätsstaus zu befreien. Ich hatte die Bank bei der Kurverwaltung erstanden, nun prangte sie, mit einer kleinen Messingplatte versehen, die auf ihre historische Bedeutung hinwies, vor meiner Klinik.

Übrigens war die Aufhebung der Mandelkernblockade nicht nur in der Therapie von Angsterkrankungen indiziert, wie sich inzwischen herausgestellt hatte, denn die Patienten kamen mit völlig unterschiedlichen Beschwerden zu uns. Wenn sie uns ganz überwiegend deutlich gebessert und guten Mutes verließen – natürlich gab es auch eine kleine Anzahl von Therapieversagern, wie bei jeder Behandlung –, bekamen sie eine Mandel aus unserem mediterranen Gewächshaus als Talisman mit auf den Weg. Viele berichteten, dass es in kritischen Situationen nach der Entlassung oft reichte, diese Mandel fest an die linke Schläfe zu drücken, was möglicherweise im Sinne einer konditionierten Reaktion den Blutzustrom zum Mandelkern erhöhte und zur sofortigen Entlastung führte, wie mir die Patienten in zahlreichen Dankesschreiben bestätigten. Funktionelle Kernspintomographieuntersuchungen in diesem Zusammenhang, die uns von einer benachbarten Universitätsklinik angeboten wurden, lehnten wir ab, weil ich die Gefahr sah, dass sich infolge der unvermeidlichen Varianz solcher Untersuchungen die positive Wirkung nicht durchgehend bestätigen ließ, was dann möglicherweise zur Verunsicherung meiner Patienten geführt hätte.

Dass ich bei diesen Erfolgen eine gewisse Popularität erlangte, war nicht zu vermeiden. Ein ganzseitiger Bericht in der BLICK-Zeitung unter dem Titel »Der Mandeldoktor« war der Anfang, es folgten einige Talkshows und eine halbstündige Sendung im Gesundheitsmagazin einer privaten Fernsehanstalt. Meine Einladung zu Anne Will, bei der es allerdings weniger um innovative Behandlungsmethoden als um lobenswerte unternehmerische Initiativen wie die Gründung meiner Privatklinik gehen sollte, wurde leider in letzter Minute wegen einer Regierungskrise abgesagt. Kurze Zeit später gründete ich in der ausgebauten ehemaligen Wäscherei des Lungensanatoriums ein Ausbildungsinstitut für TMM.

Einer meiner schönsten Erfolge war freilich das Angebot, bei den Eichwiesner Psychotagen ein Hauptreferat zum Thema Mandelkern-Massage zu halten. Ich bekam das kleine Messingschild mit dem Emblem der EPT und meinem Namen und wohnte auf Einladung des Organisationskomitees im Eichwiesner Hof in einem Zimmer mit Parkblick. Bei meinem Vortrag war die Mehrzweckhalle fast so voll wie seinerzeit bei der Vorlesung des prominenten Neurobiologen, den ich zu meiner Freude im Publikum entdeckte, eigenartigerweise allerdings nur in einer der hinteren Reihen direkt am Gang. Als ich ihm für seine grundlegenden Anregungen zu meiner Therapiemethode danken wollte, winkte er ab und verschwand ziemlich rasch durch eine Hintertür der Halle. Ich habe das bedauert, wahrscheinlich war er im Gegensatz zu dem Ruf, der er hatte, doch zu bescheiden, sich auch ein wenig in dem Ruhm zu sonnen, den ich mit der praktischen Anwendung seiner neurobiologischen Grundlagenforschung erlangt hatte. Auch Gabi ließ sich nicht blicken, was ich verschmerzen konnte.

Nach dem Vortrag belohnte ich mich durch einen ausgiebigen Aufenthalt im luxuriösen Wellness-Bereich des Eichwiesner Hofes. Das Messingschild mit EPT-Logo und meinem Namen heftete ich mir an den Bademantel.

Eckart von Hirschhausen

17 Ein Epilog

Liebe Leser,
puhh – Sie haben wirklich das Buch bis hierhin gelesen? Respekt. Oder haben Sie gleich hier angefangen, weil Sie wissen wollten, wie das Buch zu Ende geht? Lesen Sie beim Krimi auch erst den Schluss? Das Tolle an der Hirnforschung – es ist noch lange nicht Schluss, wir sind erst am Anfang. Und so möchte ich ein paar Ideen aus meinem Komiker-Hirn zu all den Inhalten loswerden, die große Geister und Wissenschaftler hier verfasst haben. Und ich möchte meiner Funktion als Hofnarr frönen – an all das zu erinnern, was wir noch nicht wissen:

- Warum betäuben wir lieber unser Bewusstsein, als es zu nutzen?
- Warum schämen wir uns, wenn wir lange schlafen?
- Warum ist es so schwer, nichts zu denken?
- Warum glauben wir so gerne Unsinn?
- Was lernen wir aus all den schönen Beiträgen dieses Buchs?

Und natürlich die letzte große Frage:

- Was tun? Oder: Das *Hirn ist plastisch – ganz praktisch!*

Und mal ehrlich: Wenn Menschen die Wahl hätten, verlorene Haare oder verlorene Hirnzellen durch ein Medikament wieder zurückzubekommen, die meisten entschieden sich wohl für die Haarwuchsmittel.

Warum betäuben wir lieber unser Bewusstsein, als es zu nutzen?

Eines meiner liebsten Hirnstimulanzien ist der britische Autor Douglas Adams:

> *»Es ist eine bedeutende und allgemein verbreitete Tatsache, dass die Dinge nicht immer das sind, was sie zu sein scheinen. Zum Beispiel waren die Menschen auf dem Planeten Erde im-*

mer der Meinung, sie seien intelligenter als die Delfine, weil sie so vieles zustande gebracht hatten – das Rad, New York, Kriege und so weiter, während die Delfine doch nichts weiter taten als im Wasser herumzutoben und es sich wohl sein zu lassen. Aber umgekehrt waren auch die Delfine der Meinung, sie seien intelligenter als die Menschen, und zwar aus genau den gleichen Gründen.«

Douglas Adams starb übrigens an einem Herzinfarkt im Fitnessstudio. Alle Warnzeichen seines Körpers hatte dieses geniale Hirn ignoriert.

Wieso können Menschen so schlaue Sachen denken und schreiben und doch so unvernünftig handeln? Beispiele gibt es überall, die eigene Zunft voran: Jeder fünfte Arzt oder Apotheker ist Raucher – wen sollte er auch nach den Nebenwirkungen fragen, wenn schon nicht sich selbst? Die rauchenden Ärzte beruhigen sich selbst: Was soll denn an einer Zigarette wirklich schädlich sein – ist doch rein pflanzlich!

Der Mensch nutzt nur ein Drittel seines Gehirns. Da fragt man sich automatisch. Wozu dann das andere Drittel? Komisch. Wer kann hier nicht rechnen? Die Geschichte, dass man nur 10 % seines Gehirns nutzt oder eben nur ein Drittel, kommt immer von Leuten, die im nächsten Satz betonen, dass die Möglichkeiten unseres Gehirns unendlich sind. Wie errechnet man dann 10 % von Unendlich?

Einstein hat das mit den 10 % wohl nie gesagt, aber etwas anderes: »Zwei Dinge sind unendlich. Das Universum und die menschliche Dummheit. Beim Universum bin ich mir noch nicht ganz sicher.«

Einstein wird bewundert und nicht verstanden. Aber wer kennt oder bewundert die Einsteins von heute? Wie viele deutsche Nobelpreisträger können Sie aufzählen und wie viele Nationalspieler?

Wer sind unsere wahren Helden? Menschen, die ihren Kopf benutzen, um Tore damit zu erzielen, und denen es egal ist, dass sich mit jedem Zusammenprall von Fußball und Kopf die Mengen an Nervenzellen in beiden Objekten rapide annähern. Welche kognitiven Einschränkungen langjähriges Kopfballspielen mit sich bringt, illustriert Horst Hrubesch, das HSV-Kopfballungeheuer: »Ich sage nur noch ein Wort: Vielen Dank!«

Warum schämen wir uns, wenn wir lange schlafen?

Wer schläft, ist lebendig und bewusstlos – das Beste aus zwei Welten! Du kannst was träumen, musst aber nicht. Alle Welt schreit: »Wach auf, verwirkliche deine Träume!« Mal ehrlich: Ich liebe es zu träumen. Jedoch sind oft so absurde Sachen dabei, dass ich heilfroh bin, wenn sich das nicht alles verwirklicht!

Wir Deutschen stehen früher auf als Finnen, Italiener und Spanier. Aber was haben wir davon? Die Finnen sind schlauer, die Italiener die besseren Währungshüter, und die Spanier vergolden sich ihre Siesta, weil wir ständig dorthin fahren – um endlich mal wieder auszuschlafen. Deutsche: Der Aufschwung beginnt im Bett! Unser Idol Einstein schlief zehn Stunden – wie ein Stein. Wer länger liegt, kann besser über-legen. Schlafforscher nennen das die »entmüdende« Funktion des Schlafs. Sinngemäß könnte man auch von der »entblödenden« Funktion der Wissenschaft sprechen. Die Schlafwissenschaft sagt auch: Wir machen einen riesigen Fehler, immer länger wach sein zu wollen.

Schlafdefizit macht dumm, dick, depressiv und infektanfällig. Die Katze schläft 14 Stunden, eine Fliege 12, was gerade bei einer Eintagsfliege für klare Prioritäten spricht. Warum nur sind Menschen insgeheim stolz, wenn sie mit knapp vier Stunden Schlaf aus der letzten Nacht irgendwie durch den Tag dümpeln? Vielleicht, weil es für uns als Kind eine Strafe war, ins Bett gehen zu müssen. Und nun strafen wir uns aus Trotz als Erwachsene selbst, indem wir nicht ins Bett gehen.

»Schlafen kann ich noch, wenn ich tot bin«, sagen viele. Was für ein Quatsch. Schlafen verlängert das Leben. Der Schlaf ist der eigentliche Urzustand des Menschen. Die Forscher haben immer gerätselt, warum wir schlafen müssen – und bis heute keine gescheite Antwort gefunden. Kein Wunder, Thema verfehlt. Die Kernfrage ist: Wozu müssen wir überhaupt wach werden? Eigentlich dient der Wachzustand nur dazu, Energie zu sammeln, damit wir wieder in Ruhe schlafen können. Je schneller ein Tier Nahrung zusammenbringt, desto länger kann es schlafen. Nur wir Menschen bleiben weit darüber hinaus wach und halten das für schlau! Wir könnten 23,5 Stunden am Tag schlafen, heute, da wir in einer halben Stunde im Supermarkt genug Nahrung sammeln für ein ganzes Wochenende. Es gibt keinen Grund, sich über den Broterwerb hinaus ständig wach zu halten.

Diese Umtriebigkeit bringt Wirtschaft und Natur komplett durcheinander. Was gehört zu den teuersten Rohstoffen? Öl und Kaffee. Kein Wunder: Den Kaffee brauchen wir, um künstlich wach zu bleiben. Das Öl, weil wir es wach nicht da aushalten, wo wir sind, sondern uns immer noch schneller irgendwo anders hinbewegen wollen. Die Bilanz stimmt nicht mehr. Statt wach Energie zu sammeln, verpulvern wir sie, ruinieren uns und den Planeten.

Mensch, bleib, wo du bist, und rühr dich nicht. Wir fahren viele Kilometer mit dem Auto, um einen Big Mac im Drive-in zu essen, und schuldbewusst bestellen wir im kerosinfressenden Flugzeug kalorienreduzierte Diät-Cola. Das rettet die Energiebilanz auch nicht mehr. Selbst die körpereigenen Energie-, sprich: Gewichtsprobleme lösen sich am besten im Schlaf. Wie die Bären einfach mal ein paar Wochen durchschlummern, und wenn du dann aus dem Winterschlaf erwachst, ist der Speck von ganz allein weg.

Wer schläft, sündigt *nicht*! Und wer vorher sündigt, schläft sogar noch besser.

Warum ist es so schwer, nichts zu denken?

Haben Sie das schon mal probiert – an gar nichts zu denken? Das ist verdammt schwierig. Da gibt es ernst zu nehmende Zivilisationen, die genau diese Kunst zum höchsten Ziel ausgerufen haben: nichts tun zu können. Da sträubt sich der westliche Verstand und murrt: Ja, woran merke ich denn, dass ich genug nichts getan habe, wann hab ich denn dann Feierabend? Man muss ja nicht gleich ins Zen-Kloster, aber »Nicht tun« ist ein sinnvolles Hobby. Eins der wenigen Hobbys, die man garantiert nach dem Tod noch praktizieren kann.

Zum Glück gibt es inzwischen Hirnforscher, die meditierende Mönche einmal näher untersucht haben. Die enge Röhre eines lärmenden Magnetresonanztomographen ist wohl einer der seltsamsten Orte, an denen man seinen Geist in den Zustand des »vorbehaltlosen Mitgefühls« versetzen kann, aber gut, wenn man das jahrelang geübt hat. Zu Versuchspersonen in Richard Davidsons Hirnforschungslabor wurden auf Geheiß des Dalai Lama höchstpersönlich acht Mönche aus seinem engsten Kreis. Die Neurophysiologie der Erleuchtung aufzuklären ist eine faszinierende Idee. Vor allem in den USA versuchen derzeit Wissenschaftler, dem Gehirn beim Meditieren zuzusehen, mit hochempfindlichen Elektroenzephalographen und modernsten bildgebenden Verfahren wie der Magnetresonanztomographie. Ihre ersten Befunde dürften den Dalai Lama kaum überraschen, belegen sie doch eine These, die praktizierende Buddhisten seit 2500 Jahren vertreten: Meditation und mentale Disziplin führen zu grundlegenden Veränderungen im Gehirn. Bereits vor einigen Jahren sorgte ein indischer Abt mit mehr als 10 000 Stunden Meditationserfahrung in Richard Davidsons Labor für eine große Überraschung. Die Aktivität in seinem linken Stirnhirn war sehr viel höher als bei den 150 Nicht-Buddhisten.

Optimistische Typen haben einen aktiveren linken Frontalkortex als unglücklichere Naturen. Offenbar hält dieses Hirnareal schlechte Gefühle im Zaum – und sorgt für die heitere Ausgeglichenheit und Gemütsruhe, die so viele Buddhisten auszeichnet. »Glück ist eine Fertigkeit, die sich erlernen lässt wie eine Sportart oder das Spielen eines Musikinstruments«, lautete Davidsons Schlussfolgerung. »Wer übt, wird immer besser.«

Man kann ja erst mal mit meditativem Bogenschießen anfangen. Das ist auch eine Frage der Konzentration, das Bogenschießen. Geradeaus schießen ist ja schon schwer …

Warum glauben wir so gerne Unsinn?

Aristoteles dachte noch, die Seele des Menschen sitze im Zwerchfell. Eigentlich eine sehr poetische Idee: Dort, wo Luft und Leib, Äther und Materie, Atmung und Verdauung aufeinandertreffen, an dieser Grenzschicht müsste die Seele zu finden sein. Bis heute enthält das Wort »schizophren« diese Metapher. Denn schizophren heißt wörtlich »gespaltenes Zwerchfell«, »gespaltene Seele«.

Aristoteles dachte, das Hirn, die Form legt das ja auch nahe, sei nur dafür da, das Blut zu kühlen. Wie wir heute wissen, hat er bei einigen Menschen durchaus Recht behalten.

Unser Hirn ist ein genialer Apparat, die komplexeste bekannte Struktur im Universum. 100 Milliarden Nervenzellen verknüpfen sich miteinander, sodass Bewusstsein entsteht, ein Bewusstsein, das Fragen stellt, das Sinn sucht. Und uns fehlen nur wenige Nervenzellen, um den Sinn im Leben auch zu finden.

Vielleicht kennen Sie auch das Gefühl: Wow – jetzt hast du es endlich kapiert. Und am nächsten Morgen bist du wieder nüchtern ... Und schon ist es wieder schwieriger mit dem Sinn. Aber unser Hirn lässt uns nicht im Stich, sondern findet ständig Sinn – auch wo keiner ist!

Ein konkretes Beispiel: Was machen Sie, wenn eine Münze zweimal durch einen Automaten gerauscht ist, damit sie garantiert beim nächsten Wurf hängen bleibt? Reiben? Wenn ja, dann sind Sie in bester Gesellschaft. Nach extensiven persönlichen Umfragen kommt Reiben vor den Optionen: Draufspucken, Gegen-den-Automaten-Treten und Mit-bestem-Gewissen-Schwarzfahren. Ich hasse Klischees. Weil sie so oft zutreffen. Männer antworten signifikant öfter mit: »Ich hau dagegen«, »Ich notiere mir die Nummer am Automaten und übergeb das gleich meinem Anwalt«, »Ich hole die Flex von daheim und schau nach, was da drinnen los ist«. Frauen nehmen viel eher eine neue Münze. Und Frauen leben sieben Jahre länger. Gibt es da einen Zusammenhang?

Der Wunsch, Recht zu behalten, ist tragischerweise beim Menschen viel intensiver als das Interesse, zu prüfen, ob man überhaupt Recht hat. Macht Reiben einen Unterschied? Und warum? Viele glauben, die Münze werde größer. Reibung erwärmt, und Wärme dehnt die Dinge aus. Das wussten wir schon in der Grundschule: Die Sommerferien waren immer ausgedehnter als die Winterferien. Die ärgsten Feinde dieser thermodynamischen Theorie sind die aerodynamischen Rubbler. Sie glauben, die Münze muss nicht größer, sondern windschnittiger werden; Experten reiben dafür sogar den Rand, um so das Fallverhalten der Münze zu optimieren. Eine dritte Fraktion sind die Elektrostatiker. Die sind fest überzeugt, durch das Rubbeln lade sich die Münze auf. Unerschrocken fasst diese Fraktion nach dem Rubbeln den Automaten wieder an. Nach ihrer eigenen Theorie müssten sie die Ersten sein, die einen gewischt bekommen. Aber so genau nimmt man es nicht mit der Physik, es geht ja nur um einen Trost über die ernüchternde Wahrheit hinweg, dass es dem Automaten komplett egal ist, aus welchen Gründen wir gerubbelt haben. Um genauer zu sein, ist es ihm komplett egal, ob wir überhaupt gerubbelt haben. Es macht keinen Unterschied. Warum glauben wir dennoch so felsenfest daran? Weil wir nicht an Statistik glauben, sondern an Einzelschicksale. Gerubbelt – Münze hängt – Recht gehabt. Gerubbelt – Münze fällt trotzdem durch – naja, ich hätte länger rubbeln können. Selektive Wahrnehmung. Wir sehen, was wir sehen wollen. Wer einmal 100 Münzen nimmt, davon die Hälfte reibt, die andere nicht, wird keinen Unterschied feststellen. Statistik ist nicht sexy, macht aber schlau. Gesünder als der Menschenverstand ist die Skepsis. An einem Berliner Automaten las ich als Instruktion: »Zweite Münze erst nach der ersten einwerfen.« Und ein Punker hatte daneben geschrieben: »Hab es andersrum probiert, es geht auch!«

Das ist gesunde Skepsis. Aber auch wieder nicht die ganze Wahrheit. Eine Frau sagte einmal wörtlich: »Ich lasse die Münze einfach langsamer fallen.« Das ist die andere Seite. Für Männer ist die Schwerkraft eine Konstante von 9,81 m/s^2. Aber für Frauen ist Schwerkraft eine Variable. Wenn so ein Wesen sich entschließt, kurzfristig die Erdanziehung magisch aufzuheben, dann fällt die Münze langsamer. Ganz sicher!

Dieser Grundirrtum, Dinge, die gleichzeitig geschehen, auch für ursächlich miteinander verknüpft zu halten, erklärt eine ganze Menge in der Medizin. Jede Großmutter weiß: Ein Schnupfen dauert mit Behandlung sieben Tage, ohne eine Woche. Stimmt ja nicht ganz. Manchmal sind es sowieso nur drei Tage. Keiner kann vorhersagen, wie lange die konkrete Attacke geht. Hast du aber beim Anflug der Erkältung bereits irgendein Mittelchen genommen, ist jeder am Tag drei der Meinung, die spontane Heilung hat was mit dem Mittelchen zu tun. Und deshalb schwört jeder mit einem quasireligiösen Fanatismus auf *seinen* »Geheim-Tipp«.

Dem gleichen Denkfehler unterliegen auch Ärzte: Jeder hält sich selbst für einen guten. Das kann ja schon mal von der Normalverteilung her gar nicht sein. Aber jeder bildet sich das Urteil über seine Wirksamkeit anhand von den Patienten, die wiederkommen, bildlich gesprochen: den Münzen, die hängen bleiben. Mehr könnte er aber von den anderen lernen: Die sind vielleicht weggeblieben, weil er sie sensationell schnell gesund gemacht hat oder weil er sensationell danebenlag und sie gestorben sind. In beiden Fällen wäre es gut, wenn er das wüsste. Deshalb braucht man Studien.

Die Verwirrung im Ursache-Wirkungs-Denken erklärt auch einen großen Teil dessen, was man so als »Aberglauben« bezeichnet. Was es allein an Dingen gibt, die einem Glück bringen sollen: ein vierblättriges Kleeblatt. Wer sagt, dass vier Blätter besser sind als drei? Vier Blätter sind vor allem eins, sie sind seltener als drei. Und was machen wir da? Wir binden unser Glück an Dinge, die besonders selten vorkommen. Und wundern uns, dass wir nur selten glücklich sind. Das haben wir uns selbst eingebrockt. Das ist doch total bescheuert. Dass vier Blätter besser sind als drei, ist nur eine Frage des Standorts des Betrachters – und des Kleeblatts. Zum Beispiel neben einem Kernkraftwerk: Wenn da alle plötzlich vier haben, dann ist das kein gutes Zeichen.

Was gibt es noch für Glücksbringer? Da warten Leute händeringend auf einen rußverschmierten Schornsteinfeger. Haben seit Jahren Zentralheizung. Dann muss die Tierwelt herhalten. Eine Hasenpfote soll Glück bringen. Entschuldigung! Der Hase hat vier davon – es hat ihm nicht viel gebracht. Erwachsene sorgen sich um eine schwarze Katze, darum, ob sie von rechts oder von links kam. Ob eine Katze für ihr Leben etwas bedeutet, hängt nicht von deren Laufrichtung ab, sondern von einer zentralen Frage: Bist du Mensch oder Maus?

Aber irren ist und bleibt menschlich. Und vielleicht gibt es ja tatsächlich Kräfte und Wirkungen, von denen sich die Schulweisheit nichts träumen lässt. Telekinese zum Beispiel, die Fähigkeit, allein durch Gedankenkraft Gegenstände zu bewegen. Gibt es das wirklich? Ich schlage vor, wir machen sofort eine Studie unter unseren Lesern. Alle, die glauben, dass es Telekinese wirklich gibt, heben jetzt bitte meinen Arm. Ich halte Sie auf dem Laufenden, wenn mein Arm zuckt. Bis dahin zucke ich aber nur mit den Schultern, wie anfällig wir sind, Unsinn zu glauben, auf der Suche nach Sinn.

Was lernen wir aus all den schönen Beiträgen dieses Buchs?

Am Ende dieses Buchs wächst mein Respekt vor dem größten Entertainer der Welt. Nein, nicht Robbie Williams, es ist der Cortex cerebri. Denn das, was uns das Hirn täglich an Unterhaltung bietet, übertrifft an Authentizität jedes Konzert, an Fiktion jede Fernsehserie. Es zeigt uns Dinge, die so gar nicht sind, und wir glauben fest daran, dass die Welt so ist, wie wir sie wahrnehmen. Solange wir uns keinen Kopf darum machen, haben wir sogar das Gefühl, irgendwo im Körper ein Ich und ein Selbst zu haben. Aber besser nicht zu lange darüber grübeln. Die meisten Menschen sind irgendwie auch von ihrer körperlichen Unsterblichkeit überzeugt, obwohl die historische Faktenlage erschreckend eindeutig dagegen spricht: Bisher sind noch alle irgendwann gestorben.

Wie und warum uns das Hirn all diese Dinge vorgaukelt, ist mit reinem Überlebenstrieb der Gene nicht befriedigend erklärt. Die Forscher lieben die Meeresschnecke Aplysia, weil sie ein ganz langes Neuron hat, an dem man wunderbar Strom messen kann. Der Mensch hat aber von diesen Nervenzellen 100 Milliarden, und was die miteinander austauschen, wird ein Rätsel bleiben. Natürlich ist es schick, wenn man in bildgebenden Verfahren bestimmte Areale aufblinken sieht. Aber was sagt das wirklich? Wenn sie nachts ein Foto von einer Stadt machen, leuchten auch manche Areale heller als andere. Was wissen Sie dann darüber, was hinter den leuchtenden Fenstern getan und gedacht wird? Und wahrscheinlich ist ja im Hirn die Hemmung und nicht die Erregung das wichtigste Prinzip. So wie bei dem Foto der nächtlichen Stadt: Die spannendsten Dinge passieren hinter den Fenstern, die gerade nicht leuchten!

Der Trost: Wir sind keine Meeresschnecken. Und wäre unser Hirn so einfach, dass wir es verstehen könnten, wären wir zu einfach, um uns diese Fragen zu stellen. Dass wir uns nicht verstehen können, ist paradoxerweise nicht ein Zeichen der Unzulänglichkeit unseres Denkapparates – sondern Zeichen seiner überragenden Qualität!

Ich danke allen, die weiter an klinischer, grundlagenwissenschaftlicher oder therapeutisch-angewandter Seite dem Hirn und dem Menschen, der daran hängt, näher kommen. Die Autoren dieses Buchs gehören zu dieser Vorhut. Und wenn ich aus jedem Artikel nur eine Botschaft behalten und beherzigen könnte, wären es vielleicht diese:

Zu Kapitel 1: Wo geht es hier zum Hippocampus?

Das deutscheste Hirnteil ist das, was für Ruhe und Ordnung sorgt: das Stammhirn. Das heißt so, weil es am Stammtisch aktiv ist. Kann man sich gut merken.

Zu Kapitel 2: Über den Inhalt des Kopfes

Würde man seinen Finger in ein tausendfach vergrößertes Hirn stecken, bekäme man einen gewischt, und zwar mit 100 Volt. Wusste ich nicht. Ich hab mal gelesen: Die Energie eines Abstoßes von Oliver Kahn würde eine 60-Watt-Glühbirne vier Sekunden aufleuchten lassen. Klar – da bleibt für die eigene Birne nicht mehr viel Energie übrig.

Die Lokalisationslehre ist an sich nicht ohne Humor. Zum Beispiel sitzt tatsächlich das Inkongruenz-Zentrum, wo sich unser Gefühl für absurde Situationen bildet, im rechten Stirnlappen. Just an der Stelle, wo sich von Neurologie völlig Unbeleckte immer mit dem Zeigefinger hintippen, um jemandem einen Vogel zu zeigen. Der Schalk sitzt also nicht im Nacken, sondern hinter der Stirn, über dem Auge, was man zudrückt, um aus einer Tragödie eine Komödie zu machen.

Ich glaube ja, es gibt auch bis heute noch Hirnteile zu entdecken. Zum Beispiel postuliere ich bei den Deutschen ein bis dato nicht beschriebenes Hirnanhangsgebilde neben dem Stirn- und den Seitenlappen: den Jammerlappen. Da kommen die negativen Gedanken her. Der wurde bisher nicht entdeckt, weil er nicht mit den anderen Hirnregionen vernetzt ist. Der Jammerlappen hat zum Beispiel keinen Draht zum Sehnerv, trotzdem hat er immer alles kommen sehen. Er hat keine Verbindung zum Gedächtnis und ist sich dennoch sicher: »Früher war alles besser.« Und trotzdem quatscht er uns gerade bei den wichtigsten Momenten ungebeten zwischenrein: »Heut ist nicht dein Tag!«

Wenn man ihn nicht zähmt, zieht er uns runter. Nicht hinhören funktioniert gar nicht. Wie bei einem Tinnitus. Da hilft es auch nicht, dem Patienten zu sagen: »Hör einfach nicht hin.« So ein Ohrgeräusch, das zieht dich runter, das nervt. Als ich das mal hatte, hab ich gleich bei einer Selbsthilfegruppe angerufen. Da ging ein Anrufbeantworter dran. Na schönen Dank! Das konnte ich in der Situation echt gebrauchen: »Bitte sprechen Sie nach dem Pfeifton!«

Was hilft wirklich gegen den Jammerlappen? Richtig hinhören! Klingt paradox, funktioniert aber: einmal die liebsten eigenen Jammersätze aufschreiben und von oben nach unten durchnummerieren. Jedes Mal, wenn wieder einer auftaucht wie »Heute ist nicht dein Tag«, weißt du dann: Gestern noch auf Platz 7, heute schon auf 1. Du spielst Hitparade, du wirst zum Dieter Thomas Heck in deinem eigenen Hinterkopf! Auf Platz 1 »Immer die anderen«, auf Platz 2 »Immer ich«, auf Platz 3 »Die Welt ist ungerecht«, auf Platz 4 »Heut ist nicht dein Tag« und auf Platz 5 ein Evergreen: »Meine Eltern sind an allem schuld!«

Merken Sie, wie viel Spaß man dabei kriegt? Das Jammern wird plötzlich zu etwas, was einen erheitern kann. Durch diesen Trick, den ich aus der Kognitiven Verhaltenstherapie von dem wunderbaren Coach Jens Corssen kenne, nimmt man den körpereigenen Partykillern den Wind aus den Segeln. Und man wird automatisch der eigenen Jammer-Songs überdrüssig. Und dann heißt es irgendwann, wie damals in der Hitparade auch, von ganz allein: »Heute ist nicht dein Tag, zum dritten Mal dabei, bitte nicht mehr wählen.« Viel Spaß bei Neuwahlen!

Zu Kapitel 3:
Ein Schädel voller Wörter

Eine sehr lustige historische Vorstellung, dass die Hirnanhangsdrüse Seelengeist produziert und dabei als Nebenprodukt Popel aus der Nase ausscheidet. Das erklärt, warum intuitiv viele bis auf den heutigen Tag meinen, ihren Popel dem Körper wieder zuführen zu müssen, damit die Seele keinen Schaden nimmt!

Zu Kapitel 4: Ein Organ interpretiert sich selbst

Die Historie der Hirnerkundung macht gerade eine kuriose Schleife. Die Trepanation kommt wieder in Mode! Tatsächlich führt ein verkrachter Medizinstudent namens Bart Hughes in den USA neuerdings die Löcherung des Schädels wieder durch, zur Bewusstseinserweiterung an Freiwilligen. Bei Dickköpfigen braucht die Befreiung des Kronenchakra etwas länger. Altmodisch wie ich bin, hielt ich die Anzahl der Öffnungen am menschlichen Körper bisher für ausreichend. Aber warum nicht Engstirnigkeit operativ angehen? »Open your mind« bekommt eine ganz konkrete Bedeutung. Und praktisch ist es auch: Wer einfach mal abschalten will, lässt sich noch ein zweites Loch stanzen und stellt zwischendurch mal auf Durchzug.

Und sollte einem Trepanierten jemals wieder der Schädel brummen: Ohne den belastenden Umweg über den Magen die Kopfschmerztablette einfach direkt einwerfen!

Zu Kapitel 5: Humor ernst genommen

Das Leben ist zu wichtig, um es ernst zu nehmen (Oscar Wilde), und so ähnlich denkt wohl auch das Hirn. Unser Verstand versucht immer, Ordnung ins Chaos zu bringen, richtig und falsch zu unterscheiden, schwarz und weiß. Aber die Welt ist nun mal nicht richtig oder falsch, schwarz oder weiß – sie ist voller Gegensätze und Paradoxien. Damit unser Hirn nicht wie ein Computer bei jedem »Systemfehler« abstürzt, wurden uns drei Möglichkeiten mitgegeben, mit unauflöslichen Widersprüchen umzugehen: der Traum, der Witz und die Psychose. Gesünder sind die ersten beiden, und die hohe Kunst beim Humor besteht darin, ihn zu reproduzieren. Beim Traum schon schwer genug, ist ein Witz für Ungeübte kaum wiederzugeben. Als Kabarettist habe ich gelernt, welche Mechanik im Humor wirkt, aber was genau das Lachen dann auslöst, bleibt ein Rätsel. Dass Lachen aber die beste Medizin ist, daran habe ich keinen Zweifel. Kinder lachen 400-mal am Tag, Erwachsene nur noch 20-mal, Tote gar nicht. Da erkennt man auch ohne große Statistikkenntnisse eine signifikante Tendenz! Zu welcher Gruppe wollen Sie gehören?

Lachen heilt: Das weiß jeder, der sich mal mit dem Hammer auf den Daumen gehauen hat. Das tut weh. Aber es macht einen großen Unterschied, ob man dabei alleine ist oder in Gesellschaft. Alleine tut es sehr lange weh, ist jemand dabei, musst du automatisch lachen, und der Schmerz lässt nach. Deshalb unterstütze ich auch die Roten Nasen Deutschland e. V., die Clowns in Krankenhäuser bringen: Lachen ist tatsächlich die beste Medizin.

Zu Kapitel 6:
Spieglein, Spieglein im Gehirn

Die Erforschung eines Hirns ist ja schon schwer. Und die Revolution, die sich gerade anbahnt: die Interaktion der Hirne zu untersuchen. Das ist die Königsdisziplin, in der Wissenschaft und auch im Leben.

Wenn sich vor uns einer verletzt, zucken wir zusammen; wenn jemand lacht, lachen wir mit; wenn jemand gähnt, gähnen wir mit. Praktische Konsequenz: Umgeben Sie sich mit Lachenden und nicht mit Langweilern. Diese Spiegelneurone sind so ein empfindliches System, dass die als Erstes leiden, wenn wir Stress haben. Wenn wir uns in Richtung Depression oder Burn-out bewegen, ist das erste Zeichen, dass wir uns nicht mehr freuen können, wenn sich jemand anderes freut. Wir werden nicht mehr spiegelnd »angesteckt«. Wenn Sie Richtung Psychose unterwegs sind, was ist das Zeichen dafür? Dass sich sonst niemand mehr in sie einfühlen kann. Da fehlt auch dieses Mitschwingen. Praktische Konsequenz: Umgeben Sie sich mit Leuten, die Ihnen guttun. Machen Sie in Ihrem Adressbuch einen roten Kringel um diejenigen, mit denen Sie automatisch Spaß haben. Das sind wahrscheinlich gar nicht so viele, aber die sind kostbar. Treffen Sie diese Menschen gezielt, denn wenn man nicht aufpasst, triffst du immer die anderen. Es gibt so optimistische Naturtalente, die kommen irgendwo hin und verbreiten gute Laune. Egal, wo die hinkommen. Und andere Naturtalente verbreiten gute Laune, egal, wo die weggehen.

Und wenn niemand sonst in der Nähe ist, können Sie Ihre Spiegelneurone selbst aktivieren. Stellen Sie sich vor ihren Badezimmerspiegel und achten Sie auf ihre Gefühle. Und wenn Sie plötzlich aus dem Spiegel ein freundliches Gesicht anlächelt, dann können Sie gar nicht anders als zurücklächeln. Probieren Sie es aus!

Zu Kapitel 7:
Kann, darf, soll oder muss man Glück wissenschaftlich untersuchen?

Der Artikel mit den meisten praktischen Implikationen. Und wie so oft, bestätigt die Forschung nur altes spirituelles Wissen: Dass es einfacher ist, jemand anderen glücklich zu machen als sich selbst. Und dass für andere zu sorgen die beste Vorsorge ist – und gleichzeitig der Weg aus der hedonistischen Tretmühle. Seit 2000 Jahren bekannt. »Liebe deinen Nächsten wie dich selbst.«

In der Praxis ist es aber sehr viel leichter, die Menschheit als Ganzes zu lieben als ihre konkreten Vertreter. Je näher man sich kommt, desto mühsamer wird es, mit dem zusammen glücklich Sein. Und gerade in der Paarbeziehung kennt man das: Ist die Frau glücklich, ist der Mann auch glücklich. Weil der Mann in seiner typischen Selbstüberschätzung meint, er hätte damit was zu tun. Andersherum: Ist der Mann glücklich, ist die Frau nicht automatisch glücklich, sondern erst mal misstrauisch. Viele Frauen sind richtig neidisch auf ihren Mann, weil der so glücklich verheiratet ist!

Zu Kapitel 8:
Glückspille oder chemische Keule

Wollen wir wirklich unser Bewusstsein erweitern, oder ist es uns insgeheim nicht unheimlich lästig?

Es gibt viele Buchhandlungen, in denen man schriftliche Anweisungen erwerben kann, wie man sein Hirnpotenzial besser nutzen kann. Aber weitaus öfter als Buchhandlungen sieht man Kneipen, in denen allabendlich Menschen mit Alkohol versuchen, ihr Potenzial zu vermindern. Sehr effektiv. Von anderen bewusstseinverdämmernden Drogen abgesehen. Gleichzeitig werden hilfreiche Drogen, sprich: sinnvolle psychotrope Medikamente nicht eingenommen, aus Angst vor Chemie und Abhängigkeit. Wer wirklich glaubt, dass Antidepressiva abhängig machen, kann leicht in der Praxis vom Gegenteil überzeugt werden. Das beste Argument ist das Leben. Denn es gibt für alles, was abhängig macht, einen Schwarzmarkt, in jeder größeren Stadt können Sie jederzeit gegen Bares Heroin, Methadon, Haschisch und von mir aus auch Sex, Internetzugang und Schokolade bekommen, denn für Dinge, nach denen irgendwer süchtig ist, gibt es auch immer jemanden, der ihm das zu überteuerten Preisen verkauft. Aber versuchen Sie doch mal nachts am Berliner Bahnhof Zoo ein Antidepressivum zu kaufen. Die Junkies und ihre Dealer werden sie sehr fassungslos anschauen. Das sind die wahren Experten für Psychopharmakologie.

Zu Kapitel 9:
Das Gehirn auf der Couch

Verblüffend, wie der totgeglaubte Freud durch die Hintertür der Röntgenabteilung wieder ins Bewusstsein tritt. Nur eine Idee von ihm war wohl wirklich daneben: der Penisneid. Ich hab noch nie eine erwachsene Frau getroffen, die ernsthaft darauf neidisch war, dass der Mann dort, wo die nächste Generation vorbereitet wird, immer 60 Jahre älter aussieht als der Rest des Körpers. Aber dass das verstandesmäßige Ich nicht die wichtigste Instanz im Kopf ist, daran kommen wir heute nicht mehr vorbei. Der Verstand ist nicht die Regierung des Menschen, sondern eher der Regierungssprecher. Wie in der Politik erfährt er als Letzter, was andernorts längst beschlossen wurde, muss das aber nach außen hin vertreten. Was unterscheidet uns wirklich vom Tier? Die Länge unserer Ausreden.

Zu Kapitel 10:
Spurensicherung

Jeder Arzt ist ein Seelendetektiv. Eine sehr schöne Vorstellung. Auf die kleinsten klinischen Zeichen zu achten lernte ich als eigene Kunstform schätzen, als ich ein Jahr in England Medizin studieren durfte. Unvergessen, wie der Professor uns ein Foto zeigte, von zwei Männerschuhen mit kleinen weißen Flecken drauf. »Was hat der Patient?«, fragte er uns. »Der Patient ist doch gar nicht zu sehen?«, versuchten wir uns zu retten. Über Fragen und Nachdenken kamen wir schließlich drauf. Die weißen Flecken waren Zucker. Der Patient hatte also Diabetes und schied Zucker im Urin aus, und beim Ausscheiden landeten ein paar Tropfen auf den Schuhen, die dort eintrockneten, und somit kristallisierte der Zucker aus. Die zweite Verdachtsdiagnose: vergrößerte Prostata. Wenn man schon in Abwesenheit des Patienten manche Diagnose stellen kann, wie groß sind dann die Möglichkeiten, wenn man ihn sich tatsächlich mit allen Sinnen und offenem Herzen ansieht!

Zu Kapitel 11: Im Dschungel der Düfte

Endlich gibt es ein Maß für die Geruchsintensität – das Olf. Warum hat sich das noch nicht herumgesprochen? Statt pauschal zu sagen: Das stinkt mir aber, könnte man viel präziser sagen: Dein Verhalten hat 40 Olf! Es olft zum Himmel!

Der Geruch regelt unsere Fortpflanzung. An der Nase eines Mannes erkennt man nicht seinen Johannes, aber die Nase einer Frau weiß gerade an den fruchtbaren Tagen in-stink-tiv, was aus Johannes an dem Abend noch werden kann.

»Wer sich nicht riechen kann, sollte auch keine Kinder machen«, raunt uns die Natur im Rümpfen der Nase zu. Wenn die Chemie aber stimmt, überlassen wir getragene T-Shirts zur Überbrückung der Abwesenheit gerne dem Liebsten – und in Turin werden Schweiß-Tücher sogar über Tausende von Jahren aufbewahrt, bis der ursprüngliche Träger wiederkommt!

Was soll die olfaktorische Gleichmacherei? Wir rasieren unsere Haare alle ab, schrubben uns und packen Parfüm oben drauf. Was ist in Parfüm? Moschus. Was ist Moschus? Ein Körpersignal des Moschus-Ochsen. Um präzise zu sein: sein Analsekret. Ich fasse kurz zusammen. Menschen schämen sich, unter dem Arm zu riechen wie ein Mensch. Und meinen ernsthaft, sie werden attraktiver, wenn sie dort riechen wie ein Ochse am Arsch. Was wohl die Ochsen über uns denken?

Das Hirn ist das größte Geschlechtsorgan des Menschen. Nicht zwischen den Beinen, sondern zwischen den Ohren entsteht die Leidenschaft. Mit allen Sinnen. Gut, man kann zwischendurch versuchen, sich auf etwas anderes zu konzentrieren.

Aber mal ehrlich, sobald sich gut ausgeprägte sekundäre Geschlechtsmerkmale in dein Blickfeld schieben – wird alles andere sekundär.

Zu Kapitel 12:
Du und dein Auge

Wann haben Sie das letzte Mal geblinzelt? Sie erinnern sich nicht dran? Wir blenden das Ausblenden total aus! 10-mal pro Minute geht unser Auge kurz auf und zu. Gut 10 % der Zeit mit offenen Augen sind die gar nicht offen. Wieso merken wir nix davon?

Wie in jeder größeren Organisation wird nach oben hin der Bericht immer beschönigt, das heißt, Ihr Chef – das Bewusstsein – erfährt nie die ganze Wahrheit. Da unten in der Produktion ist alle paar Sekunden Totalausfall der Empfangsstation. Aber fragt der Chef: »Und wie sieht's aus?« »Jaja, alles in Ordnung. Ich sehe alles.« Wir bescheißen uns sehenden Auges, jedes Mal, wenn wir ein Auge zudrücken!

Obwohl das Auge sich offensichtlich sehr leicht täuschen lässt, benimmt es sich innerhalb der Sinne äußerst selbstbewusst, um nicht zu sagen: machomäßig. Denn Auge und Ohr streiten sich gerne. Geht es um die Frage, wo ein Geräusch eigentlich herkommt, boxt das Auge seine Sichtweise durch. Die Wahrheit interessiert nicht. Das Ohr kommt im Gehirn nur mit einem blauen Auge davon.

Die Wissenschaftler nennen das den Bauchredner-Effekt. Das Auge sagt, die Lippen der Bauchredner-Puppe bewegen sich, also muss die Stimme, die ich höre, auch von diesen Lippen stammen. Es ist immer wieder absurd, selbst zu erleben, wie du auch als erwachsener Mensch nach kürzester Zeit wider besseres Wissen und Gewissen darauf reinfällst. Du kannst dich mit dem Verstand nicht wehren, nach kürzester Zeit siehst du in einer Stoffpuppe am langen Arm eines Bauchredners eigenes Leben. Egal, wie schlecht der Bauchredner ist, wir hängen nicht an seinen Lippen, sondern an denen, die sich noch mehr bewegen. Die Rechtsprechung im Hirn ist gerade nicht blind. Im Zweifel für das Auge.

Im Kino genauso. Obwohl bei einem Dialog beide Schauspieler-Stimmen aus ein und demselben Lautsprecher kommen, ordnet man die Stimmen den Mündern rechts und links zu. Wieder muss die Info vom Ohr sehen, wo sie bleibt. Wir verzeihen sogar, wenn statt dem zweisilbigen »Fuck off« im Original aus dem längst geschlossenen Mund es noch Deutsch nachplätschert: »Gehen Sie mir aus den Augen, Sie Schuft.«

Unsere rein akustische Ortung funktioniert im Kino weder von der Leinwand noch vom Gang. Das weiß jeder, der schon mal zu spät kam und für seine Lockrufe nur ein einzelnes »Hier« als Anhaltspunkt bekam. Da heißt es weiterrufen, bis der hochrote Kopf deiner Verabredung endlich ein visuelles Signal sendet.

Der Bauchredner-Effekt schlägt auch voll auf Handys durch. Du erwartest einen wichtigen Anruf, es klingelt in der großen Umhängetasche. Erste Griffe ins Leere. Panik. Schon drei Klingelton-Leben verbraucht, rette den Anruf vor dem Mailbox-Monster! Du kippst alles auf den Boden, wühlst mit beiden Händen, und dann erst merkst du, es klingelt in der Hosentasche. Zu spät. Der Klingelton stirbt vor deinen Augen. Wer hat angerufen? Unbekannt!

Es reicht ein Klingeln im Umkreis von 5 Metern, und du schaust auf dein Handy, ob es nicht die Quelle des Tons war. Auch wenn du einen völlig anderen Klingelton hast. Vielleicht hat sich ja dein Mobiltelefon unbemerkt ein paar Fremdklingeltöne raufgeschafft. Ich hab schon Leute gesehen, die gar kein Handy hatten, und trotzdem: Es klingelt im Café am Nachbartisch und zack – halten sie sich den Zuckerstreuer ans Ohr.

Zu Kapitel 13: There's someone in my head …

Einem Artikel, der die Götter der Komik Josef Hader, Gary Larson und Kurt Tucholsky erwähnt, ist nichts hinzuzufügen!

Zu Kapitel 14: Der CHARIVARI-Effekt

Manfred Spitzer gebührt es natürlich, einen Beitrag ausfindig gemacht zu haben, der auf ein völlig vernächlässigtes wissenschaftstheoretisches Phänomen hinweist: dass die schönsten Versuche nicht reproduzierbar sind. Aber ist das nicht mit allen schönen Dingen so? Die griechischen Götter beneideten die Menschen, weil diese sterblich waren und damit jeder Moment kostbar wurde. Vielleicht kann man auch jedes Forschungsergebnis an sich als einzigartiges Ereignis würdigen, sozusagen als ein One-Night-Stand mit der Erkenntnis. Und liegt der Zauber einer Begegnung nicht oft in ihrer Einmaligkeit, in ihrer Nicht-Reproduzierbarkeit? Kierkegaard sagte einmal: Leben kann man nur vorwärts, das Leben verstehen nur rückwärts. Das gilt für das Forschen wohl auch. Und sind wir nicht alle irgendwie Forschende?

Zu Kapitel 15:
Hirndruck

Ein praktischer Haushaltstipp. Wenn Ihre ausgedruckte Pizza etwas kalt und labberig geworden ist – einfach nochmal kurz aufwärmen im CD-Brenner!

Zu Kapitel 16:
Transkranielle Mandelkern-Massage

Wulf Bertram beschreibt sehr launig, wie unkritisch eigentlich Menschen sind, was die Qualität von Interventionen in ihr körperliches und seelisches Heil angeht. Jeder selbsternannte Heiler darf an einem herumdoktern.

Ich hab mir mal ausgemalt, wie es wäre, wenn es nicht um so etwas Belangloses wie Körper und Seele ginge, sondern um etwas wirklich Wichtiges: das eigene Auto!

Reifen[1]

Neulich bemerkte ich an meinem Auto einen platten Reifen. Ich wollte das einfach reparieren lassen, aber ich dachte mir, jetzt gehst du mal nicht gleich zu dem normalen Automechaniker. Denn ich hatte gehört, es gebe da jetzt einen alternativen: einen Automechaniker mit einem antimechanistischen Weltbild. Sozusagen ein Heilpraktiker für Autos. Also schob ich den Wagen dahin. Und der hat sich erst mal total viel Zeit genommen für mich. Der hat mir zugehört. Der hat sich den Wagen angeschaut, und dann diagnostizierte er: »Klar, ich könnte jetzt den platten Reifen

1 Die folgende Anekdote stammt aus einem Kabarettprogramm.

auswechseln. Aber das wäre ja nur – Symptome beheben. Ich spüre aber, der Wagen ist so einfach nicht im Gleichgewicht.«

So was von sensibel der Mann. Der betrachtete das Auto endlich mal ganzheitlich. Und nach Vorkasse fing er an, auf seine Art zu behandeln. Erst einmal die drei anderen Reifen. Mit Akupunktur. So lange, bis der Wagen wieder ganz im Gleichgewicht war.

Nun, es war ein sehr aufmerksamer Mensch, und er merkte, dass mich dieses Verfahren etwas befremdete. Er erklärte mir: »Die chinesische Medizin, aus der die Methode kommt, unterscheidet fünf verschiedene Elemente«, und meinem Wagen würde eindeutig eins dieser Element fehlen: »Luft.« Wahnsinn, was die vor über 2000 Jahren schon über Autos gewusst haben müssen.

Nach zwei Wochen bin ich wieder hin und wollte den Wagen abholen. Pustekuchen. Paul, inzwischen waren wir beim Du, erklärte: »Tja, das ist ein Prozess, den kann man auch nicht beliebig beschleunigen. Das Gras wächst auch nicht schneller, wenn man an jedem Halm zieht.«

Nach einem Monat wurde ich richtig wütend. »Verdammt nochmal, wann ist endlich mein Auto fertig?« Paul empfahl mir nur, ich solle doch erst mal bei mir selbst schauen, woher diese Ungeduld in mir kommt.

Nach einem halben Jahr waren wir dann richtige Freunde geworden. Das Auto hatte ich schon längst abgeschrieben und gemerkt: Es geht fast immer auch ohne. Und dann, eines Tages, legte er mir die Hand auf die Schulter, nahm mich beiseite und sagte, jetzt sei ich wohl so weit, dass er mit mir noch eine tiefere Ebene anschauen könne. Es ist ja kein Zufall, welches Teil jetzt bei einem kaputtgeht. Da steckt ja auch immer eine Botschaft drin, die Krankheit als Weg, eine persönliche Aufgabe für mich. Und ich solle doch mal überlegen, warum dieses Teil, was mir kaputtging, so doppeldeutig heißt, wie es heißt: *Reifen.*

Und unter dem Siegel der Verschwiegenheit offenbarte Paul mir seine Vision: Zusammen mit einem großen Autokonzern entwerfen die was für den esoterischen Konsumenten: den Opel Mantra. Endlich ein Auto in Pyramidenform. Die Sitze in dem Wagen sind im Kreis angeordnet. Das heißt, alle, die mitfahren, bestimmen die Richtung gemeinsam. Serienmäßig mit drittem Scheinwerfer, Räucherstäbchenanzünder und statt Hupe eine tibetanische Klangschale. Die Türen öffnen sich nach innen – und das ist wohl auch symbolisch zu verstehen. Die technischen Daten: Es gibt nur einen Gang, der Motor macht die ganze Zeit so ein meditatives Fahrgeräusch: Ommm. Spitzengeschwindigkeit: 12 km/h. Aber das muss man im Einklang sehen mit der Philosophie, die hinter dem Wagen steckt, die da lautet: Der Weg ist das Ziel.

Was nun? Oder: Das Hirn ist plastisch – ganz praktisch!

In jedem schlechten Selbsthilfebuch steht ein typischer Satz: »Sei einfach du selbst.« Mal ehrlich, das kann man doch nicht jedem wünschen, oder? Noch nicht mal sich selbst. Wer bin ich? Und wenn ja, wie viele?

Als Fazit aus diesem Buch nehme ich mit: Das Hirn ist plastisch – also mach was Schönes draus. Und das Hirn hat Grundbedürfnisse, gegen die wir besser nicht verstoßen. »Glyk« ensteht durch Zucker, »Hypoglykämie« heißt: Ich bin unterzuckert, und dann ist es schwer, glücklich zu sein. Unser Gehirn verbrennt 100 g Zucker jeden Tag. Dabei wiegt es nur 3,5 % des Körpers, verbraucht aber 20 % der gesamten Energie. Der Kopf ist ein Durchlauferhitzer. Das heißt: Wenn Energie fehlt, wo merkst du es als Erstes? Hier oben. Das stimmt nicht ganz, du merkst es eigentlich als Letztes. Alle anderen haben es schon gemerkt. Das Blöde ist nur, wenn der Deutsche kapiert: Oh, ich habe gerade schlechte Laune, glaubt er erst mal, es besteht Meldepflicht. Alle, die es bis dahin noch nicht wissen, muss ich in Kenntnis setzen. Nein. Die Pflicht besteht darin, sich als Stimmungsprofi kurz zu fragen: Habe ich gut für mich gesorgt? Sind die Grundbedürfnisse meines Hirns erfüllt? Eine Hand – fünf Fragen. Wann habe ich zuletzt was gegessen? Wann habe ich mich zuletzt bewegt, mit frischer Luft tief durchgeatmet? Wann habe ich zuletzt geschlafen? Mit wem und warum? Da haben Sie die fünf größten Stimmungskiller an einer Hand abgehakt. Und dann kann ich gucken, ob die anderen schuld sind. Das ist sozusagen die basale Physiologie der guten Laune.

Dieses Buch zeigt wieder: Das Hirn ist die komplexeste Struktur im Universum. Und das Fatale: Es wird geliefert ohne Gebrauchsanweisung! Automatisch gehen die Leute falsch damit um, die sagen sich: Ich möchte das möglichst lange frisch erhalten, indem ich es möglichst selten einsetze. Das geht aber gar nicht, denn egal was wir tun, benutzen wir es. Aber wie wir es benutzen, verändert wieder die Struktur.

Neuroplastizität. Das ist ein neues Wort, aber das Phänomen ist uralt. Das sagte auch Marc Aurel vor 2000 Jahren: »Auf die Dauer der Zeit nimmt die Seele die Farben der Gedanken an.« Schöner hat seitdem keiner mehr Neuroplastizität formuliert. Doch. Ödön von Horváth: »Eigentlich bin ich ganz anders, aber ich komm so selten dazu!« Wer kennt das nicht: Eigentlich bin ich sehr sportlich, ich hab halt nur die letzten 20 Jahre keine Gelegenheit dazu gehabt. Psychoanalytikern reicht es, wenn du als Kind mal davon geträumt hast, Sportler zu werden, das hält ein Leben lang. Dummerweise ist das Hirn mehr auf der Seite der Verhaltenstherapie und sagt sich: Wir sind nicht, wofür wir uns halten, sondern wir sind, was wir oft tun.

Achte auf deine Gedanken und Taten, denn wenn wir nicht bewusst unser Hirn in eine gute Richtung formen, trainieren wir es unbewusst. Zwangsläufig prägt unsere tägliche Routine – zum Beispiel im Beruf – stärker, als wir es selbst merken: Die Zeit als Arzt hat mich unbewusst natürlich verändert. Wenn ich heute eine schöne Frau sehe mit Dekolletee, wo gucke ich automatisch hin? – Auf die Schilddrüsen. Ich kann nicht anders, ich kann es nicht abstellen. Es ist einfach – zack – drin. Dann gucke ich so lange, bis sie einmal schluckt, denn dann erst sehe ich auch die Größe. Ich muss das erklären, es wird sonst schnell falsch verstanden.

Heute ist meine Praxis die Bühne: Fernsehen, Vorträge und Seminare. Freie Tätigkeit, ich bin sehr froh. Die blöde Seite: viele Nächte in Hotels. Und auch das schleicht sich ins Unbewusste. Neulich stehe ich vor meinem eigenen Bett, in Berlin. Starre auf mein Kopfkissen und wundere mich, warum da keine Schokolade liegt. Meine Schwester ist Mathelehrerin. Neulich sagt sie im Supermarkt zur Kassiererin: »Das haben Sie sehr schön zusammengerechnet. Und jetzt nochmal das Ganze ohne Apparat.«

Du merkst es nicht, aber was du oft tust, verändert dich. Martin Seligman, einer der wichtigsten Denker der Positiven Psychologie, fand heraus: Eine der reichsten und gleichzeitig miesepetrigsten Berufsgruppen auf diesem Planeten sind Juristen. Wofür wurden Juristenhirne trainiert? Für Katastrophendenken, für Pessimismus. Je besser er sich vorstellen kann, dass hinter jeder harmlosen Formulierung im Vertrag was Schlimmes steckt, desto mehr verdient er. Also strengt er sich an und findet überall einen Haken. Dummerweise geht er mit dem gleichen Hirn nach Hause. Seine Frau begrüßt ihn mit einem harmlosen Satz: »Schön, dass du da bist.« Und der Jurist liegt noch nachts wach und denkt nur eins: Wo ist der Haken?

Das Hirn ist plastisch – mach was Schönes draus. Und auch wenn es mühsamer ist, auf Dauer lohnt sich nur die Verformung von innen. Von außen ist meist ungünstig. Also besser im Straßenverkehr einen Helm tragen. Und wenn es mit der Selbstverbesserung nicht auf Anhieb klappt: den Humor nicht verlieren. Denn Humor beginnt da, wo der Spaß aufhört.

Noch eine ganz praktische klinische Untersuchung zum Schluss, mit der Sie Ihren eigenen Humor testen können. Statistisch ist jeder dritte Deutsche hässlich. Wenn Sie jetzt unauffällig kurz rechts schauen und links schauen – und die beiden sehen ganz okay aus … Dann haben Sie Humor![1]

1 P.S.: Liebe Leser, wenn Sie jetzt denken, aus diesem ganzen Text könnte man doch ein Kabarettprogramm machen, dann haben Sie Recht. Das gibt es auch schon. Es heißt »Glücksbringer«, und wenn Sie Glück haben, spiele ich es demnächst in Ihrer Nähe. Freu mich, wenn wir uns dann persönlich kennen lernen – zum Spiegelneuronen-Duell! Oder Sie besuchen mich im Internet unter ⟨www.hirschhausen.com⟩

Autorenverzeichnis

Rolf H. Adler em. Prof. Dr. med., geboren 1936 in Bern, Studium in Bern mit Auslandsaufenthalt in Dänemark, Ausbildung zum Internisten in Bern, 2 Jahre Tätigkeit in der Psychiatrischen Klinik Münsingen bei Bern.

2 Jahre als »instructor and fellow« in der Gruppe des amerikanischen Psychosomatik-Nestors George L. Engel in Rochester, New York, danach 7 Jahre Oberarzt der Medizinischen Uniklinik Bern, Habilitation 1975. Ausbildung zum Psychoanalytiker im Rahmen der Schweizerischen Gesellschaft für Psychoanalyse.

Von 1978 bis 2001 Chefarzt der Medizinischen Abteilung Lory am Inselspital mit Berufung zum Ordentlichen Professor für Innere Medizin mit dem Schwerpunkt Psychosomatik. Seit seinem Abschied von der Klinik beschäftigt sich der schachinteressierte Emeritus mit verschiedenen Zweigen der Mathematik und ist weiterhin in Teilzeit-Privatpraxis und als Supervisor tätig, mit Ausbildungsaufträgen an der Psychosomatischen und der Geriatrischen Universitätsklinik in Bern. Er ist Träger des Michael-Balint-Preises und des Römerpreises, Autor und Herausgeber mehrerer Lehrbücher zum Thema Psychosomatik sowie zahlreicher Zeitschriftenbeiträge.

Zur intensiven Beschäftigung mit der Neurobiologie kam Rolf Adler durch seine Forschungsaktivitäten über Schmerz im Erwachsenenalter und dessen Beziehung zu traumatischen Kindheitserfahrungen mit den daraus resultierenden Fragen, die das Gedächtnis betreffen.

Prof. Dr. med. Rolf H. Adler, Leiserenweg 4, 3122 Kehrsatz, Schweiz,
rolf.adler@tele2.ch

Josef B. Aldenhoff Prof. Dr. med., geboren 1948 in Dresden, Schulbesuch und Medizinstudium in München, wollte nach seiner Doktorarbeit in der chirurgischen Forschung eigentlich Chirurg werden, fand sich aber nach Zwischenstationen in Innerer Medizin und Neurologie in der Psychiatrie wieder. Klinisch-psychiatrische Ausbildung am Max-Planck-Institut (MPI) für Psychiatrie, danach zog es ihn wieder ins Labor und er arbeitete sich am MPI in die experimentelle Elektrophysiologie ein, wobei er sich vorwiegend mit neuropharmakologischen Fragestellungen beschäftigte. 1982 und 1984 war er Feodor-Lynen-Stipendiat am Salk Institut und später am Scripps Institut, wo er den amerikanischen *way of science* kennen und schätzen lernte.

Die Klinik holte ihn zunächst als Oberarzt im Bezirkskrankenhaus Kaufbeuren wieder ein, danach war er bis 1991 Oberarzt an der Psychiat-

rischen Universitätsklinik Mainz, wo er sich auch habilitierte. Dann erhielt er einen Ruf als C3-Professor an das Zentralinstitut für Seelische Gesundheit Mannheim. Seit 1995 ist er Ordinarius für Psychiatrie an der Christian-Albrechts-Universität Kiel, seit 2004 zusätzlich Medizinischer Geschäftsführer des Zentrums für Integrative Psychiatrie, ZIP gGmbH. Aldenhoffs zentrales Interessengebiet ist die neurobiologische Grundlage seelischer Störungen und ganz besonders die Frage, wie Psychotherapie wirkt.
Prof. Dr. med. Josef Aldenhoff, Universität Kiel, Klinik für Psychiatrie und Psychotherapie, Zentrum für Integrative Psychiatrie, Niemannsweg 147, 24105 Kiel, j.aldenhoff@zip-kiel.de

Wulf Bertram Dipl.-Psych. Dr. med., geboren 1948 in Soest. Nach dem Besuch der Deutschen Schule in Mailand/Italien Abitur in Hamburg, wo er zunächst Psychologie und Soziologie studierte. Von einer interdisziplinären Vorlesung über Neurophysiologie war er so fasziniert, dass er auf der Stelle zusätzlich ein Medizinstudium begann. Nach dem Diplom in Psychologie arbeitete er als klinischer Psychologe im Universitäts-Krankenhaus Hamburg-Eppendorf, medizinisches Staatsexamen und Promotion brachte er 1981 hinter sich, danach war er mit einem DAAD-Stipendium Assistenzarzt in einem psychiatrischen Dienst bei Arezzo/Italien. Es schloss sich eine psychiatrische Ausbildung in Kaufbeuren/Allgäu an. 1985 begann er als Lektor für medizinische Lehrbücher in einem Münchener Fachverlag, wo er versuchte, seinen Ärger über unverdauliche Lehrbücher während des eigenen Studiums in leserfreundliche didaktische Konzepte umzumünzen. Seit 1988 ist er wissenschaftlicher Leiter des Schattauer Verlags in Stuttgart, ab 1992 dessen verlegerischer Geschäftsführer. Er absolvierte eine Ausbildung in Gesprächs- und Verhaltenstherapie, später in tiefenpsychologisch fundierter Psychotherapie und arbeitet neben seiner Verlagstätigkeit weiterhin als Psychotherapeut in eigener Praxis. 1992 gründete er gemeinsam mit Thure von Uexküll die »Akademie für Integrierte Medizin«, deren Vorstand er seitdem angehört.
Dipl.-Psych. Dr. med. Wulf Bertram, Schattauer Verlag, Hölderlinstraße 3, 70174 Stuttgart, wulf.bertram@schattauer.de

Valentino Braitenberg Prof. Dr. med. Dr. rer. nat. h. c., geboren 1926 in Bozen, Italien. Dort besuchte er das italienische Humanistische Gymnasium und das Konservatorium (Fach: Violine). Studium der Medizin in Innsbruck und Rom, wo er die Facharztausbildung in Neurologie und Psychiatrie absolvierte. Schon als Student war er vor allem im neuropathologisch-anatomischen Labor der römischen Nervenklinik tätig. Es folgten

Aufenthalte im Hirnforschungsinstitut in Neustadt/Schwarzwald und an der Forschungsstelle für Neuropathologie an der Frankfurter Nervenklinik und an der Section of Neuroanatomy in New Haven. Als einziger Nicht-Physiker wurde er danach Mitglied einer Studiengruppe für Kybernetik und Informationstheorie in Rom und wechselte ein paar Jahre später aus der medizinischen in die physikalische Fakultät. Es folgte eine Dozentur für Kybernetik am physikalischen Institut der Universität Neapel, wo er ein Hirnlabor einrichtete und leitete. 10 Jahre später Berufung an das California Institute of Technology, kurz darauf an das Max-Planck-Institut für Biologie in Tübingen, wo er bis zu seiner Emeritierung dem Institut für Biologische Kybernetik vorstand. Braitenberg erhielt den Premio Cortina Ulisse und einen Preis der Universität Freiburg für populärwissenschaftliche Buchveröffentlichungen sowie den Jahrespreis der Deutschen Gesellschaft für Künstliche Intelligenz. Seine insgesamt acht in drei verschiedenen Sprachen verfassten Bücher wurden in bis zu fünf Sprachen übersetzt.
Prof. Dr. med. Dr. rer. nat. h.c. Valentino Braitenberg, Max-Planck-Institut für Biologische Kybernetik, Spemannstraße 38, 72076 Tübingen, valentino.braitenberg@tuebingen.mpg.de

Jakob von Engelhardt Dr. med., geboren 1972 in Heidelberg. Er studierte von 1993 bis 1999 Medizin an der Universität Marburg und promovierte 2000 mit einer Arbeit über den Einfluss von Katecholaminen auf die Interleukinproduktion von Monozyten in vivo. Von 2000 bis 2001 war er Arzt im Praktikum an der Neurologischen Klinik der Universität in Heidelberg, danach bis 2003 dort Assistenzarzt. Seitdem ist er Wissenschaftlicher Angestellter in der Abteilung Klinische Neurobiologie der Neurologischen Univ.-Klinik Heidelberg, die von Prof. Dr. Hannah Monyer geleitet wird.
Dr. med. Jakob von Engelhardt, Neurologische Univ.-Klinik Heidelberg, Abt. Klinische Neurobiologie, Im Neuenheimer Feld 364, 69120 Heidelberg, engelhardt@urz.uni-hd.de

Michael Freund Ph.D., geb. 1949 in Wien. Nach dem Besuch der Deutschen Schule und dem Abitur in Mailand/Italien studierte er Psychologie und Soziologie in Wien, Heidelberg und New York, wo er 1978 an der Columbia University mit dem Grad des Ph.D. abschloss. Ab 1981 war er freier Mitarbeiter beim ORF Hörfunk, seit 1983 Lehrbeauftragter für Sozialwissenschaften und Medienkommunikation an der Webster University Vienna, ab 2005 in der Funktion des Head of Media Communications Department, zusätzlich bekam er mehrere Lehraufträge an den Universi-

täten in Wien, Klagenfurt, Salzburg und an der Donau Universität Krems. Freund hat in mehreren österreichischen und internationalen Zeitungen und Periodika publiziert, u.a. in der FAZ, Berliner Zeitung, Süddeutsche Zeitung und Weltwoche. Von 1989 bis 2003 war er Ressortleiter der Wochenendbeilage »Album« in der Wiener Tageszeitung »Standard«. Er ist Autor mehrerer Bücher, Buch- und Katalogkapitel sowie von zahlreichen Beiträgen in Fach- und Publikumszeitschriften. Für das Freud-Jahr 2006 kuratierte er im Auftrag des österreichischen Außenministeriums eine Ausstellung von Cartoons über Psychoanalyse aus dem Magazin The New Yorker und veröffentlichte dazu den Katalog.
Dr. Michael Freund, Leiter, Media Communications, Webster University Vienna, Berchtoldgasse 1, 1220 Wien, Österreich,
michael.freund@derstandard.at

Katja Gaschler Dr. rer. nat., geboren 1968 in Stuttgart, studierte Biologie an der Universität Tübingen sowie an der Université de Paris Sud in Orsay. Von 1995 bis 1999 promovierte sie am Lehrstuhl für Allgemeine Pflanzenphysiologie in Tübingen und absolvierte gleichzeitig eine journalistische Ausbildung. Von 1999 bis 2001 betreute sie als Wissenschaftsredakteurin beim Schattauer Verlag u.a. die Zeitschriften »Nervenheilkunde« und »Persönlichkeitsstörungen«, wobei sie nicht nur ihr Faible für die Psychologie entdeckte, sondern auch interessante Einblicke in die Psyche von Psychiatern und Psychotherapeuten gewann. Seit 2001 ist sie als Redakteurin für das damals neu gegründete Wissenschaftsmagazin »Gehirn&Geist« tätig, das vom Verlag Spektrum der Wissenschaft in Heidelberg herausgegeben wird. Katja Gaschler hat zahlreiche Artikel zu aktuellen Forschungsthemen rund um Psyche und Gehirn publiziert, die in mehrere Sprachen übersetzt wurden. Ein besonderes Anliegen ist der Biologin der Dialog zwischen den Neurowissenschaften und der Psychologie, den sie heute als stellvertretende Chefredakteurin von Gehirn&Geist aktiv vorantreibt.
Dr. rer. nat. Katja Gaschler, Redaktion Gehirn&Geist, Slevogtstraße 3-5, 69 126 Heidelberg, gaschler@spektrum.com

Robert Gernhardt Prof. Dr. h.c., geboren 1937 in Tallinn/Estland (früher Reval), studierte Malerei und Germanistik in Stuttgart und Berlin. Seit 1964 lebte er als freiberuflicher Maler, Zeichner, Karikaturist und Schriftsteller in Frankfurt am Main. Dort arbeitete er für die Satirezeitschrift »pardon« und gründete mit Freunden wie F.W. Bernstein, F.-K. Waechter und Chlodwig Poth die Zeitschrift »Titanic« sowie die satirische »Neue Frankfurter Schule«. In den 70er Jahren galt Gernhardt zunächst als unbekümmert-scharfzüngiger Nonsens-Barde und Comic-Zeichner, der auch für Komiker wie Otto Waalkes Texte und Drehbücher schrieb. Für seine Fähigkeit, in sensiblen, sprachlich virtuosen Gedichten und Prosa-Texten Empfindungen wie Schmerz, Angst oder Trauer mit Ironie und Witz zu verbinden, fand er seit den 80er Jahren zunehmend Anerkennung als einer der größten zeitgenössischen Dichter im deutschen Sprachraum. Gernhardt wurde mit zahlreichen Literaturpreisen ausgezeichnet, so mit dem Deutschen Jugendpreis, dem Bertolt-Brecht-Preis, dem Erich-Kästner-Preis, dem Joachim-Ringelnatz-Preis sowie 2004 mit dem Heinrich-Heine-Preis. Robert Gernhardt verstarb wenige Monate vor der Fertigstellung dieses Buchs an einer Krebserkrankung, mit der er sich seit 2004 in seinen »K-Gedichten« literarisch intensiv auseinandergesetzt hatte.

Eckart von Hirschhausen Dr. med., geb. 1967 in Berlin, studierte Medizin in Berlin, Heidelberg und London und arbeitete nach seiner Promotion als Arzt in der Kinderneurologie. Er ist Wissenschaftsjournalist, moderierte 5 Jahre lang die Medizinsendung im hessen fernsehen, 2003 der Sprung in die ARD-Sendung »W wie Wissen«. Von Hirschhausen konzipierte das »Think Theatre«, eine Bühnenshow zum Thema Gehirn und Denken und moderierte diese von 1998 bis 2004. Als Solokabarettist gelang ihm der Durchbruch mit dem Medizinprogramm »Sprechstunde« (Premiere 2002 in Berlin) und er erhielt seither mehrere Kabarettpreise. Er ist in Radio- und Fernsehsendungen regelmäßig als Kabarettist, Experte oder Talkgast präsent und hielt die Festansprachen u.a. bei der Verleihung des Zukunftspreises 2005 durch den Bundespräsidenten, beim 40-jährigen Jubiläum der Heinrich-Heine-Universität Düsseldorf 2006 und beim Grimme Online Award 2005. Sein Motto ist »Humor hilft heilen«, daher ist er Gründungsmitglied und Vorstand der »Rote Nasen Deutschland e. V.«, die Clowns in Krankenhäuser bringen, sowie Mitglied von Humor Care Deutschland, einer Gesellschaft zur Förderung von Humor in Therapie, Pflege, Pädagogik und Beratung. Derzeit ist er auf Deutschlandtour mit seinem aktuellen Programm »Glücksbringer«.
Dr. med. Eckart von Hirschhausen, c/o Redaktionsbüro Susanne Herbert, Im Sachsenlager 15, 60322 Frankfurt a. M., herbert@hirschhausen.com, www.hirschhausen.com

Dragos Ioan Inta Dr. med., geboren 1972 in Brasov (Kronstadt), Rumänien. 1991 bis 1999 Studium der Humanmedizin an der Universität für Medizin und Pharmazie in Targu-Mures (Neumarkt), Rumänien, danach zunächst Assistenzarzt am Kreiskrankenhaus Brasov, 2001 kurzfristig wissenschaftliche Tätigkeit am Institut für Zelluläre Pathologie in Brüssel, anschließend bis 2005 Stipendium des Graduiertenkollegiums »Neurale Entwicklungs- und Degenerationsprozesse: Grundlagenforschung und Klinische Implikationen« am Interdisziplinären Zentrum für Neurowissenschaften (IZN) der Universität Heidelberg, wo er an der Abteilung Klinische Neurobiologie (Leitung: Prof. Dr. Hannah Monyer) mit einer Arbeit über Serotonin-Rezeptoren in einem transgenischen Tiermodell promovierte. Inta widmet sich gegenwärtig der Erforschung der Neubildung von Nervenzellen nach der Geburt und deren Regulierung durch den Botenstoff Serotonin. Sein Interesse an der Neurobiologie nährt sich aus der Annahme, dass hinter dem »Puzzle« von Hirnfunktionen und -strukturen spezifische Moleküle und spezifische neuronale Zellpopulationen liegen, die noch nicht vollständig bekannt sind.

Dr. med. Dragos Ioan Inta, Neurologische Univ.-Klinik Heidelberg, Abt. Klinische Neurobiologie, Im Neuenheimer Feld 364, 69 120 Heidelberg, inta@urz.uni-hd.de

Axel Karenberg Prof. Dr. med., geboren 1957 in Frankfurt am Main. Während des Studiums der Medizin und Psychologie verdichteten sich seine frankophilen Neigungen, die Leidenschaft für klassische Musik und ein beginnendes Interesse an psychiatrischen Fragen zu einer Dissertation über Frédéric Chopin, die mit dem Hochhaus-Preis ausgezeichnet wurde. Auf die Weiterbildung zum Nervenarzt, die Assistentenzeit am Institut für Geschichte der Medizin in Köln und einen zweijährigen Forschungsaufenthalt in Los Angeles folgten die Habilitation und 2000 die Ernennung zum apl. Professor an der Universität zu Köln, daneben zum »Professeur titulaire« an der Université du Luxembourg. Sein frühes Staunen über (Fehl-)Funktionen des Gehirns konnte er anlässlich des ärztlichen Kontaktes mit AIDS-Patienten mit neurologisch-psychiatrischen Symptomen in erste wissenschaftliche Arbeiten umsetzen. Im Zentrum seines Forschungsinteresses stehen gegenwärtig die Geschichte der klinischen Neurologie und einzelner Krankheiten mit einem besonderen Augenmerk auf dem Versuch der Hirnforschung, die Deutungshoheit über Denken, Fühlen und Handeln zu erreichen. Karenberg ist Verfasser zahlreicher Zeitschriftenaufsätze und Bücher, weit über sein Fach hinaus wurde er mit dem Buch »Amor, Äskulap & Co.« bekannt, einer unterhaltsam-wissenschaftlichen Causerie über die Herkunft medizinischer Termini im historischen Kontext ihrer Prägung.

Prof. Dr. med. Axel Karenberg, Universität zu Köln, Institut für Geschichte und Ethik der Medizin, Joseph-Stelzmann-Straße 20, 50931 Köln, ajg02@uni-koeln.de

Brendan Maher Prof. em. (Henderson Professor, Harvard University), geboren 1924 in Widnes/Lancashire, England. 1950 Bachelor of Arts an der Universität Manchester, erwarb dort 1951 auch den Titel eines M. A. und 1965 den Grad des Ph. D. in Klinischer Psychologie an der Ohio State University. Es folgten mehrere Lehrverpflichtungen an verschiedenen Universitäten, u. a. eine Professur mit Dekanat an der Brandeis University. 1972 wurde er an die Harvard-Universität berufen und zum Leiter der Abteilung für Psychologie ernannt. Von 1989 bis 1992 war er Dekan der Graduate School of Arts and Sciences und emeritierte 1999. Er erhielt mehrere Auszeichnungen (u. a. M. A. h. c. der Harvard-Universität, Ehrendoktorwürde der Universität Kopenhagen). Brendan Maher ist Verfasser von über 200 Publikationen in Fachzeitschriften und von 8 Büchern. Das bekannteste darunter, der 1966 erschienene Titel »Principles of Psychopathology«, wurde in mehrere Sprachen übersetzt. Schwerpunkt seiner wissenschaftlichen Arbeit sind Funktionsstörungen von Sprache, Denken und Motorik, vor allem bei Störungen aus dem schizophrenen Formenkreis.
Brendan Maher, Ph. D., 256 Boston Post Road, Weston, Massachusetts 02 493, USA, barbren@theworld.com

Hannah Monyer Prof. Dr. med., geboren 1957 in Grosslasseln/Rumänien. Medizinstudium an der Universität Heidelberg; Promotion mit dem Thema »Das Phänomen ›Eifersucht‹ bei Marcel Proust und in der Psychiatrie seiner Zeit«. Nach der Approbation war sie zunächst Assistenzärztin an der Abteilung für Kinder- und Jugendpsychiatrie des Zentralinstituts für Seelische Gesundheit, Mannheim, anschließend an der Universitätskinderklinik in Lübeck. Es folgte ein Postdoctoral Fellowship am Stanford University Medical Center, danach war sie als Wissenschaftliche Angestellte am Zentrum für Molekulare Biologie, Universität Heidelberg, tätig, wo sie sich an der Fakultät für Naturwissenschaftliche Medizin der Universität Heidelberg habilitierte und 1993 die Venia legendi für das Fach Biochemie erhielt. Nach der Zuerkennung einer Hermann- und Lilly-Schilling-Stiftungsprofessur wurde sie 1999 zur Ärztlichen Direktorin der Abteilung für Klinische Neurobiologie der Neurologischen Universitätsklinik Heidelberg berufen. Hannah Monyer war Stipendiatin der Studienstiftung des deutschen Volkes, sie erhielt mehrere Forschungspreise in den USA und 1999 das Bundesverdienstkreuz am Bande für ihre Forschungstätigkeit. 2004 wurde sie mit dem Leibniz-Preis der Deutschen Forschungsgemeinschaft ausgezeichnet sowie 2005 mit dem Prix Franco-Allemand Gay-Lussac-Humboldt und 2006 mit dem Philip Morris Forschungspreis.
Prof. Dr. med. Hannah Monyer, Neurologische Univ.-Klinik Heidelberg, Abt. Klinische Neurobiologie, Im Neuenheimer Feld 364, 69 120 Heidelberg, monyer@urz.uni-hd.de

Gerhard Roth Prof. Dr. phil. Dr. rer. nat., geboren 1942 in Marburg/Lahn. 1963-1969 Studium der Fächer Philosophie, Germanistik und Musikwissenschaften an den Universitäten Münster und Rom. 1969 promovierte er in Philosophie zum Dr. phil. und erhielt anschließend ein Stipendium der Studienstiftung des deutschen Volkes für das Biologie-Studium an der Universität Münster und der University of California, Berkeley. Danach promovierte er in Zoologie zum Dr. rer. nat. und ist seit 1976 Professor für Verhaltensphysiologie und Entwicklungsneurobiologie im Studiengang Biologie an der Universität Bremen sowie Direktor am Institut für Hirnforschung. 1997 gehörte er zu den Gründungsrektoren des Hanse-Wissenschaftskollegs in Delmenhorst. Seit Dezember 2003 ist er im Ehrenamt Präsident der Studienstiftung des deutschen Volkes sowie Ordentliches Mitglied der Berlin-Brandenburgischen Akademie der Wissenschaften.

Seine Forschungsgebiete umfassen kognitive und emotionale Neurobiologie. Er ist Verfasser von rund 200 Publikationen, darunter 5 Bücher, u. a. »Das Gehirn und seine Wirklichkeit«, »Fühlen, Denken, Handeln« und »Aus Sicht des Gehirns«, alle erschienen im Suhrkamp Verlag, Frankfurt a. M. Das Interesse am Gehirn und seinen Funktionen bestand seit seiner Schulzeit, wurde aber erst durch sein Biologie-Studium und die anschließende akademische Tätigkeit ausgefüllt.

Prof. Dr. Dr. Gerhard Roth, Universität Bremen, Institut für Hirnforschung, Leobener Straße NW 2, 28 359 Bremen,
gerhard.roth@uni-bremen.de

Kai Sammet Dr. med., geboren 1960 in Marbach/Neckar. Studium der Medizin in Göttingen und Hamburg. Er promovierte mit einer Arbeit über den Psychiater Griesinger (der als Erster die Auffassung vertrat, dass alle psychischen Erkrankungen Störungen des Gehirns seien). Anschließend arbeitete er drei Jahre als Assistenzarzt in der Psychiatrie in Hamburg und Lüneburg. Danach wurde er Wissenschaftlicher Mitarbeiter im Institut für Geschichte und Ethik der Medizin am Universitätsklinikum Hamburg-Eppendorf.

Dr. med. Kai Sammet, Universitätsklinikum Hamburg-Eppendorf, Psychosoziales Zentrum, Institut für Geschichte und Ethik der Medizin, Martinistraße 52, 20 246 Hamburg, sammet@uke.uni-hamburg.de

Manfred Spitzer Prof. Dr. med. Dr. phil., geboren 1958 in Darmstadt, studierte Medizin, Psychologie und Philosophie in Freiburg und finanzierte sein Studium teilweise mit Gitarrenunterricht und als Einmannorchester. 1989 habilitierte er sich an der Universität Freiburg für das Fach Psychiatrie. Von 1990 bis 1997 war er als Oberarzt an der Psychiatrischen Univer-

sitätsklinik Heidelberg tätig, zwischenzeitlich zweimal Gastprofessor an der Harvard-Universität und einmal am Institute for Cognitive and Decision Sciences in Oregon. Sein Forschungsschwerpunkt liegt im Grenzbereich der kognitiven Neurowissenschaft, der Lernforschung und Psychiatrie. Seit 1997 ist er Ordinarius für Psychiatrie in Ulm. Spitzer ist Herausgeber des psychiatrischen Anteils der Zeitschrift »Nervenheilkunde« im Schattauer Verlag und leitet das von ihm gegründete »Transferzentrum für Neurowissenschaften und Lernen« in Ulm mit dem Ziel, Schul- und Erwachsenenbildung durch die Anwendung der Erkenntnisse aus der Hirnforschung zu optimieren. Er hat zahlreiche wissenschaftliche Arbeiten in internationalen Fachzeitschriften sowie mehrere populärwissenschaftliche Bestseller veröffentlicht und moderiert eine wöchentliche Fernsehserie zum Thema »Geist und Gehirn«. Manfred Spitzer ist verheiratet, hat fünf Kinder, ist Sportflieger und spielt in seiner Freizeit eine Vielzahl von Musikinstrumenten, die er zum Teil selbst baut.
Prof. Dr. med. Dr. phil. Manfred Spitzer, Universität Ulm, Medizinische Fakultät, Abt. Psychiatrie III, Leimgrubenweg 12-14, 89075 Ulm, Manfred.Spitzer@medizin.uni-ulm.de

Friedrich-Karl Waechter Geboren 1937 in Danzig, besuchte ein Gymnasium in Ratzeburg, das er ein Jahr vor dem Abitur verließ, um in Hamburg Gebrauchsgrafik zu studieren. Seine Karriere begann er als Cartoonist für die damalige Lifestyle-Zeitschrift »twen« und wurde ab 1962 als Layout-Chef bei der Satirezeitschrift »pardon« angestellt, deren Titelfigur (Hut lüftender Teufel) er entwarf. Zusammen mit Robert Gernhardt und F. W. Bernstein gestaltete er ab 1964 die regelmäßigen Nonsens-Seiten Welt im Spiegel (WimS). Waechter lebte als freischaffender Künstler in Frankfurt am Main und gehörte 1979 zu den Gründern des Satiremagazins »Titanic« sowie der legendären »Neuen Frankfurter Schule«. Bis 1992 war er für »Titanic« tätig, dann widmete er sich vor allem dem (Kinder-)Theater, für das er als Autor und Regisseur arbeitete und neben seinen Kultbüchern wie »Wahrscheinlich guckt wieder kein Schwein« zahlreiche Dramen und Miniaturen schrieb. Er wurde zu Gastprofessuren an Kunstakademien geladen und erhielt mehrere Auszeichnungen, u. a. den Deutschen Jugendbuchpreis, den Brüder-Grimm-Preis, den Deutschen Jugendliteraturpreis und den Preis der Binding Kulturstiftung. F.-K. Waechter starb 2005 im Alter von 67 Jahren.

Barbara Wild Prof. Dr. med., geb. 1961 in Bad Godesberg. Medizinstudium in Tübingen, London und Boston, USA. Nach der Ausbildung als Neurologin in der Neurologischen Universitätsklinik Tübingen absolvierte sie eine Facharztweiterbildung in Psychiatrie und Psychotherapie an der Psychiatrischen Universitätsklinik Tübingen, wo sie 2003 mit einer Arbeit über neuronale Mechanismen der emotionalen Ansteckung für das Fach Psychiatrie habilitiert wurde. Sie arbeitete wissenschaftlich u. a. über neurologische Bewegungsstörungen, Anwendung der Elektrokrampftherapie in der Behandlung psychiatrischer Erkrankungen und seit einigen Jahren über die neurophysiologischen Grundlagen des Lachens und Humors sowie über den Humor als Bewältigungsstrategie von Krankheiten. Sie leitet eine Arbeitsgruppe in der Psychiatrischen Universitätsklinik Tübingen und arbeitet als niedergelassene Nervenärztin in Nagold. 2005 organisierte sie in Tübingen die 5. Internationale Summerschool of Humour and Laughter. Im Februar 2006 veröffentlichte der SPIEGEL ein literarisch-neurobiologisches Gespräch zum Thema Witz, Humor und Neurobiologie mit Barbara Wild und Robert Gernhardt.

Prof. Dr. med. Barbara Wild, Zwingerweg 1, 72 202 Nagold,
bawild@med.uni-tuebingen.de